U0571851

工程制图与 CAD

主　编　张　啸

副主编　薛晓煜　高　杰　刘　萍

北京理工大学出版社
BEIJING INSTITUTE OF TECHNOLOGY PRESS

内 容 提 要

本书按工作任务式教学方法编写，注重培养学生的职业能力，强化沉浸式、情境式教学，针对学生的学习特点，对传统教材的内容进行了选取和重组。全书共分为三个部分，主要内容包括画法几何、工程图识读和AutoCAD软件基础。

本书可作为高等院校建筑类相关专业的教学用书，也可作为相关专业工程技术人员的培训和自学用书。

版权专有 侵权必究

图书在版编目（CIP）数据

工程制图与 CAD / 张啸主编 .-- 北京：北京理工大学出版社，2023.4
ISBN 978-7-5763-1710-7

Ⅰ.①工… Ⅱ.①张… Ⅲ.①工程制图－AutoCAD 软件 Ⅳ.① TB237

中国版本图书馆 CIP 数据核字（2022）第 170623 号

出版发行 / 北京理工大学出版社有限责任公司
社　　　址 / 北京市海淀区中关村南大街5号
邮　　　编 / 100081
电　　　话 / （010）68914775（总编室）
　　　　　　（010）82562903（教材售后服务热线）
　　　　　　（010）68944723（其他图书服务热线）
网　　　址 / http：//www.bitpress.com.cn
经　　　销 / 全国各地新华书店
印　　　刷 / 河北鑫彩博图印刷有限公司
开　　　本 / 787毫米 × 1092毫米　1/16
印　　　张 / 19
字　　　数 / 460千字
版　　　次 / 2023年4月第1版　2023年4月第1次印刷
定　　　价 / 89.00元

责任编辑 / 钟　博
文案编辑 / 钟　博
责任校对 / 刘亚男
责任印制 / 王美丽

图书出现印装质量问题，请拨打售后服务热线，本社负责调换

出版说明

五年制高等职业教育（简称五年制高职）是指以初中毕业生为招生对象，融中高职于一体，实施五年贯通培养的专科层次职业教育，是现代职业教育体系的重要组成部分。

江苏是最早探索五年制高职教育的省份之一，江苏联合职业技术学院作为江苏五年制高职教育的办学主体，经过20年的探索与实践，在培养大批高素质技术技能人才的同时，在五年制高职教学标准体系建设及教材开发等方面积累了丰富的经验。"十三五"期间，江苏联合职业技术学院组织开发了600多种五年制高职专用教材，覆盖了16个专业大类，其中178种被认定为"十三五"国家规划教材，学院教材工作得到国家教材委员会办公室认可并以"江苏联合职业技术学院探索创新五年制高等职业教育教材建设"为题编发了《教材建设信息通报》（2021年第13期）。

"十四五"期间，江苏联合职业技术学院将依据"十四五"教材建设规划进一步提升教材建设与管理的专业化、规范化和科学化水平。一方面将与全国五年制高职发展联盟成员单位共建共享教学资源，另一方面将与高等教育出版社、凤凰职业教育图书有限公司等多家出版社联合共建五年制高职教育教材研发基地，共同开发五年制高职专用教材。

本套"五年制高职专用教材"以习近平新时代中国特色社会主义思想为指导，落实立德树人的根本任务，坚持正确的政治方向和价值导向，弘扬社会主义核心价值观。教材依据教育部《职业院校教材管理办法》和江苏省教育厅《江苏省职业院校教材管理实施细则》等要求，注重系统性、科学性和先进性，突出实践性和适用性，体现职业教育类型特色。教材遵循长学制贯通培养的教育教学规律，坚持一体化设计，契合学生知识获得、技能习得的累积效应，结构严谨，内容科学，适合五年制高职学生使用。教材遵循五年制高职学生生理成长、心理成长、思想成长跨度大的特征，体例编排得当，针对性强，是为五年制高职教育量身打造的"五年制高职专用教材"。

江苏联合职业技术学院
教材建设与管理工作领导小组
2022年9月

前 言

    "工程制图"课程是高等院校土木工程、工程管理、工程造价等建筑相关专业的专业基础课程。通过本课程的学习，学生能够具有二维平面图纸的识读能力。此项能力为建筑相关专业的基本能力，既是学生学习后续各专业课程的前提，也是学生就职行业相关岗位的"敲门砖"和"通行证"。故学好本门课程，可以为今后的学习和工作需要打下坚实的基础。

    本书是依据新的国家及行业相关标准、规范和规程及本课程的教学实践经验与规律编写的，内容上可分为画法几何、工程图识读和 AutoCAD 软件基础三部分，共 12 个工作任务。每个工作任务都附有课后复习思考题，适合作为中专及大专院校建筑工程施工专业及工程管理、工程造价、楼宇智能化等建筑大类非施工专业工程制图课程的授课教材，也可作为相关专业工程技术人员的培训和自学用书。

    本书整体结构由浅入深，以画法几何为切入点，投影知识由点、线、面、体依次深入，并在此基础上进行工程图识读的学习。为加强学生理解和掌握，并适应培养技术技能型人才的要求，加入了 AutoCAD 绘图软件的学习内容。

    本书具有以下特点：

    （1）在栏目设计上，以学生职业能力培养为主要目的，采用了任务化的学习模式，将知识点分解成若干个学习任务和相应能力点。每个学习任务中包括"核心概念""学习目标""基本知识""能力训练""课后作业"等教学内容。其中"能力训练"部分用以加强并提升学生融会贯通的能力，"课后作业"及"结果评价"部分可以让学生对学习成果有自我直观认识，便于查缺补漏。

    （2）在编写过程中充分考虑到学生的实际情况和特点，对传统教材的知识进行了内容增减和重组，如对画法几何的内容做了精简，加强了工程图识读的内容。同时，本书语言通俗，并配以大量插图，以便激发学生的学习兴趣，加强学生对知识点的理解和掌握。

    （3）加入了与工程图识读对应的 AutoCAD 绘图软件的操作知识，便于学生及时上手，强化实际操作能力。

    本书由苏州建设交通高等职业技术学校张啸担任主编，薛晓煜、高杰、刘萍担任副主编。

    本书在编写过程中参考和借鉴了相关书籍和图片资料，引用了相关单位的建筑设计图纸和国家的现行规范、规程及技术标准，在此一并致以衷心的感谢。

    限于编者的水平及信息和资料搜集能力，并且建筑行业的知识、规范、标准等不断更新，书中难免存在疏漏之处，恳请广大读者批评指正。

编 者

目录

工作任务 A-1 初识建筑制图

职业能力 A-1-1 能掌握常用的建筑制图规范

核心概念

建筑制图标准：是房屋建筑制图的基本规定，适用总图、建筑、结构、给水排水、暖通空调、电气等各专业制图。

工程图样：是工程界的技术语言，国家制图标准是使图样能成为工程界共同语言的技术保证和支撑。为了使建筑图纸规格统一，图面简洁清晰，符合设计、施工、存档的要求，必须在图样的画法、图纸、字体、尺寸标注、采用的符号等各方面有一个统一标准。有关的现行建筑制图标准主要有《房屋建筑制图统一标准》（GB/T 50001—2017）、《总图制图标准》（GB/T 50103—2010）、《建筑制图标准》（GB/T 50104—2010）、《建筑结构制图标准》（GB/T 50105—2010）等。

学习目标

1. 掌握有关图线、图幅等的基本规定；
2. 能完成对图样的图线绘制和标注。

基本知识

■ 一、图纸幅面和标题栏

图纸的幅面是指图纸宽度与长度组成的图面；图框是指在图纸上绘图范围的界线。图纸以短边作垂直称为横式，以短边作水平边称为立式。图纸幅面及图框尺寸应符合表 1-1 的规定及图 1-1 的格式。一般 A0 ~ A3 图纸宜横式使用，必要时也可立式使用。如果图纸幅面不够，可将图纸长边加长，短边不得加长。图纸长边加长后的尺寸可查阅《房屋建筑制图统一标准》（GB/T 50001—2017）。需要微缩复制的图纸，四个边上均应附有对中标志。对中标志应画在图纸内框各边长的中点处，线宽应为 0.35 mm，并应伸入内框边，在框外应为 5 mm。对中标志的线段，应于图框长边尺寸 l_1 和图框短边尺寸 b_1 范围取中。

表 1-1　幅面及图框尺寸 　　　　　　　　　　　　　　mm

幅面代号 尺寸代号	A0	A1	A2	A3	A4
$b \times l$	841 × 1 189	594 × 841	420 × 594	297 × 420	210 × 297
c	10			5	
a	25				

注：表中 b 为幅面短边尺寸，l 为幅面长边尺寸，c 为图框线与幅面线间宽度，a 为图框线与装订边间宽度。

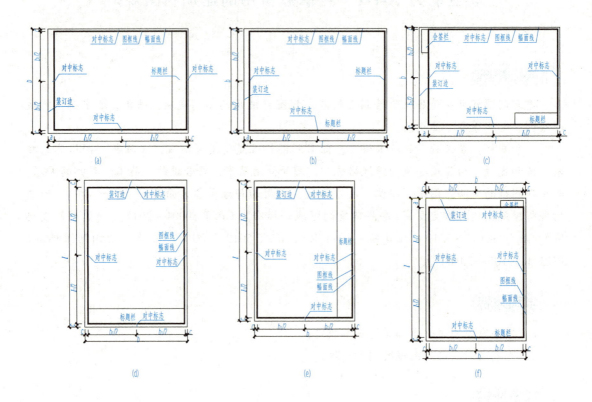

图 1-1　图框的格式

(a) A0 ~ A3 横式幅面(一)；(b) A0 ~ A3 横式幅面(二)；(c) A0 ~ A1 横式幅面(三)；
(d) A0 ~ A4 立式幅面(一)；(e) A0 ~ A4 立式幅面(二)；(f) A0 ~ A2 立式幅面(三)

■ 二、图线

(一) 线宽与线型

　　任何工程图样都是采用不同的线型与线宽的图线绘制而成的。建筑工程制图中的各类图线的线型、线宽、用途见表 1-2。

表 1-2　图线

名称		线型	线宽	用途
实线	粗	————————	b	主要可见轮廓线
	中粗	————————	$0.7b$	可见轮廓线、变更云线
	中	————————	$0.5b$	可见轮廓线、尺寸线
	细	————————	$0.25b$	图例填充线、家具线
虚线	粗	- - - - - - -	b	见各有关专业制图标准
	中粗	- - - - - - -	$0.7b$	不可见轮廓线
	中	- - - - - - -	$0.5b$	不可见轮廓线、图例线
	细	- - - - - - -	$0.25b$	图例填充线、家具线
单点长画线	粗	—·—·—·—	b	见各有关专业制图标准
	中	—·—·—·—	$0.5b$	见各有关专业制图标准
	细	—·—·—·—	$0.25b$	中心线、对称线、轴线等
双点长画线	粗	—··—··—	b	见各有关专业制图标准
	中	—··—··—	$0.5b$	见各有关专业制图标准
	细	—··—··—	$0.25b$	假想轮廓线、成型前原始轮廓线
折断线	细	—／\——	$0.25b$	断开界线
波浪线	细	∿∿∿	$0.25b$	断开界线

　　图线的基本线宽 b，宜按照图纸比例及图纸性质从 1.4 mm、1.0 mm、0.7 mm、0.5 mm 线宽系列中选取。每个图样，应根据复杂程度与比例大小，先选定基本线宽 b，再选表1-3 中相应的线宽组。画图时，在同一张图纸内，相同比例的各个图样应采用相同的线宽组。

表 1-3　线宽组　　　　　　　　　　　　　　　　　　　　mm

线宽比	线宽组			
b	1.4	1.0	0.7	0.5
$0.7b$	1.0	0.7	0.5	0.35
$0.5b$	0.7	0.5	0.35	0.25
$0.25b$	0.35	0.25	0.18	0.13

　　注：1. 需要微缩的图纸，不宜采用 0.18 mm 及更细的线宽。
　　　　2. 同一张图纸内，各不同线宽中的细线，可统一采用较细的线宽组的细线。

(二)图线的画法

建筑工程图中的图线应清晰整齐、均匀一致、粗细分明、交接正确。因此，对图线的画法要求有以下几点(表1-4)：

(1)相互平行的图例线，其净间隙或线中间隙不宜小于0.2 mm。

(2)虚线、单点长画线或双点长画线的线段长度和间隔，宜各自相等。

(3)单点长画线或双点长画线的两端，不应采用点。点画线与点画线交接或点画线与其他图线交接时，应采用线段交接。

(4)虚线与虚线交接或虚线与其他图线交接时，应采用线段交接。虚线为实线的延长线时，不得与实线连接。

(5)单点长画线或双点长画线，当在较小图形中绘制有困难时，可用细线代替。

(6)图线不得与文字、数字或符号重叠、混淆，不可避免时，应首先保证文字的清晰。

表1-4　画线画法要求

内容	正确	错误
虚线和虚线相交		
两粗实线和两虚线相交		
两单点长画线相交		
虚线在实线的延长线上		

■ 三、字体

建筑工程图中的汉字、数字、字母等必须做到笔画清晰、字体端正、排列整齐、间隔均匀。

(一)汉字

图样中的汉字应采用国家公布的简化汉字，并写成长仿宋体。汉字的字高应不小于3.5 mm。在图纸上书写汉字时，应画好字格，然后从左向右、从上向下横行水平书写。长仿宋字的书写要领：横平竖直，注意起落，填满方格，结构匀称。

字体的高度代表字体的号数(表1-5)，应从下列系列中选用：3.5 mm、5 mm、7 mm、10 mm、14 mm、20 mm。字体的高宽比为$\sqrt{2}$：1，字距为字高的1/4。

表1-5　长仿宋体的高宽关系　　　　　　　　　　mm

字高	20	14	10	7	5	3.5
字宽	14	10	7	5	3.5	2.5

长仿宋字的基本笔画与字体结构见表1-6和表1-7。

表1-6　长仿宋字的基本笔画

名称	点	横	竖	撇	捺	挑	折	钩
形状								
笔法								

表1-7　长仿宋字的字体结构

字体	梁	板	门	窗
结构				
说明	上下等分	左小右大	缩格书写	上小下大

(二)数字和字母

数字和字母有直体与斜体两种。数字和字母的字高应不小于 2.5 mm。图 1-2 所示为书写示例。当需写成斜体字时，其斜度应是从字的底线逆时针向上倾斜 75°。斜体字的高度和宽度应与相应的直体字相等。

■ 四、比例

图样的比例，应为图形与实物相对应的线性尺寸之比。比例的大小，是指其比值的大小，如1∶50大于1∶100。比值大于1的比例，称为放大的比例，如5∶1；比值小于1的比例，称为缩小的比例，如1∶100。

建筑工程图中所用的比例，应根据图样的用途与被绘对象的复杂程度从表1-8中选用，并应优先选用表中的常用比例。

表1-8　绘图所用的比例

常用比例	1∶1、1∶2、1∶5、1∶10、1∶20、1∶30、1∶50、1∶100、1∶150、1∶200、1∶500、1∶1 000、1∶2 000
可用比例	1∶3、1∶4、1∶6、1∶25、1∶40、1∶60、1∶80、1∶250、1∶300、1∶400、1∶600、1∶5 000、1∶10 000、1∶20 000、1∶50 000、1∶100 000、1∶200 000

图 1-2　数字和字母字体示例

比例宜注写在图名的右侧，字的基准线应取平，比例的字高应比图名字高小一号或两号，如图 1-3 所示。

平面图 1:100　　⑥ 1:10

图 1-3　比例的注写

■ 五、尺寸标注 ·····································

(一)尺寸的组成及要求

图样上的尺寸应包括尺寸界线、尺寸线、尺寸起止符号和尺寸数字四要素，如图 1-4(a)所示。

1. 尺寸界线

尺寸界线应用细实线绘制，应与被注长度垂直，其一端应离开图样轮廓线不小于2 mm，另一端宜超出尺寸线 2~3 mm。图样轮廓线可用作尺寸界线，如图 1-4(b)所示。

2. 尺寸线

尺寸线应用细实线绘制，应与被注长度平行，两端宜以尺寸界线为边界，也可超出尺寸界线 2~3 mm。图样本身的任何图线均不得用作尺寸线，如图 1-4(b)所示。

3. 尺寸起止符号

尺寸起止符号用中粗斜短线绘制，其倾斜方向应与尺寸界线成顺时针 45°，长度宜为

$2 \sim 3$ mm。轴测图中用小圆点表示尺寸起止符号，小圆点直径为 1 mm。半径、直径、角度与弧长的尺寸起止符号，宜用箭头表示，箭头宽度 b 不宜小于 1 mm，如图1-4(c)所示。

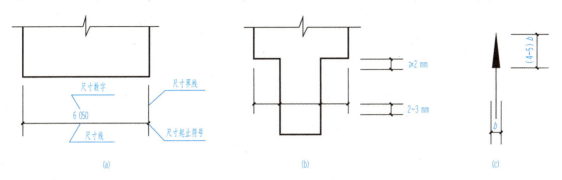

图1-4 尺寸的组成

(a)尺寸四要素；(b)、(c)尺寸线、尺寸界线与尺寸起止符号

4. 尺寸数字

(1)图样上的尺寸，应以尺寸数字为准，不应从图上直接量取。

(2)图样上的尺寸单位，除标高及总平面以米为单位外，其他必须以毫米为单位。

(3)尺寸数字的方向，应按图1-5(a)的规定注写。若尺寸数字在30°斜线区内，也可按图1-5(b)的形式注写。

(4)尺寸数字应根据其方向注写在靠近尺寸线的上方中部。如没有足够的注写位置，最外边的尺寸数字可注写在尺寸界线的外侧，中间相邻的尺寸数字可上下错开注写，可用引出线表示标注尺寸的位置[图1-5(c)]。

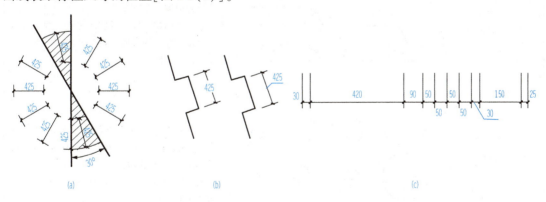

图1-5 尺寸数字的注写方向

(a)一般注写；(b)30°斜线区内注写；(c)外侧及上下错开注写

(二)尺寸的排列与布置

尺寸的排列与布置应注意以下几点：

(1)尺寸宜标注在图样轮廓线以外，不宜与图线、文字及符号相交。必要时，也可标注在图样轮廓线以内。

(2)互相平行的尺寸线，应从被注写的图样轮廓线由近向远整齐排列，较小尺寸应离轮廓线较近，较大尺寸应离轮廓线较远，如图1-6所示。距图样最外轮廓线之间的距离不宜小于10 mm，平行排列的尺寸线的间距宜为7~10 mm。

（3）总尺寸的尺寸界线应靠近所指部位，中间的分尺寸的尺寸界线可稍短，但其长度应相等。

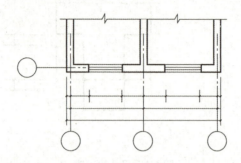

图1-6 尺寸的布置

（三）尺寸标注的其他规定

尺寸标注的其他规定可参阅表1-9所示的例图。

表1-9 尺寸标注示例

项目	标注示例	说明
半径		半圆或小于半圆的圆弧应标注半径，如左下方的例图所示。标注半径的尺寸线应一端从圆心开始，另一端画箭头指向圆弧，半径数字前应加注符号"R"。 较大圆弧的半径，可按上方两个例图的形式标注；较小圆弧的半径，可按右下方四个例图的形式标注
直径		圆及大于半圆的圆弧应标注直径，如左侧两个例图所示，并在直径数字前加注符号"ϕ"。在圆内标注的直径尺寸线应通过圆心，两端画箭头指至圆弧。 较小圆的直径尺寸，可标注在圆外，如右侧六个例图所示
薄板厚度		应在厚度数字前加注符号"t"

项目	标注示例	说明
正方形	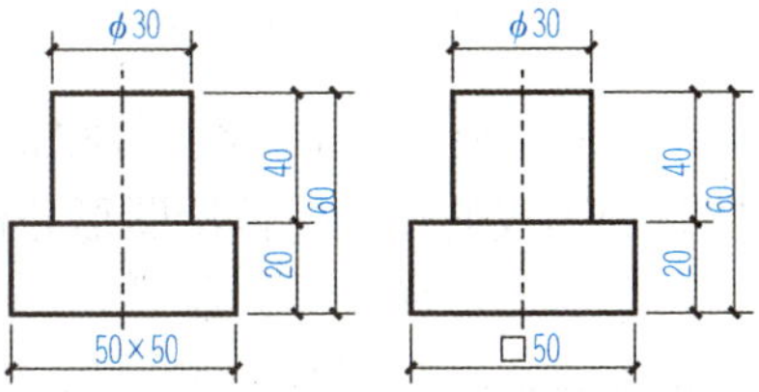 $\phi 30$　$\phi 30$　40　60　20　50×50　□50	在正方形的侧面标注该正方形的尺寸，可用"边长×边长"的形式，也可在边长数字前加正方形符号"□"
坡度	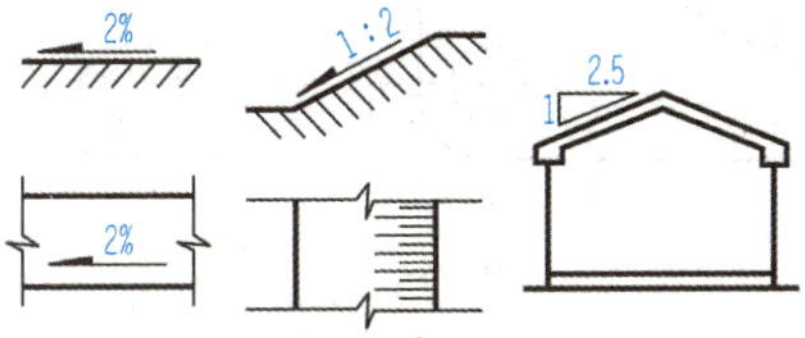 2%　1:2　2.5　1　2%	标注坡度时，在坡度数字下应加注坡度符号。坡度符号为单面箭头，一般指向下坡方向。 坡度也可用直角三角形的形式标注，如右侧的例图所示。 图中在坡面高的一侧水平边上所画的垂直于水平边的长短相间的等距细实线，称为示坡线，也可用它来表示坡面
角度、弧长与弦长	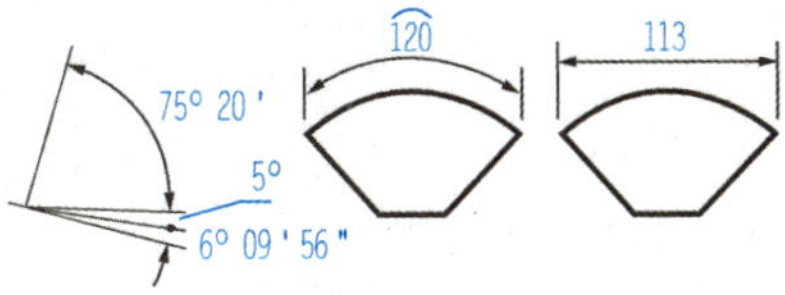 75°20′　5°　6°09′56″　120　113	如左侧的例图所示，角度的尺寸线是圆弧，圆心是角顶，角边是尺寸界线。尺寸起止符号用箭头；如没有足够的位置画箭头，可用圆点代替。角度的数字应水平方向注写。 如中间例图所示，标注弧长时，尺寸线为同心圆弧，尺寸界线垂直于该圆弧的弦，起止符号用箭头，弧长数字上方加圆弧符号。 如右侧的例图所示，圆弧的弦长的尺寸线应平行于弦，尺寸界线垂直于弦
连续排列的等长尺寸	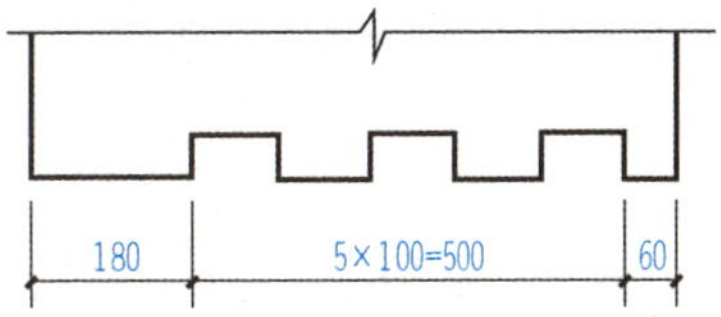 180　5×100=500　60	可用"个数×等长尺寸＝总长"的形式标注
相同要素	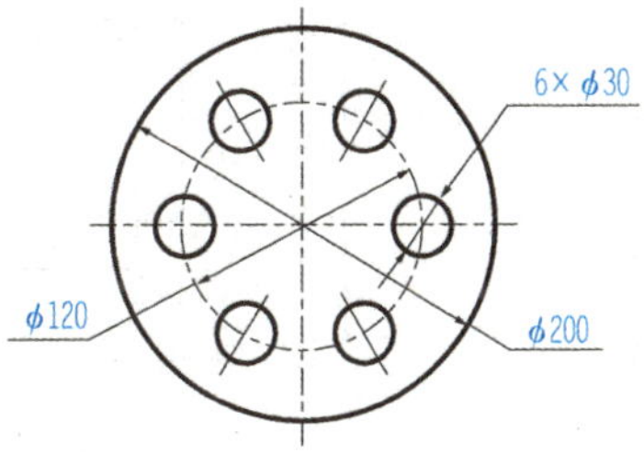 6×$\phi 30$　$\phi 120$　$\phi 200$	当构配件内的构造要素（如孔、槽等）相同时，可仅标注其中一个要素的尺寸及个数

■ 一、操作条件 ·····

观察图 1-7 可知，图中共使用了粗实线、细点画线、细实线三种图线，这三种图线分别有着不同的含义。要绘制图样，就要掌握各种图线的用法。抄绘图形并标注尺寸。

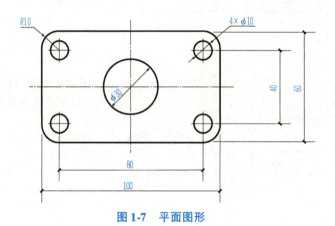

图 1-7　平面图形

■ 二、操作过程 ·····

(一) 抄绘图形

抄绘图形示例见表 1-10。

表 1-10　抄绘图形示例

序号	步骤	图例
1	绘制作图基准线	
2	绘制外部可见轮廓线	

序号	步骤	图例
3	绘制圆	
4	绘制圆角	
5	检查、擦去多余图线	
6	按规定描深	

(二)标注尺寸

标注尺寸见表1-11。

表1-11 标注尺寸

序号	步骤	图例
1	标注长方形的长 100 和两个小圆定位尺寸 80	
2	标注长方形的高 60 和小圆定位尺寸 40	
3	标注小圆直径 10 和圆角半径 10	
4	标注大圆直径 30，并检查标注的正确性，完成尺寸标注	

■ 三、问题情境 ···

按图 1-8 所示画出同样的图形，并标注尺寸。

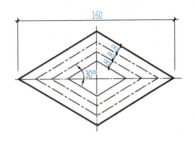

图 1-8　图形

提示：利用 30° 夹角和 160 mm 长度画出最外面的菱形。

■ 四、学习结果评价 ···

学习结果评价见表 1-12。

表 1-12　学习结果评价

序号	评价内容	评价标准	评价结果
1	线型的使用	能正确使用线型来绘制图形	是/否
2	尺寸的标注	能正确标注图形尺寸	是/否
是否可以进行下一步学习(是/否)			

▌**课后作业**

1. 按图 1-9 所示画出同样的图形，并标注尺寸。

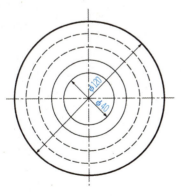

图 1-9　图形

2. 按图 1-10 所示画出同样的图形，并标注尺寸。

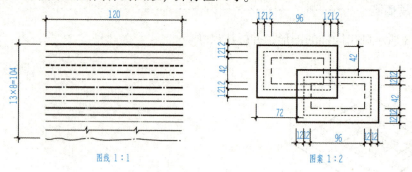

图线 1:1　　　　　　　　图案 1:2

图 1-10　图形

职业能力 A-1-2　能正确使用绘图工具

核心概念

俗话说"工欲善其事，必先利其器"，正确使用绘图工具和仪器，是保证绘图质量和绘图效率的一个重要方面。常用到的工具如下：

1. 图板：绘图时用的垫板。
2. 丁字尺：画水平线用。
3. 三角板：45°和30°/60°各一块，配合使用可画15°倍角的斜线。
4. 圆规：画圆或圆弧时，针尖应选用带台阶的一端，以防圆心孔扩大。
5. 分规：用来截取某一定长度的线段或等分线段。
6. 铅笔：分画细线的硬芯(H、HB)铅笔和描粗线用的软芯(B、2B)铅笔。
7. 其他工具：量角器、擦图片、比例尺、曲线板。

学习目标

1. 掌握常用绘图工具使用方法；
2. 掌握和灵活使用基本几何作图的方法。

基本知识

一、图板、丁字尺和三角板

（1）图板。图板是铺贴图纸用的，要求板面平滑光洁；又因它的左侧边为丁字尺的导边，所以必须平直光滑。图纸用胶带纸固定在图板上（图1-11）。

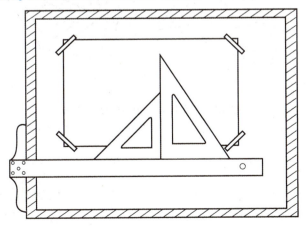

图1-11　图板与图纸

（2）丁字尺。丁字尺由尺头和尺身两部分组成。它主要用来画水平线，其头部必须紧靠绘图板左边，然后用丁字尺的上边画线[图1-12(a)]。丁字尺还可配合三角板画垂直线[图1-12(b)]

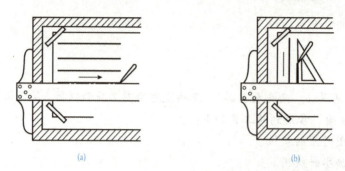

图1-12　丁字尺和三角板的使用方法
（a）画水平线；（b）画垂直线

（3）三角板。三角板可分为45°和30°/60°两块，可配合丁字尺画铅垂线及15°倍角的斜线；或用两块三角板配合画任意角度的平行线或垂直线(图1-13)。

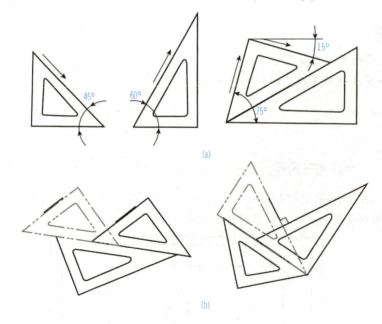

图1-13　丁字尺和三角板的使用方法
（a）画15°倍角的斜线；（b）画各种角度的平行线或垂直线

■ 二、铅笔

绘图铅笔按铅芯的软硬程度可分为B型和H型两类。"B"表示软，"H"表示硬，HB介于两者之间。B或HB用于画粗线；H或2H用于画细线或底稿线；HB或H用于画中线或书写字体。画图时，可根据使用要求选用不同的铅笔型号(图1-14)。

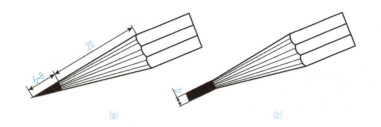

图 1-14　铅芯的形状

（a）写字笔；（b）画线笔

b—图线基本线宽

■ 三、圆规和分规

（1）圆规。圆规用来画圆和圆弧。画图时，应尽量使钢针和铅芯都垂直于纸面，钢针的台阶与铅芯尖应平齐(图1-15)。

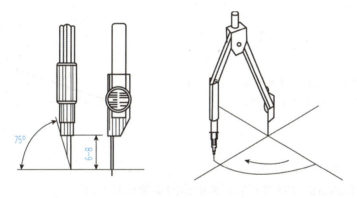

图 1-15　圆规的用法

（2）分规。分规主要用来量取线段长度或等分已知线段。分规的两个针尖应调整平齐。从比例尺上量取长度时，针尖不要正对尺面，应使针尖与尺面保持倾斜(图1-16)。

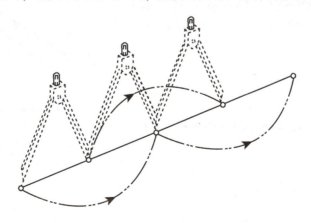

图 1-16　分规的用法

■ 一、等分线段与等分两平行线间的距离 ·····························

（一）任意等分已知线段

除用试分法等分已知线段外，还可以采用辅助线法。三等分已知线段 AB（图 1-17）的作图步骤见表 1-13。

图 1-17　已知条件

表 1-13　任意等分已知线段作图步骤

序号	步骤	图例
1	过点 A 作任一直线 AC，使 $A1_1 = 1_12_1 = 2_13_1$	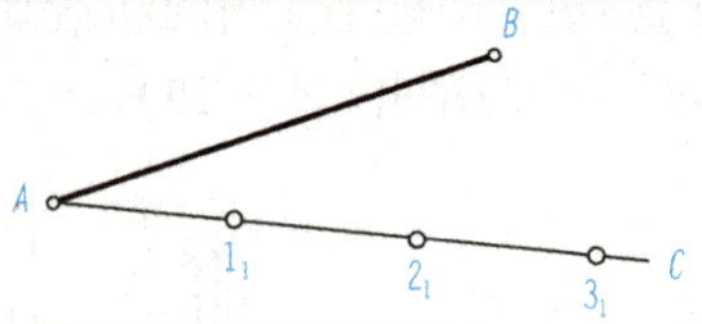
2	连接 3_1 与 B，分别由点 2_1、1_1 作 3_1B 的平行线，与 AB 相交得等分点 2、1	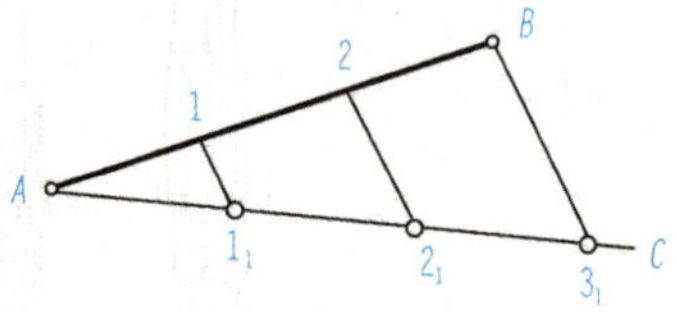

（二）等分两平行线间的距离

三等分两平行线 AB、CD 之间的距离的作图步骤见表 1-14。

表 1-14　等分两平行线间的距离作图步骤

序号	步骤	图例
1	使直线尺刻度线上的 0 点落在 CD 线上，转动直尺，使直尺上的 3 点落在 AB 线上，取等分点 M、N	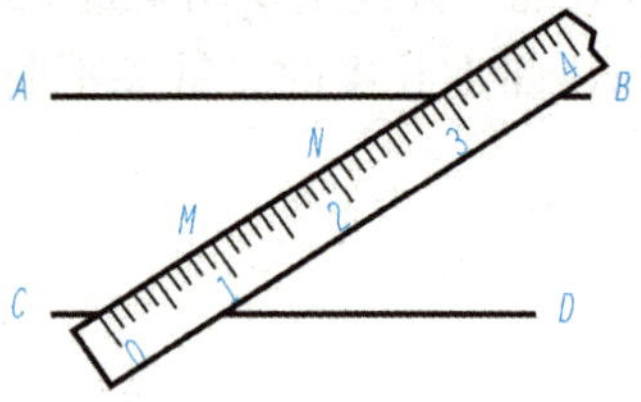
2	过 M、N 点分别作已知直线线段 AB、CD 的平行线	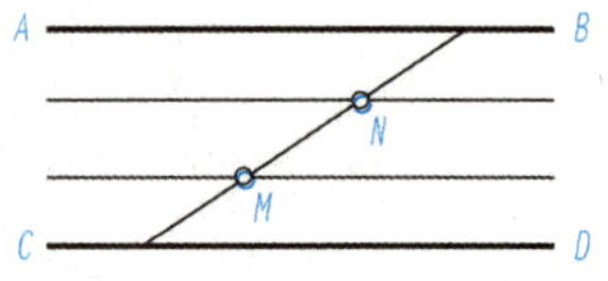

■ 二、作正多边形 ·····························

原理：正多边形常采用等分其外接圆圆周的方法绘制。

(一)正四边形

正四边形的作图步骤见表1-15。

表 1-15　正四边形作图步骤

序号	步骤	图例
1	以45°三角板紧靠丁字尺，过圆心 O 作45°线，交圆周于点 A、B	
2	过点 A、B 分别作水平线、竖直线，与圆周相交	

(二)正六边形

正六边形的作图步骤见表1-16。

表 1-16　正六边形作图步骤

序号	步骤	图例
1	以60°三角板紧靠丁字尺，分别过水平中心线与圆周的两个交点作60°斜线	
2	翻转三角板，同样作出另两条60°斜线	

序号	步骤	图例
3	过斜线与圆周的交点,分别作上、下两条水平线。清理图面,加深图线,即为所求	

(三)正五边形

正五边形的作图步骤见表1-17。

表1-17 正五边形作图步骤

序号	步骤	图例
1	取半径 *OB* 的中点 *C*	
2	以 *C* 为圆心,*CD* 为半径作弧,交 *OA* 于 *E*,以 *DE* 长度在圆周上截得各等分点,连接各等分点	
3	清理图面,加深图线,即为所求	

■ 三、圆弧连接

使直线与圆弧相切或圆弧与圆弧相切来连接已知图线,称为圆弧连接。

用来连接已知直线或已知圆弧的圆弧称为连接弧,切点称为连接点。为了使线段能准确连接,作图时,必须先求出连接弧的圆心和切点的位置。

(一)过点作圆的切线

过点 A 作已知圆 O 的切线(图 1-18)。作图步骤见表 1-18。

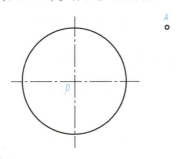

图 1-18　已知图

表 1-18　过点作圆的切线作图步骤

序号	步骤	图例
1	(1)连接 OA,取 OA 中点 C; (2)以 C 为圆心,OC 为半径画弧,交圆周于点 B; (3)连接 AB,即为所求	
2	本例有两个答案,另一个答案与 AB 对 OA 对称,作图过程与求作 AB 相同,未画出。清理图面和加深图线后的作图结果如右图所示	

(二)用圆弧连接两斜交直线

用半径为 R 的圆弧连接两已知的斜交直线(图 1-19)。作图步骤见表 1-19。

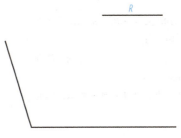

图 1-19　已知的斜交直线

表 1-19　用圆弧连接两斜交直线作图步骤

序号	步骤	图例
1	（1）分别作距两已知直线为 R 的两条平行线，交点 O 为连接弧的圆心； （2）过圆心 O 作两已知直线的垂线，交点 M、N 即为切点； （3）以 O 为圆心，R 为半径，自 N 到 M 画弧，即为所求	
2	清理图面和加深图线后的作图结果如右图所示	

（三）圆弧与两圆弧外切

用半径为 R 的圆弧连接两已知圆弧，使它们同时外切（图 1-20）。作图步骤见表 1-20。

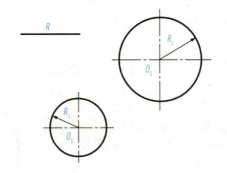

图 1-20　已知图

表 1-20　圆弧与两圆弧外切作图步骤

序号	步骤	图例
1	（1）分别以 O_1、O_2 为圆心，$R+R_1$、$R+R_2$ 为半径画弧，相交得连接弧的圆心 O； （2）连接 O 与 O_1、O 与 O_2，OO_1、OO_2 分别与两圆周相交，交点 A、B 即为切点； （3）以 O 为圆心，R 为半径，自 B 到 A 画弧，即为所求	

序号	步骤	图例
2	本例有两个答案，另一个答案与$\overset{\frown}{AB}$对称于O_1O_2，作图过程与求作$\overset{\frown}{AB}$相同，未画出。清理图面和加深图线后的作图结果如右图所示	

(四)圆弧与两圆弧内切

用半径为R的圆弧连接两已知圆弧，使它们同时内切(图1-21)。作图步骤见表1-20。

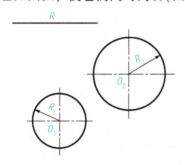

图1-21 已知图

表1-21 圆弧与两圆弧内切作图步骤

序号	步骤	图例
1	(1)分别以O_1、O_2为圆心，$R-R_1$、$R-R_2$为半径画弧，相交得连接弧的圆心O； (2)连接O与O_1，O与O_2，OO_1、OO_2的延长线分别与两圆周相交，交点A、B即为切点； (3)以O为圆心，R为半径，自B到A画弧，即为所求	
2	本例有两个答案，另一答案与$\overset{\frown}{AB}$对称于O_1O_2，作图过程与求作$\overset{\frown}{AB}$相同，未画出。清理图面和加深图线后的作图结果如右图所示	

前面的课程中已经讲解了圆弧与直线和圆弧的连接画法，接下来思考下面的问题。
作半径为 R 的圆弧，与已知圆弧外切且与已知直线相切（图1-22）。

提示：利用圆弧外切和直线相切的原理找出连接圆弧的圆心。

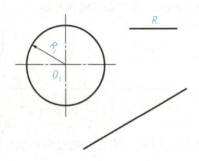

图1-22　已知圆和直线

■ 五、学习结果评价 ●●

学习结果评价见表1-22。

表1-22　学习结果评价

序号	评价内容	评价标准	评价结果
1	工具的使用	能正确使用工具来绘制图形	是/否
2	几何绘图	能绘制正多边形和圆弧连接	是/否
是否可以进行下一步学习（是/否）			

课后作业

1. 如图1-23所示，已知线段 AB，试将其五等分。

2. 如图1-24所示，作圆的内接正六边形。

图1-23　已知线段

图1-24　已知圆

3. 如图 1-25 所示，用已知半径作圆弧与正交两直线连接。

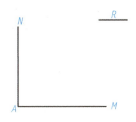

图 1-25　已知半径与正交两直线

4. 如图 1-26 所示，用已知半径作圆弧与两已知圆弧外连接。

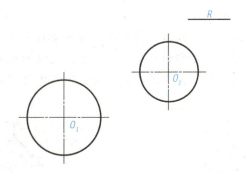

图 1-26　已知半径与两已知圆弧

工作任务 A-2 点的三面投影

职业能力 A-2-1 能理解投影的本质

▍核心概念

投影：在日常生活中，物体在灯光或太阳光的照射下，会在附近的地面或墙面上产生影子，但"影子"只能概括反映物体的外轮廓形状，而物体的内部被黑影代替而无法反映出来，因此影子不能作为施工的图样。

如果假设光线能穿透物体，则物体的内外各部分就都能在影子里反映出来，就能清楚地表达物体的形状和大小了。在投影的概念中，将发出光线的光源称为投射中心，光线称为投射线，落影的平面称为投影面，所成的影子能反映物体的形状的内外轮廓线则称为投影（图2-1）。

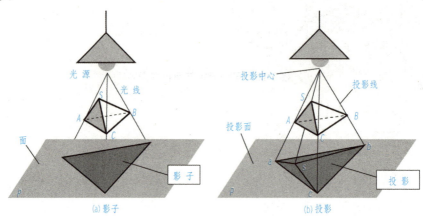

图 2-1 影子与投影

（a）影子；（b）投影

三面投影体系：在三面投影体系中，将处于水平位置的投影面称为水平投影面，简称水平面或 H 面；正立位置投影面称为正立投影面，简称正立面或 V 面；侧立位置的投影面称为侧立投影面，简称侧立面或 W 面（图2-2）。

三个投影面两两相交，交线 OX、OY、OZ 称为投影轴。三根投影轴两两垂直并交于原点 O，OX 轴可表示长度方向，OY 轴可表示

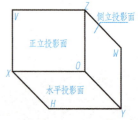

图 2-2 三面投影体系

宽度方向，OZ轴可表示高度方向。

投影体系的展开：由于三个投影面是互相垂直的，所以三个投影图也就不在同一个平面上，不方便观看。为了把三个投影图画在同一个平面上，就必须将三个互相垂直的投影面连同三个投影图展开。规定 V 面保持不动，将 H 面绕 OX 轴向下旋转90°，W 面绕 OZ 轴向右旋转90°，使它们和 V 面处在同一平面上。这时 OY 轴分为两条，一条为 OY_H 轴，另一条为 OY_W 轴，如图2-3所示。

三个投影图的位置关系是：正立面图在上方，平面图在正立面图的正下方，侧立面图在正立面图的正右方。用三面正投影图表达形体的投影时，可不画出投影面的外框线和坐标轴。

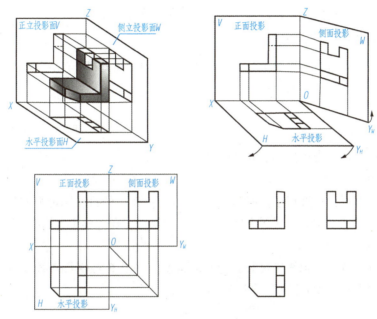

图2-3 三面投影体系的展开

三等关系：正立面图与平面图长对正(等长)，正立面图与侧立面图高平齐(等高)，平面图与侧立面图宽相等(等宽)，如图2-4所示。

长对正、高平齐、宽相等是形体的三面投影图之间最基本的投影关系，也是绘图和读图的基础。

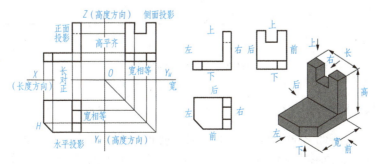

图2-4 三等关系

1. 能掌握投影法的分类；
2. 能理解三面投影体系；
3. 能掌握三等关系的实质。

■| 基本知识

■ 一、投影法的分类 ···

投影可分为中心投影和平行投影两类，具体如图 2-5 所示。

(一) 中心投影法

中心投影法是投射线从投射中心一点射出，且不平行的投影方法[图 2-5(a)]。作出的投影图不能准确地表示形体的形状与大小，且不能度量；一般不用作工程图，常用来绘制透视图、效果图。

(二) 平行投影法

平行投影法又可分为正投影法和斜投影法。

1. 正投影法

投射线相互平行，且垂直于投影面[图 2-5(b)]。作出的投影图能真实地反映形体的真实形状和大小，且度量性好，作图方便，但直观性较差；在工程中普遍应用。

2. 斜投影法

投射线相互平行，且倾斜于投影面[图 2-5(c)]。作出的投影图不能反映形体的真实形状和大小；常用于轴测投影图。

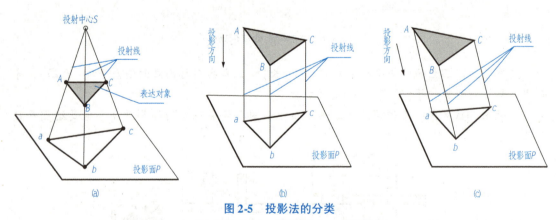

图 2-5　投影法的分类
(a)中心投影法；(b)正投影法；(c)斜投影法

■ 二、三面投影体系 ···

如图 2-6 所示，三个不同形体在一个方向上的正投影图是完全相同的，可见仅根据一个投影是不能完整表达形体形状的。如图 2-7 所示，四个不同形状的形体在两个投射方向上的正投影图也是完全相同的。

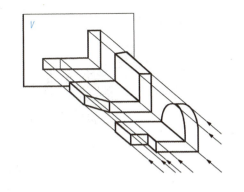

图 2-6 一个投影面

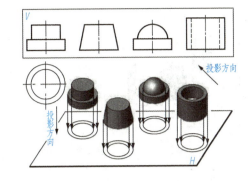

图 2-7 两个投影面

因为人们生活的世界是三维的，即任何形体都有长度、宽度和高度三个维度，所以通常需要三个或三个以上的投影图才能完整、正确地表示出形体的形状和大小。

如图 2-8 所示，要得到三个投影图，就必须有三个投影面，将三个相互垂直的投影面所构成的一个空间体称为三面投影体系，它如同房屋室内的一角，即由两面墙和地面组成，用它来得到三面正投影图。

工程上，习惯将投影图称为视图。V 面投影图称为主视图；H 面投影图称为俯视图；W 面投影图称为左视图。

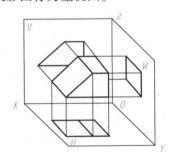
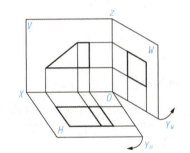
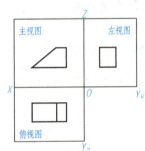

图 2-8 三个投影面构成三面投影体系(三视图)

三、三等关系

三等关系的实质：三视图具有度量性，X 方向作为度量物体长度的方向；Y 方向作为度量物体宽度的方向；Z 方向作为度量物体高度的方向。而同一形体(或观测目标)的长宽高均具有唯一性，无论在哪个投影面进行投影，其大小不会发生变化。

如图 2-9 所示，将形体放置在三面正投影体系中，即放置在 H 面的上方，V 面的前面，W 面的左方，并尽量让形体的表面和投影面平行或垂直。

从前往后对正立投影面进行投射，在正立面 V 上得到正立面投影图，简称正立面图，又称主视图，反映形体的长与高。

从上往下对水平投影面进行投射，在水平面 H 上得到水平面投影图，简称平面图，又称俯视图，反映形体的长与宽。

从左往右对侧立投影面进行投射，在侧立面 W 上得到侧立面投影图，简称侧立面图，又称左视图，反映形体的高与宽。

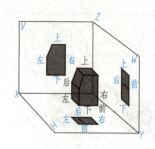
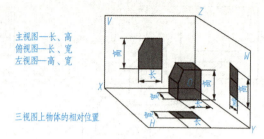

主视图—长、高
俯视图—长、宽
左视图—高、宽

三视图上物体的相对位置

图 2-9　三视图的方位及相对位置

能力训练

■ 一、操作条件

根据立体图及主视图的投射方向(图2-10)，画出物体的三视图。

分析：

(1)该物体可看作由长方形底板Ⅰ、带切口的竖板Ⅱ、三角形侧板Ⅲ三部分组成；

(2)画出每一部分的三视图，即完成总体的三视图，同时将问题化繁为简。

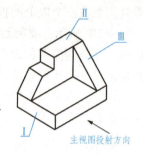

主视图投射方向

图 2-10　主视图及其投射方向

■ 二、操作过程

物体的三视图的作图步骤见表2-1。

表 2-1　物体的三视图作图步骤

序号	步骤	操作方法及说明	质量标准
1	将整个物体分成若干个基本形体	由图2-10所示，将该组合形体分解成若干基本体，即长方形底板、长方形竖板、三角形树板、竖板切口。组合形体则可看作基本体的增减组合	能够将组合形体正确分解
2	确定三视图的位置，分别画出物体的底面、右端面及后面，并画出底板Ⅰ的三视图底稿		主、左视图的底面要平齐，主、俯视图的右端面要对齐
3	画竖板Ⅱ(不画切口)和三角形侧板Ⅲ的三视图底稿		注意竖板Ⅱ(不画切口)和三角形侧板Ⅲ两基本形体投影需符合三等关系

序号	步骤	操作方法及说明	质量标准
4	画竖板切口处的三视图底稿		切口由方形与三角形构成，注意长度与深度尺寸
5	检查，加深		可见轮廓线实线加粗，检查各部位是否符合三等关系

三、问题情境

如图 2-11 所示，根据物体的主视图、俯视图及立体图，画出左视图。

提示：(1) 画底板左视图外框。(2) 画切角处竖线。注意度量 Y_1 要正确。(3) 画上部竖板。注意从后向前量取 Y_2。(4) 检查，加深。

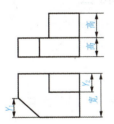 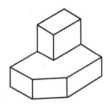

图 2-11　画左视图

四、学习结果评价

学习结果评价见表 2-2。

表 2-2　学习结果评价

序号	评价内容	评价标准	评价结果
1	组合形体的分解	能将组合形体分解成基本形体	是/否
2	三视图的绘制	能绘制形体三视图，符合三等关系	是/否
是否可以进行下一步学习(是/否)			

如图 2-12 所示，根据三视图，选择正确的形体编号填入括号。

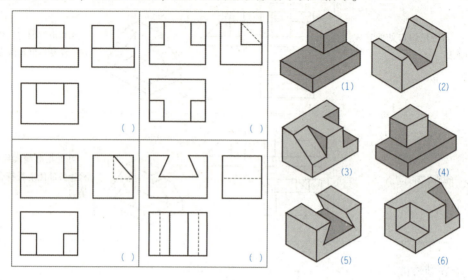

图 2-12　由三视图识立体图

职业能力 A-2-2　能理解点的投影的特性

点的投影：工程中遇到的形体各种各样，但无论多么复杂的形体都可以看作由点、线、面组成，因此应首先掌握点、线、面的投影。

点是构成线、面、体的最基本的几何元素，掌握点的投影是学习线、面、体投影的基础。如图 2-13 所示，A、B、C 等都是形体上的点。

如图 2-14 所示，点的投影仍然是点。

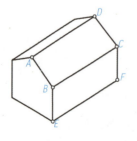

图 2-13　形体由点构成

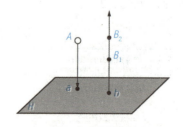

图 2-14　点的投影

1. 了解点的投影的由来；
2. 熟悉点的投影的标注方法；
3. 熟悉点的投影的投影特性；
4. 掌握点的投影"知二求三"的做法。

基本知识

■ 一、点的投影的由来

(一) 点的两面投影

如图 2-15 所示，A 点的投影 a 是唯一的。但一个投影 a 不能确定 A 点的空间位置。工程图样是将物体放在第一分角中，采用正投影法绘制得到的。故由此建立了两投影面体系，如图 2-16 所示。

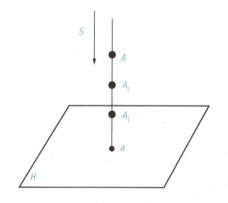

图 2-15　点的单面投影图

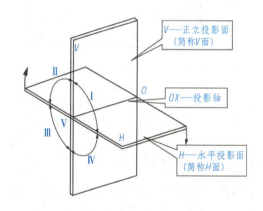

图 2-16　两投影面体系的建立

两投影面体系展开后如图 2-17 所示。其中，a 为 A 点的水平投影，a' 为 A 点的正面投影。从图中可以看出：

$a'a \perp X$ 轴；$aa_X = Aa'$；$a'a_X = Aa$。

(二) 点的三面投影

从投影的特性可知，两面投影也无法将投影目标在三维空间中精确定位，

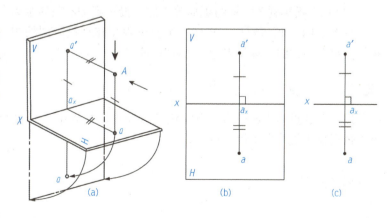

图 2-17　点的两投影面体系的展开

（a）直观图；（b）展开图；（c）投影

故而需要三投影面体系。所以，在 V、H 两投影面体系的基础上增加侧立投影面 W，构成三投影面体系，如图2-18所示。

■ 二、点的投影标注

空间点 A 的三面正投影直观图和投影图如图 2-18 所示，在三面正投影中，空间点用大写字母来表示，其 H 面投影用同一个字母的小写形式来表示，其 V 面投影用同一字母的小写形式加一撇表示，其 W 面投影用同一字母的小写形式加两撇表示。如空间点 A，其 H 面、V 面、W 面的投影分别为 a、a'、a''。

常用涂黑或空心的小圆圈或直线相交来表示点的投影。

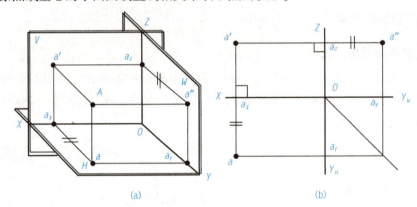

(a)   (b)

图2-18 点的三面投影及展开
(a)直观图；(b)投影展开图

■ 三、点的投影的特性

从点的三面投影图中可以得出点的以下投影特性：

(1)正面投影和水平投影的连线垂直于 OX 轴，即 $aa' \perp OX$；

(2)正面投影和侧面投影的连线垂直于 OZ 轴，即 $a'a'' \perp OZ$；

(3)水平投影到 OX 轴的距离等于侧面投影到 OZ 轴的距离，即 $aa_X = a''a_Z$。

从图 2-18 中可以看出，点的三个投影规律和正投影图的规律——长对正、高平齐、宽相等是完全一致的，只是表达的方法不同。

■ 四、点的投影"知二求三"

以上点的投影规律说明，空间任意点在三面投影中，只要给出其中任意两个投影，就可以依据投影规律求出第三投影。

▌▌ 能力训练

■ 一、操作条件

如图 2-19 所示，已知 A 点的两个投影 a 和 a'，求 a''。

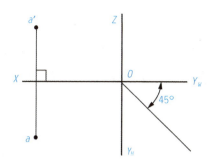

图 2-19　由点的两个投影求第三个投影

■ 二、操作过程 ···

点的三面投影及展开的作图步骤见表 2-3。

表 2-3　点的三面投影作图步骤

序号	步骤	操作方法及说明	质量标准
1	利用三等关系中的"高平齐"过点 a' 作垂直于 Z 轴的直线		能理解"高平齐"的意义，正确画出本步骤
2	利用三等关系中的"宽相等"过点 a 作垂直于 Y_H 轴的直线。与右下角 45°斜线相交		能理解"宽相等"的意义，正确画出本步骤
3	与 45°斜线相交后，从交点处作 Y_W 轴的垂线，交步骤 1 所作直线于某点，该点即为 a''		能正确画出本步骤
4	检查结果，根据三等关系，如图中所示，画双短线示意的两条线段的长度应相等		结果符合三等关系，解题正确

如图 2-20 所示，如果已知 a'' 与 a，要求的是 a'，又该如何做？

提示： 在能力训练中，我们已知的条件是"长对正"，使用的解题步骤是先"高平齐"后"宽相等"。如图 2-20 所示，我们的已知条件是"宽相等"，那么，就应该使用"长对正"和"高平齐"来解题。

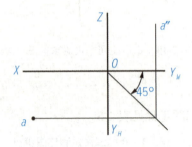

图 2-20　由 a'' 与 a 求 a'

■ 四、学习结果评价 ···

学习结果评价见表 2-4。

表 2-4　学习结果评价

序号	评价内容	评价标准	评价结果
1	掌握点的投影的标注及特性	能理解点的投影的标注方法和投影规律	是/否
2	点的投影"知二求三"	能根据点的任意两投影绘制第三投影，结果符合三等关系	是/否
是否可以进行下一步学习（是/否）			

课后作业

如图 2-21 所示，已知 b'、b'' 求 b。

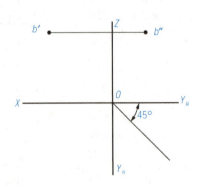

图 2-21　已知 b'、b'' 求 b

职业能力 A-2-3　能理解点的投影和坐标之间的关系

核心概念

点的直角坐标：在三面投影体系中，空间点及其投影的位置，可以用坐标来确定。可将三面投影体系看作空间直角坐标系，投影轴 OX、OY、OZ 相当于坐标系中的 X、Y、Z 轴，投影面 H、V、W 相当于三个坐标面，投影轴原点 O 相当于坐标系原点。

如图 2-22 所示，点 A 的空间位置由它的三个坐标（X_A、Y_A、Z_A）确定。点的三个直角坐标分别是点到三个投影面的距离。即 $X_A = Aa''$，为点 A 至 W 投影面的距离；$Y_A = Aa'$，为点 A 至 V 投影面的距离；$Z_A = Aa$，为点 A 至 H 投影面的距离。

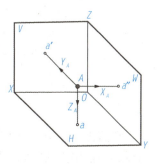

图 2-22　点的直角坐标

学习目标

1. 掌握点的坐标与投影面距离之间的关系；
2. 掌握点及其投影的坐标表示方法的关系。

基本知识

一、点的坐标与投影面距离之间的关系

如图 2-23（a）所示，空间一点到三投影面的距离，就是该点的三个坐标（用小写字母 x、y、z 表示），即空间点到 W 面的距离为 x 坐标，即 $Aa'' = a'a_Z = aa_{y_H} = x$；空间点到 V 面的距离为 y 坐标，即 $Aa' = aa_X = a''a_Z = y$；空间点到 H 面的距离为 z 坐标，即 $Aa = a'a_X = a''a_{y_W} = z$。

二、点及其投影的坐标表示方法的关系

空间点及其投影位置可用坐标方法表示，如图 2-23（b）所示，点 A 的空间位置是 $A(x, y, z)$；点 A 的 H 面投影是 $a(x, y, 0)$；点 A 的 V 面投影是 $a'(x, 0, z)$；点 A 的 W 面投影是 $a''(0, y, z)$。

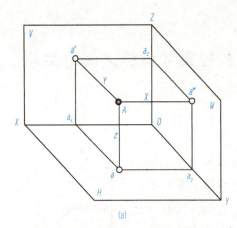
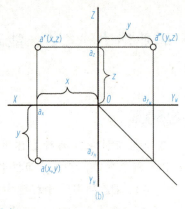

图 2-23　点和投影的坐标

(a) 点的坐标；(b) 投影的坐标

在简化写法中，也可写成 $a(x, y)$、$a'(x, z)$、$a''(y, z)$。应用坐标能较容易地作出点的投影和指出点的空间位置。

能力训练

■ 一、操作条件

已知点 A 的坐标为 $(25, 20, 35)$，求作点 A 的三面投影。

■ 二、操作过程

点 A 的三面投影的作图步骤见表 2-5。

表 2-5　点 A 的三面投影作图步骤

序号	步骤	操作方法及说明	质量标准
1	画出坐标轴		能熟练画出坐标轴
2	在 OX 轴上截取坐标长度 25，得到 a_X 点		能正确画出本步骤

序号	步骤	操作方法及说明	质量标准
3	过 a_X 点作 OX 轴垂线，在 XOZ 面截取长度 35 得到投影 a'		能正确画出本步骤
4	在 XOY 面内截取坐标长度 20，得到投影 a		能正确画出本步骤
5	通过 a 和 a' 两投影可得到投影 a''		结果符合三等关系，解题正确

■ 三、问题情境

(一)问题情境一

如果上述题目还要求点 A 的各投影点 a、a'、a'' 的坐标，该如何做？

提示：通过前面的学习已知，空间点的坐标与其投影点的坐标有相互对应的关系，在各投影面上的投影点，其坐标有两个与空间点一致，剩下一个为 0。

(二)问题情境二

如果上述题目的已知条件不是空间点 A 的坐标，而是改为空间点 A 与各个投影面的距离，该如何做？

提示：通过前面的学习已知，空间点的坐标与其到各个投影面的距离有对应关系，即空间点到 W 面的距离为 x 坐标，即 $Aa'' = a'a_Z = aa_{y_H} = x$；空间点到 V 面的距离为 y 坐标，即 $Aa' = aa_X = a''a_Z = y$；空间点到 H 面的距离为 z 坐标，即 $Aa = a'a_X = a''a_{y_W} = z$。

■ 四、学习结果评价

学习结果评价见表2-6。

表 2-6 学习结果评价

序号	评价内容	评价标准	评价结果
1	点的坐标与投影面距离的关系	能进行坐标与投影面距离的快速换算	是/否
2	点及其投影的坐标表示方法的关系	能正确进行点及其投影的坐标换算	是/否
是否可以进行下一步学习(是/否)			

▌▌ 课后作业

如图 2-24 所示，已知点 $A(15，10，20)$，求作其三面投影。

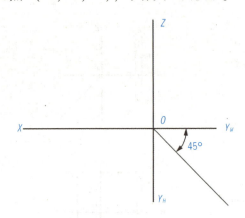

图 2-24 求点的三面投影

职业能力 A-2-4 能进行特殊点的投影

▌▌ 核心概念

一般点：如前面题目中，如果某点在三面投影体系中，其所处位置不在任一投影面上，且不在任一投影轴上的，我们将这种点称为一般点。

特殊点：与一般点相反，如果某点的位置处于三面投影体系中任一投影面或投影轴上，我们将这种点称为特殊点。

特殊点一般可分为三类，即在任一投影面上的点、在任一投影轴上的点、原点。

▌▌ 学习目标

1. 熟悉特殊点的分类；
2. 掌握特殊点的投影方法；
3. 掌握特殊点的坐标表达。

■ 基本知识

■ 一、特殊点的分类

（一）在投影面上的点

因为投影体系有三个投影面，故在投影面上的点有三种，分别为在 H 面上的点、在 V 面上的点、在 W 面上的点。

（二）在投影轴上的点

因为投影体系有三个投影轴，故在投影轴上的点有三种，分别为在 X 轴上的点、在 Y 轴上的点、在 Z 轴上的点。

（三）原点

原点在三个投影面和三个投影轴的相交处。

■ 二、特殊点的投影方法

如图 2-25 所示，点在投影面上，那么它的三个投影中有两个位于投影轴上，第三个投影与特殊点本身重合。

以图 2-25（a）为例，特殊点 A 的其中两个投影 a' 与 a'' 分别在 X 轴和 Y 轴上，而第三个投影 a，在 H 面上与特殊点 A 重合。

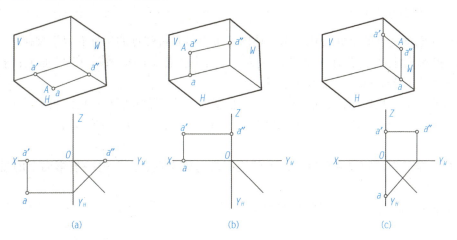

图 2-25　投影面上的点及其投影

（a）点在 H 面上；（b）点在 V 面上；（c）点在 W 面上

经过总结，可以得出以下结论：如果某点的三面投影中有两个在不同的投影轴上，而第三个投影在某一投影面上，则该点必为特殊点，且特殊点本身就在第三个投影所在的投影面上。这样，就可以通过投影展开图来判定点的特性及位置。

如图 2-26 所示，点在投影轴上，那么它的三个投影中有两个在同一投影轴的同一点上，且与特殊点本身重合；第三个投影在原点。

同样以图 2-26(a)为例，特殊点 A 的其中两个投影 a' 与 a 都在 X 轴上，且与特殊点 A 重合，而第三投影 a'' 在原点。

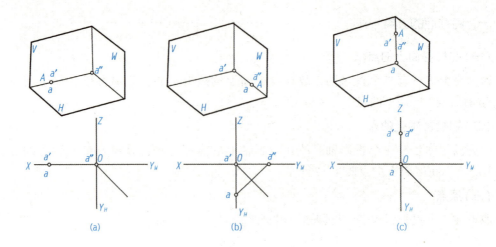

图 2-26　投影轴上的点及其投影

(a)点在 OX 轴上；(b)点在 OY 轴上；(c)点在 OZ 轴上

也可以在投影展开图中利用这一投影特性来判定点的特性及位置。

点在坐标原点，那么它的三个投影都在原点上，与之重合。

■ 三、特殊点的坐标表达

前面我们学过点的坐标表达，由上述内容可以得知特殊点的坐标有以下规律：

(1)投影面上的点必有一个坐标值为 0，其中：若 $x = 0$，则点在 W 面上；若 $y = 0$，则点在 V 面上；若 $z = 0$，则点在 H 面上。

在该投影面上投影与该点重合，在相邻投影面上的投影分别在相应的投影轴上。

(2)投影轴上的点必有两个坐标值为 0，第三坐标不为 0，点在值不为 0 的第三坐标轴上。

在包含第三坐标轴的两个投影面上的投影都与该点重合，在另一投影面上的投影则与原点 O 重合。

(3)原点上的点，三个坐标值均为 0。

能力训练

■ 一、操作条件

已知点 $C(10，20，0)$，求作其三面投影。

■ 二、操作过程

三面投影的作图步骤见表 2-7。

表 2-7　三面投影的作图步骤

序号	步骤	操作方法及说明	质量标准
1	画出坐标轴	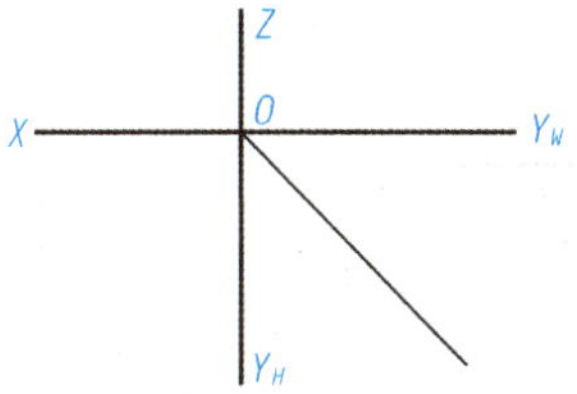	能熟练画出坐标轴
2	由 $z_C = 0$，则 C 点在 H 面上；由 $x = 10$，$y = 20$ 可知其投影点 c 位置	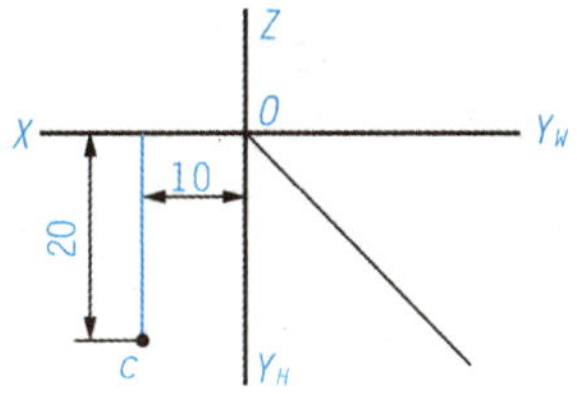	能正确画出本步骤
3	由 $z_C = 0$ 及长对正，可知另一投影 c' 在 X 轴上	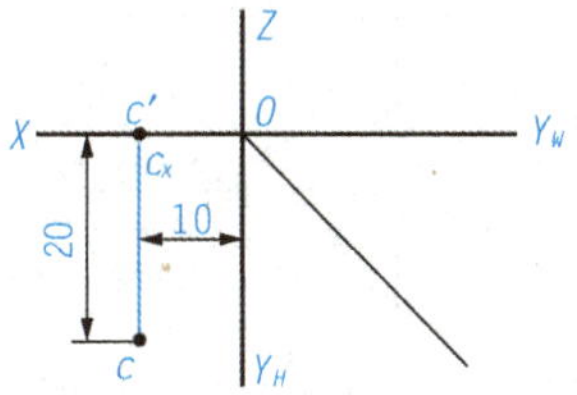	能正确画出本步骤
4	由高平齐得 c'' 在 Y_W 轴上，再通过"知二求三"求出 c''	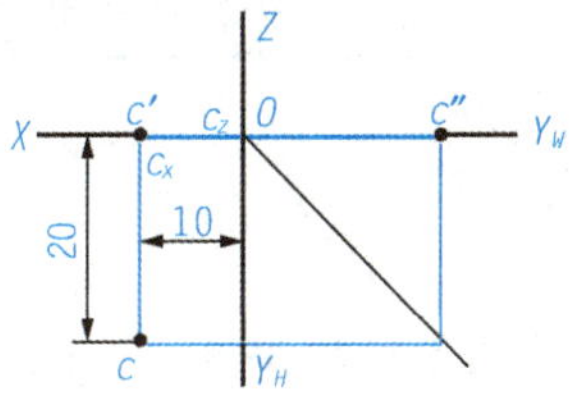	能正确画出本步骤
5	检查，作出直观图	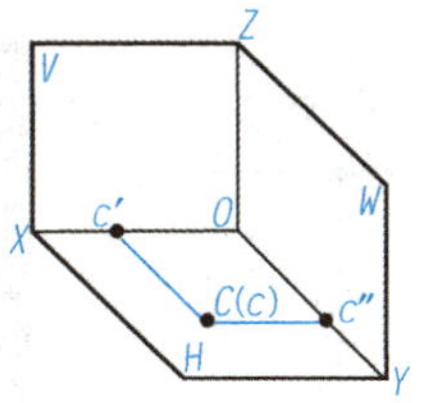	结果符合题意，解题正确

■ 三、问题情境 ···

如图 2-27 所示，已知 B 点在 W 面上，C 点在 V 面上，D 点在 X 轴上，求它们的三面投影，并在直观图中画出。

提示：首先根据题意，这三个点都是特殊点，需要利用特殊点的坐标特性，结合三等关系予以解答。

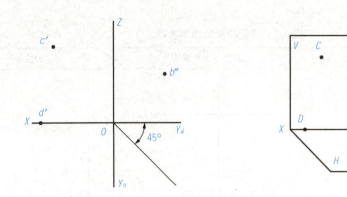

图 2-27　问题情境图

■ 四、学习结果评价

学习结果评价见表 2-8。

表 2-8　学习结果评价

序号	评价内容	评价标准	评价结果
1	特殊点的分类	能熟知特殊点的各个类别	是/否
2	特殊点的投影方法	能进行特殊点的投影	是/否
3	特殊点的坐标表达	能理解并掌握特殊点的坐标表达方法	是/否
是否可以进行下一步学习(是/否)			

课后作业

如图 2-28 所示，已知 A、C 两点的投影图，试作出其立体图，并判别各点的空间位置。

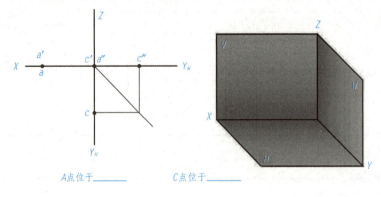

A点位于＿＿＿＿　　　　C点位于＿＿＿＿

图 2-28　投影图

职业能力 A-2-5　能判定两点相对位置

核心概念

两点的相对位置：是指两点在左右、前后、上下方向的相对位置。由点的投影图判别两点在空间的相对位置，首先应该了解空间点有前、后、上、下、左、右六个方位，如图 2-29（a）所示，这六个方位在投影展开图上也能反映出来，如图 2-29（b）所示。

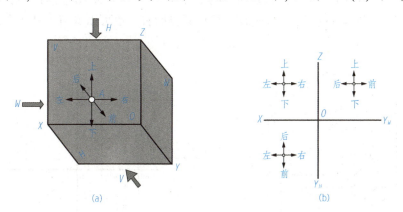

图 2-29　三面投影体系中的方向

（a）空间点的位置；（b）投影图中点的位置

学习目标

1. 掌握两点相对位置的坐标表达；
2. 掌握两点相对位置的方位表达。

基本知识

一、两点相对位置的坐标表达

从图 2-29 中可以看出：

（1）在 V 面上的投影，能反映左、右（点至 W 面的距离 x）和上、下（点至 H 面的距离 z）的位置关系。

（2）在 H 面上的投影，能反映左、右（点至 W 面的距离 x）和前、后（点至 V 面的距离 y）的位置关系。

（3）在 W 面上的投影，能反映前、后（点至 V 面的距离 y）和上、下（点至 H 面的距离 z）的位置关系。

具体来说，即

（1）比较 X 坐标——判断左右；X 坐标值越大，则越左；反之，则越右。

（2）比较 Y 坐标——判断前后；Y 坐标值越大，则越前；反之，则越后。

（3）比较 Z 坐标——判断上下；Z 坐标值越大，则越上；反之，则越下。

由此，根据坐标大小就可以判断两点在空间的相对位置。

■ 二、两点相对位置的方位表达

两点的相对位置除用坐标(以坐标系原点为基点)表示外，也可用任一空间点为基点予以表达，如图 2-30(a)所示。

从图中可以看出，当以 B 点为基点时，A 点在 B 点的右、前、上方。

此时，如图 2-30(b)所示，若已知 B 点的投影和 A 点对 B 点的三对坐标差，即 $X_A - X_B = \Delta X$；$Y_A - Y_B = \Delta Y$；$Z_A - Z_B = \Delta Z$；即使无投影轴，也可以 B 点为基点，作出 A 点的投影。

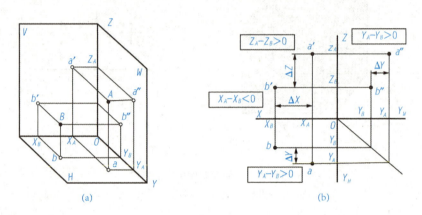

图 2-30　两点的相对位置
(a)空间两点的相对位置；(b)投影图中两点的相对位置

能力训练

■ 一、操作条件

如图 2-31 所示，已知点 B 的投影，且知点 A 在点 B 的右侧 10 mm、前面 6 mm、上方 12 mm，求 A 点的投影。

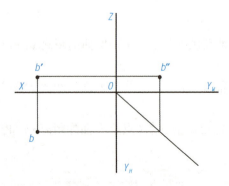

图 2-31　能力训练图

■ 二、操作过程 ··

A 点投影的作图步骤见表 2-9。

表 2-9　*A* 点投影的作图步骤

序号	步骤	操作方法及说明	质量标准
1	本题是以 *B* 点为基点确定 *A* 点的坐标。在 X_B 右侧 10 mm 处作直线		能正确画出本步骤
2	在比 Y_{H_B} 大 6 mm 处作直线，与步骤 1 直线在 *H* 投影面上产生一交点，即为 *a* 点		能正确画出本步骤
3	在比 Z_B 高 12 mm 处作直线，与步骤 1 直线在 *V* 投影面上产生一交点，即为 *a'* 点		能正确画出本步骤
4	通过"知二求三"即可求出第三投影 *a"*		能正确画出本步骤

■ 三、问题情境 ··

判断图 2-32 中 *C*、*D* 两点的相对位置。

提示：根据正面或侧面投影判断上下；根据正面或水平投影判断左右；根据水平或侧面投影判断前后。

如此，只要分别判断同一投影面内两投影点的相对位置，再把结果综合，便可得出结论。

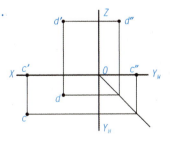

图 2-32　问题情境图

学习结果评价见表2-10。

表2-10　学习结果评价

序号	评价内容	评价标准	评价结果
1	两点相对位置的坐标表达	掌握两点相对位置的坐标表达方法	是/否
2	两点相对位置的方位表达	掌握两点相对位置的方位表达方法	是/否
是否可以进行下一步学习(是/否)			

课后作业

指出图2-33中的最高、最低、最前、最后、最左、最右的点。

最高点：＿＿＿＿＿＿＿＿＿

最低点：＿＿＿＿＿＿＿＿＿

最前点：＿＿＿＿＿＿＿＿＿

最后点：＿＿＿＿＿＿＿＿＿

最左点：＿＿＿＿＿＿＿＿＿

最右点：＿＿＿＿＿＿＿＿＿

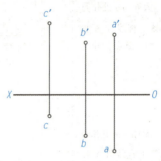

图 2-33　课后作业图

职业能力 A-2-6　能判定重影点及可见性

核心概念

重影点：是指位于同一投射线上的空间两点。它们在该投射线所垂直的投影面上的投影重合，则这两点叫作对该投影面的一对重影点。

如图2-34所示，E、F两点的投影在V面上重合，故它们对V面来说是一对重影点。

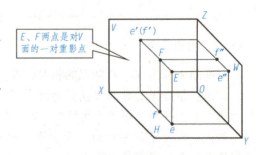

图 2-34　重影点

1. 掌握重影点的可见性判断；
2. 掌握重影点的投影表达方法。

基本知识

一、重影点的可见性判断

当空间两点位于对某一投影面的同一条投射线上时，则此两点在该投影面上的投影重合为一点，此两点称为对该投影面的重影点。

为区分重影点的可见性，规定观察方向与投影面的投射方向一致，即对 V 面由前向后，对 H 面由上向下，对 W 面由左向右。因视线是由近及远的，故距观察者近的点的投影为可见，距观察者远的点的投影为不可见。

若以投影面为判断基准，则离投影面较远的那个点是可见的，而离投影面较近的另一个点是不可见的。

若以相对方位为判断基准，则可归纳为上遮下；前遮后；左遮右。

二、重影点的投影表达方法

从空间几何关系分析，重影点在空间直角坐标系中有两对坐标值分别相等，其可见性则由它们的另一对不等的坐标值来确定，坐标值大者为可见，坐标值小者为不可见。画投影图时应在不可见点的投影标记两侧注写括号，如图 2-35 所示。

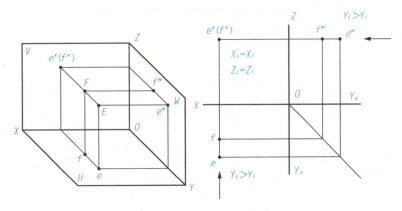

图 2-35　重影点的投影表达

图 2-35 中，已知 E、F 两点是 V 面上的一对重影点，对 V 面的重影点应从前向后观察，两点的 X 坐标和 Z 坐标均相等，Y 坐标不相等，可用作确定可见性。由图 2-35 可知，Y 坐标值大者可见，即 E 点可见，F 点不可见。

在 V 面上，不可见点的投影标记两侧注写括号，为 $e'(f')$。

■ 一、操作条件 ··

对图 2-36 中水平重影点 a、b 进行可见性判别。

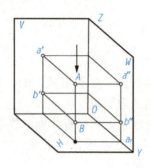

图 2-36　重影点的投影表达

■ 二、操作过程 ··

重影点的作图步骤见表 2-11。

表 2-11　重影点的作图步骤

序号	步骤	操作方法及说明	质量标准
1	由题意：H 面重影点	可知：在 H 面上出现重影点，H 面为由上至下观测	能判断水平面的投射方向
2	通过各种方法进行可见性判断	(1) 观测方向法：观测者近则可见，远则不可见； (2) 投影面距离法：离 H 面远则可见，近则不可见； (3) 坐标法：两点 X、Y 坐标相同，Z 坐标大者可见，小者不可见	能正确作出可见性判断
3	根据可见性判断结果进行重影点投影标记		投影标记正确

■ 三、问题情境 ··

如果不是判别 H 面上的重影点，而是判别 V 面或 W 面上的重影点，如何判别其可见性？不同投影面上的投影点有无规律可循？

提示：对 H 面的重影点应从上向下观察，Z 坐标值大者可见；对 V 面的重影点应从前向后观察，Y 坐标值大者可见；对 W 面的重影点应从左向右观察，X 坐标值大者可见。

总结：能确定可见性的坐标轴都是垂直于重影点所在的投影面，且都是该坐标轴上坐标值大的点可见。

"坐标值大"与"距投影面远"及"距观察者近"本质上是相同的。

■ 四、学习结果评价

学习结果评价见表 2-12。

表 2-12　学习结果评价

序号	评价内容	评价标准	评价结果
1	重影点的可见性判断	掌握重影点的可见性判断方法	是/否
2	重影点的投影表达方法	掌握重影点的投影表达方法	是/否
是否可以进行下一步学习（是/否）			

▌ 课后作业

如图 2-37 所示，已知点 A 与点 B 是一对重影点；点 C 与点 D 是一对重影点。试在无直观图的情况下判断可见性并作出相应投影标记。

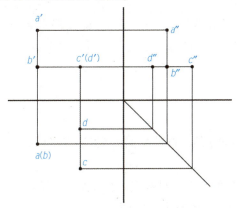

图 2-37　课后作业图

工作任务 A-3　直线的三面投影

职业能力 A-3-1　直线投影的作法

核心概念

直线的投影：由几何学知识可知，空间两点可确定一直线。因此，要用投影来表达空间直线，只需要作出直线上任意两点的投影，再连接该两点在同一投影面上的投影即可。

学习目标

1. 掌握直线投影的作法；
2. 掌握直线投影的"知二求三"。

基本知识

■ 一、直线投影的作法

常见的直线是平面立体的棱线，即两平面的交线，如图 3-1 中的 *AB*、*CF* 所示。

直线常用线段的形式来表示，空间两点可以决定一直线，掌握了点的投影，直线的投影就没有多少问题。

直线的投影规定用粗实线绘制。图 3-1 所示为常见的直线形式。因为两点决定一直线，所以作直线的三面正投影图应该首先作出直线上两点（一般取直线的两端点）在三个投影面上的投影，然后分别连接两点的同名投影即可。

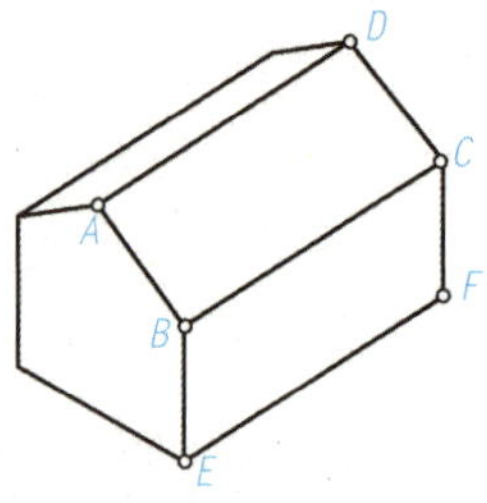

也就是说，空间任何一直线可由直线上的两点所确定。直线的投影就是直线上任意两点同面投影的连线，如图 3-2 所示。

图 3-1　常见的直线形式

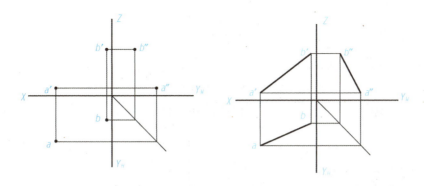

图 3-2　直线的投影

在图 3-2 中，若已知两点 $A(X_A,\ Y_A,\ Z_A)$ 和 $B(X_B,\ Y_B,\ Z_B)$ 的空间位置，可首先绘制出该两点的三面投影，然后将两点的同面投影 ab、$a'b'$、$a''b''$ 分别相连，即可得直线 AB 的三面投影。

■ 二、直线投影的"知二求三"

在直线的三面正投影中，若其中任意两面投影为已知时，即可求出它的第三面投影。所用的方法也就是利用"三等关系"分别求出第三投影面的两个点的投影，然后相连，如图 3-3 所示。

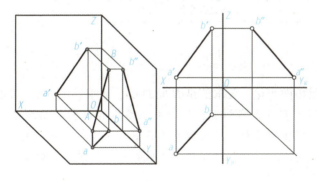

图 3-3　直线投影的三等关系

▍ 能力训练

■ 一、操作条件

如图 3-4 所示，已知直线 AB 的两面投影 ab 和 $a'b'$，试求第三面投影 $a''b''$。

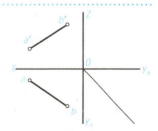

图 3-4　能力训练图

第三面投影作图步骤见表3-1。

表3-1　第三面投影作图步骤

序号	步骤	操作方法及说明	质量标准
1	根据三等关系，分别得出两点的第三面投影，并进行标注	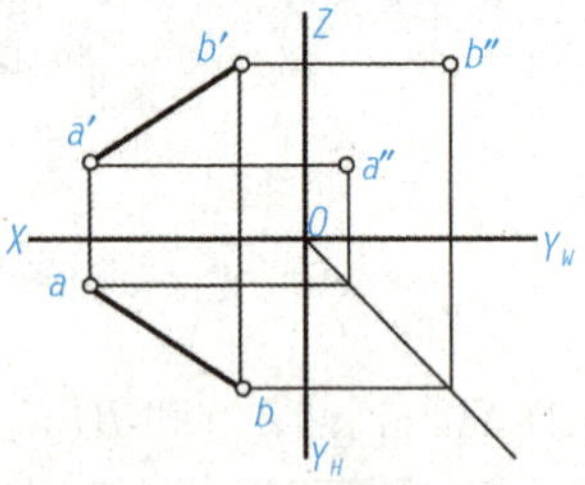	三等关系作图，第三面投影标注正确
2	对步骤1所求第三面投影进行连线	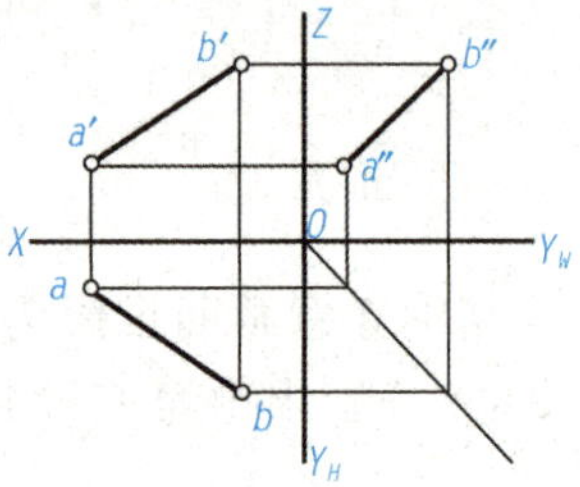	正确使用粗实线进行连线
3	检查，复核	检查是否符合三等关系	符合三等关系

■ 三、问题情境 ···

如果将上述题目稍做变化，要求的是 H 面的 ab，或 V 面的 $a'b'$，如何解答？

提示：通过前面的学习我们知道，三等关系是所有投影必须遵循的基本法则，所以，无论要求的是哪个投影面的投影，只要知道了其中两面投影，就一定可以求出第三面投影。解答的基本逻辑是不变的。最后，只需要把所求点的第三面投影相连即可。

■ 四、学习结果评价 ···

学习结果评价见表3-2。

表3-2　学习结果评价

序号	评价内容	评价标准	评价结果
1	直线投影的作法	掌握直线投影的作法	是/否
2	直线投影的"知二求三"	掌握直线投影的"知二求三"	是/否
	是否可以进行下一步学习（是/否）		

▌▌ 课后作业

如图3-5所示，已知点 A $(30，50，50)$、B $(70，20，0)$，图中一刻度大小为10，试作直线 AB 的三面投影，并在直观图中画出空间直线 AB。

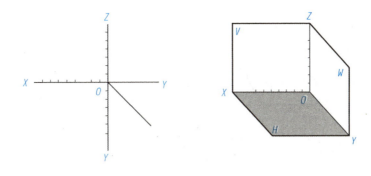

图 3-5　课后作业图

职业能力 A-3-2　直线投影的特性

核心概念

直线的空间位置：指的是空间直线与三个投影面的位置关系，共有垂直、平行、倾斜三大类。

积聚性：这是画法几何的专有名词，是指一条直线(或一个平面)与投影面垂直，它的投影成为一点(或一直线)，这种投影特性称为积聚性。

学习目标

能正确理解不同空间位置直线的投影特性。

基本知识

不同空间位置直线的投影特性如下。

1. 与投影面垂直

当直线垂直于投影面时，其投影积聚为一点，此性质称为积聚性。如图 3-6(a)所示，$AB \perp H$ 面，H 面投影积聚为一点 $a(b)$。

2. 与投影面平行

当直线平行于投影面时，其投影反映直线的实长，此性质称为显实性。如图 3-6(b)所示，$AB /\!/ H$ 面，H 面投影反映实长，$ab = AB$。

3. 与投影面倾斜

当直线倾斜于投影面时，其投影仍然是直线，但长度缩短，此性质称为类似性。如图 3-6(c)所示，AB 倾斜于 H 面，H 面投影 ab 相当于直角三角形的一条直角边，实长 AB 相当于直角三角形的斜边，投影线长度比实长短。

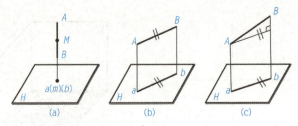

图 3-6　直线的空间位置

(a)垂直；(b)平行；(c)倾斜

能力训练

■ 一、操作条件

已知空间直线 AB、CD、EF、GH，其投影直观图如图 3-7 所示，求空间直线与三个投影面各自的位置关系。

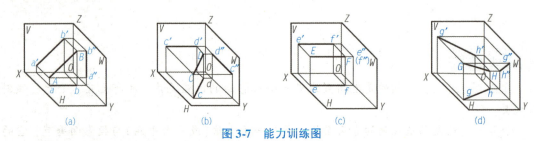

图 3-7　能力训练图

(a)直线 AB 投影；(b)直线 CD 投影；(c)直线 EF 投影；(d)直线 GH 投影

■ 二、操作过程

操作步骤见表 3-3。

表 3-3　操作步骤

序号	步骤	操作方法及说明	质量标准
1	图 3-7(a)所示直线 AB 空间位置判断	由图 3-7(a)可知： $ab < AB$，直线 AB 与 H 面倾斜； $a'b' = AB$，直线 AB 与 V 面平行； $a''b'' < AB$，直线 AB 与 W 面倾斜	能正确判断空间直线 AB 与三个投影面的位置关系
2	图 3-7(b)所示直线 CD 空间位置判断	由图 3-7(b)可知： $cd = CD$，直线 CD 与 H 面平行； $c'd' < CD$，直线 CD 与 V 面倾斜； $c''d'' < CD$，直线 CD 与 W 面倾斜	能正确判断空间直线 CD 与三个投影面的位置关系
3	图 3-7(c)所示直线 EF 空间位置判断	由图 3-7(c)可知： $ef = EF$，直线 EF 与 H 面平行； $e'f' = EF$，直线 EF 与 V 面平行； $e''f''$ 积聚成点，直线 EF 与 W 面垂直	能正确判断空间直线 EF 与三个投影面的位置关系
4	图 3-7(d)所示直线 GH 空间位置判断	由图 3-7(d)可知： $gh < GH$，直线 GH 与 H 面倾斜； $g'h' < GH$，直线 GH 与 V 面倾斜； $g''h'' < GH$，直线 GH 与 W 面倾斜	能正确判断空间直线 GH 与三个投影面的位置关系

■ 三、问题情境 ··

我们已经知道，当空间直线倾斜于投影面时，在该投影面上投影会比实长短。那么，投影究竟比实长短多少呢？倾斜的角度变化时，投影会变化吗？

提示： 如图 3-8 所示，所谓倾斜，就是空间直线与投影面形成一个锐角，如果设该锐角为 α，那么，对于直角三角形中，直角边、斜边和夹角 α 的关系，在学过的"三角函数"中已有明确的论述。

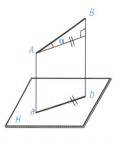

图 3-8　倾斜时的夹角

■ 四、学习结果评价 ··

学习结果评价见表 3-4。

表 3-4　学习结果评价

序号	评价内容	评价标准	评价结果
1	不同空间位置直线的投影特性	掌握直线与投影面平行时的投影特性	是/否
		掌握直线与投影面垂直时的投影特性	是/否
		掌握直线与投影面倾斜时的投影特性	是/否
是否可以进行下一步学习(是/否)			

▌ 课后作业

如图 3-9 所示，已知房屋的直观图和投影图，试把空间直线 *AB*、*CD*、*EF*、*GH* 标注到投影图中的相应位置，并判断这四条空间直线分别与三个投影面的空间位置关系。

直线 *AB*：
　　与 *H* 投影面_____；与 *V* 投影面_____；
　　与 *W* 投影面_____。

直线 *CD*：
　　与 *H* 投影面_____；与 *V* 投影面_____；
　　与 *W* 投影面_____。

直线 *EF*：
　　与 *H* 投影面_____；与 *V* 投影面_____；
　　与 *W* 投影面_____。

直线 *GH*：
　　与 *H* 投影面_____；与 *V* 投影面_____；
　　与 *W* 投影面_____。

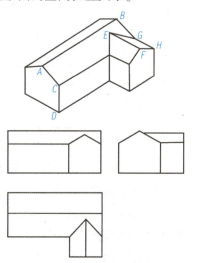

图 3-9　课后作业图

职业能力 A-3-3　各种位置直线的分类

核心概念

特殊线：指的是在三面投影体系中与某一投影面形成平行或垂直关系的空间直线。

一般线：指的是在三面投影体系中与所有投影面均不构成平行或垂直关系，只有倾斜关系的空间直线。

学习目标

1. 掌握特殊线的分类及定义；
2. 掌握一般线的定义。

基本知识

■ 一、特殊线的分类及定义 ·······························

如图 3-10 所示，空间直线对投影面的相对位置可分为一般位置直线、投影面平行线、投影面垂直线三种。其中，投影面平行线、投影面垂直线又称为特殊位置直线，简称特殊线。

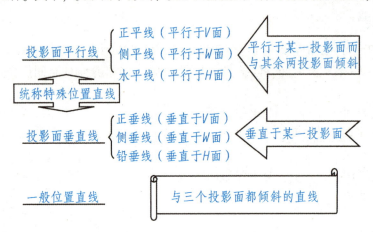

图 3-10　空间直线的相对位置分类一览

(一) 投影面平行线

投影面平行线是指仅平行于一个投影面，而倾斜于另两个投影面的直线。因为投影体系有三个投影面，故投影面平行线也可分为以下三种：

(1) H 面平行线——平行于 H 面，倾斜于 V、W 面的直线，又称水平线；

(2) V 面平行线——平行于 V 面，倾斜于 H、W 面的直线，又称正平线；

(3) W 面平行线——平行于 W 面，倾斜于 H、V 面的直线，又称侧平线。

(二)投影面垂直线

投影面垂直线是指垂直于一个投影面,而平行于其他两个投影面的直线。同样,投影面垂直线也可分为三种:

(1) H 面垂直线——垂直于 H 面,平行于 V、W 面的直线,又称铅垂线;

(2) V 面垂直线——垂直于 V 面,平行于 H、W 面的直线,又称正垂线;

(3) W 面垂直线——垂直于 W 面,平行于 H、V 面的直线,又称侧垂线。

需要指出的是,因为三面投影体系中三个投影面相互垂直,故垂直于某一投影面的空间直线,一定会与另外两个投影面构成平行关系。所以在判断的时候一定要注意空间直线与三个投影面的综合关系,而不能只看一面,以免出错。

二、一般线的定义

一般线是指不与任何投影面有平行或垂直的位置关系,而是倾斜于三个投影面的直线。

能力训练

一、操作条件

已知三棱锥直观图如图 3-11 所示,试判断 SA、SB、SC、AB、BC、AC 各线段的空间位置。

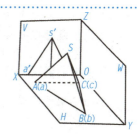

图 3-11　三棱锥直观图

二、操作过程

操作步骤见表 3-5。

表 3-5　操作步骤

序号	步骤	操作方法及说明	质量标准
1	直线 SA 的空间位置判断	由图 3-11 可知: 直线 SA 倾斜于 H 面,倾斜于 V 面,倾斜于 W 面。 故直线 SA 为一般位置直线	通过直观图正确判断空间直线 SA 的种类
2	直线 SB 的空间位置判断	由图 3-11 可知: 直线 SB 倾斜于 H 面,倾斜于 V 面,平行于 W 面。 故直线 SB 为侧平线	通过直观图正确判断空间直线 SB 的种类
3	直线 SC 的空间位置判断	由图 3-11 可知: 直线 SC 倾斜于 H 面,倾斜于 V 面,倾斜于 W 面。 故直线 SC 为一般位置直线	通过直观图正确判断空间直线 SC 的种类
4	直线 AB 的空间位置判断	由图 3-11 可知: 直线 AB 平行于 H 面,倾斜于 V 面,倾斜于 W 面。 故直线 AB 为水平线	通过直观图正确判断空间直线 AB 的种类

序号	步骤	操作方法及说明	质量标准
5	直线 BC 的空间位置判断	由图 3-11 可知： 直线 BC 平行于 H 面，倾斜于 V 面，倾斜于 W 面。 故直线 BC 为水平线	通过直观图正确判断空间直线 BC 的种类
6	直线 AC 的空间位置判断	由图 3-11 可知： 直线 AC 平行于 H 面，平行于 V 面，垂直于 W 面。 故直线 AC 为侧垂线	通过直观图正确判断空间直线 AC 的种类

■ 三、问题情境

如图 3-12 所示，若给出的是形体的三面投影，判断棱线 AB、BC、BD 的空间位置，该如何做？

提示： 可以根据三面投影的展开图推算出直观图中三个投影面的分布。

我们可以看出，在直观图中，从正上到正下的是 H 面的投影方向；从右下至左上的是 V 面的投影方向；从左下到右上的是 W 面的投影方向。

由此，就可以知道 AB、BC、BD 的空间位置了。

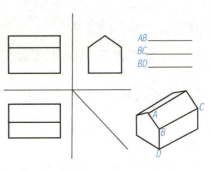

图 3-12 问题情境图

■ 四、学习结果评价

学习结果评价见表 3-6。

表 3-6 学习结果评价

序号	评价内容	评价标准	评价结果
1	各种空间位置直线的分类和定义	掌握各种空间位置直线的分类和定义	是/否
2	直线空间位置的判断	掌握直线空间位置的判断方法	是/否
是否可以进行下一步学习(是/否)			

课后作业

在图 3-13 所示物体的三面投影图中，标出直线 AB、CD、EF，并判断它们对投影面的相对位置。

AB 是_____线；

CD 是_____线；

EF 是_____线。

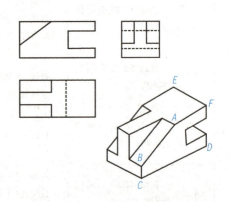

图 3-13 物体的三面投影图

职业能力 A-3-4　投影面平行线的投影

核心概念

　　投影面平行线：指的是仅平行于一个投影面，而倾斜于另外两个投影面的直线。根据直线所平行投影面的不同，可分为水平线(∥H面)、正平线(∥V面)和侧平线(∥W面)。

　　直线与投影面的夹角：指的是空间直线与不同投影面所形成的夹角。因为空间直线与不同投影面的位置关系是不同的，所以夹角大小也不尽相同。规定：α 为直线与 H 面的夹角；β 为直线与 V 面的夹角；γ 为直线与 W 面的夹角。

学习目标

1. 掌握水平线的投影特征；
2. 掌握正平线的投影特征；
3. 掌握侧平线的投影特征；
4. 利用平行线投影特征作出相应的投影。

基本知识

一、水平线的投影特征

　　由水平线的定义(∥H面，倾斜于 V、W 面)，可得其直观图与投影展开图，如图 3-14 所示。

　　由图 3-14 可以看出，水平线的投影特征包括：

(1) H 面投影 $ab = AB$，且能反映 β、γ 角；

(2) V 面投影 $a'b' \parallel OX$ 轴，W 面投影 $a''b'' \parallel OY_W$ 轴，且均小于实长 AB。

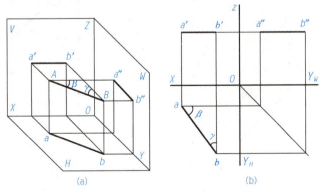

图 3-14　水平线的投影

(a)直观图；(b)展开图

二、正平线的投影特征

由正平线的定义（∥V面，倾斜于H、W面），可得其直观图与投影展开图，如图 3-15 所示。

由图 3-15 可以看出，正平线的投影特征包括：

（1）V 面投影 $a'b' = AB$，且能反映 α、γ 角；

（2）H 面投影 $ab // OX$ 轴，W 面投影 $a''b'' // OZ$ 轴，且均小于实长 AB。

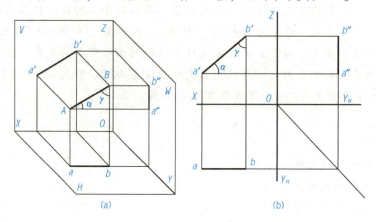

图 3-15　正平线的投影

（a）直观图；（b）展开图

三、侧平线的投影特征

由侧平线的定义（∥W面，倾斜于V、H面），可得其直观图与投影展开图，如图 3-16 所示。

由图 3-16 可以看出，侧平线的投影特征包括：

（1）W 面投影 $a''b'' = AB$，且能反映 α、β 角；

（2）V 面投影 $a'b' // OZ$ 轴，H 面投影 $ab // OY_H$ 轴，且均小于实长 AB。

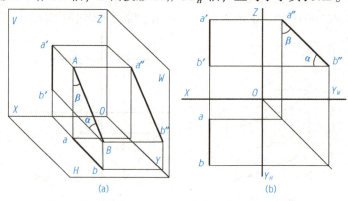

图 3-16　侧平线的投影

（a）直观图；（b）展开图

通过上述三种投影面平行线的投影图可以看出，其投影是具有一定规律的，归纳如下。

（1）投影面平行线在其平行的投影面上的投影是倾斜于投影轴的，但反映实长。

（2）其倾斜于投影轴的投影与轴的夹角反映该直线对另外两个投影面的倾角。

（3）另外两个投影面上的投影平行于相应的投影轴，长度缩短。

总之，可以看出，投影面平行线的三面投影永远是三条线段，其中有一条斜线（实长，倾斜于投影轴），两条直线（缩短，平行于投影轴）。

故判断口诀为"一斜两直线"。

能力训练

■ 一、操作条件 ···

如图 3-17 所示，过点 A 向右上方作一正平线 AB，使其实长为 25 mm，与 H 面的倾角为 30°。

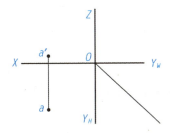

图 3-17 能力训练图

■ 二、操作过程 ···

作图步骤见表 3-7。

表 3-7 作图步骤

序号	步骤	操作方法及说明	质量标准
1	通过"三等关系"求出点 A 的第三面投影		能正确完成本步骤
2	由已知条件可知：AB 的 V 面投影即为其实长，且可反映与 H 面的夹角		能正确完成本步骤

序号	步骤	操作方法及说明	质量标准
3	通过"三等关系"作长对正和高平齐的辅助线，与步骤1所作辅助线在 H 面上有一交点		能正确完成本步骤
4	此交点即为投影点 b，同理可得 b''，作同面投影连线，得出 ab 和 $a''b''$，判断三面投影是否符合正平线规律		能正确完成本步骤，并通过正平线投影规律进行检查

■ 三、问题情境

（一）问题情境一

如图 3-18 所示，过点 A 作正平线 AB，使倾角 $\alpha = 30°$，$AB = 30$ mm，有几解？作出其中一解。

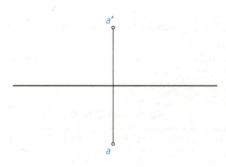

图 3-18　问题情境一图

提示：本题大致与上述例题相似，可以通过正平线的投影特征作出，但本题少了一个约束条件，即 A、B 点之间的相对位置关系，故存在多解的可能，试想一共有几解？

（二）问题情境二

如图 3-18 所示，将问题情境一的条件进行修改如下：已知 AB 为水平线及点 A 的两面投影，$\beta = 30°$，点 B 在点 A 的右后方，且在 V 面上。试求 AB 的投影。

提示：问题情境二的解法也要利用水平线的投影特性，并需要考虑点 B 的相对位置及特殊点（在 V 面上）的条件，进行解答。

学习结果评价见表3-8。

表3-8　学习结果评价

序号	评价内容	评价标准	评价结果
1	投影面平行线的投影特征	掌握水平线的投影特征	是/否
		掌握正平线的投影特征	是/否
		掌握侧平线的投影特征	是/否
2	利用平行线投影特征作出相应的投影	掌握作图的方法	是/否
是否可以进行下一步学习(是/否)			

课后作业

1. 如图3-19所示，已知直线 CD 为侧平线，点 C 和点 D 距离 V 面分别为 5 mm 和25 mm，试求直线 CD 的另外两面投影。

2. 如图3-20所示，过点 A 作一直线平行于 H 面，并与 BC 相交。

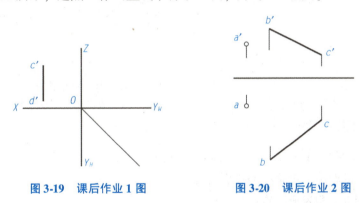

图3-19　课后作业 1 图　　　图3-20　课后作业 2 图

职业能力 A-3-5　投影面垂直线的投影

核心概念

　　投影面垂直线：指的是垂直于一个投影面，而平行于其他两个投影面的直线。根据直线所垂直投影面的不同，可分为铅垂线($\perp H$面)、正垂线($\perp V$面)和侧垂线($\perp W$面)。

　　直线的积聚：空间直线垂直于投影面时，其在该投影面上的投影成为一点的现象。

　　■■　学习目标

1. 掌握铅垂线的投影特征；
2. 掌握正垂线的投影特征；
3. 掌握侧垂线的投影特征；
4. 利用垂直线投影特征作出相应的投影。

　　■■　基本知识

■ 一、铅垂线的投影特征 ···

由铅垂线的定义($\perp H$面，$/\!/ V$、W面)，可得其直观图与投影展开图，如图 3-21 所示。

由图 3-21 可以看出，铅垂线的投影特征包括：

（1）H 面投影 ab 积聚成一点；

（2）V 面投影 $a'b' \perp OX$，W 面投影 $a''b'' \perp OY_W$；

（3）V 面投影 $a'b'$ = W 面投影 $a''b''$ = 实长 AB。

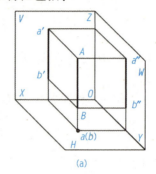
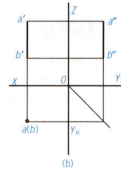

（a）　　　　　　　　　　（b）

图 3-21　铅垂线的投影

（a）直观图；（b）展开图

■ 二、正垂线的投影特征 ···

由正垂线的定义($\perp V$面，$/\!/ H$、W面)，可得其直观图与投影展开图，如图 3-22 所示。

由图 3-22 可以看出，正垂线的投影特征包括：

（1）V 面投影 $a'b'$ 积聚成一点；

（2）H 面投影 $ab \perp OX$，W 面投影 $a''b'' \perp OZ$；

（3）H 面投影 ab = W 面投影 $a''b''$ = 实长 AB。

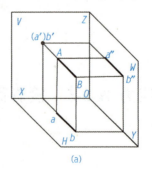
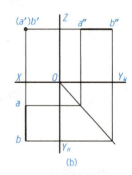

（a）　　　　　　　　　　（b）

图 3-22　正垂线的投影

（a）直观图；（b）展开图

三、侧垂线的投影特征

由侧垂线的定义（⊥W面，∥V、H面），可得其直观图与投影展开图，如图 3-23 所示。

由图 3-23 可以看出，侧垂线的投影特征包括：

（1）W 面投影 $a''b''$ 积聚成一点；

（2）H 面投影 $ab \perp OY_H$，V 面投影 $a'b' \perp OZ$；

（3）H 面投影 $ab =$ V 面投影 $a'b' =$ 实长 AB。

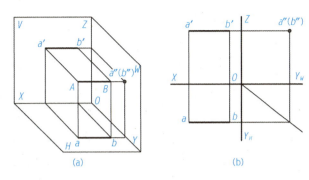

图 3-23 侧垂线的投影
(a)直观图；(b)展开图

四、规律总结

通过上述三种投影面垂直线的投影图可以看出，其投影是具有一定规律的，归纳如下：

（1）投影面垂直线在其所垂直的投影面上的投影积聚为一点。

（2）另外两个投影面上的投影平行于同一投影轴，且反映实长。

总之，可以看出，投影面垂直线的三面投影中，必有一个投影面上的投影因垂直而积聚成点。同时，另外两个投影面上的投影因平行而体现实长，且此两投影面上的投影平行于同一投影轴。

因此，判断口诀为"一点两直线"。

能力训练

一、操作条件

如图 3-24 所示，过点 A 作正垂线 AD 的三面投影，点 D 在点 A 的正前方 15 mm。

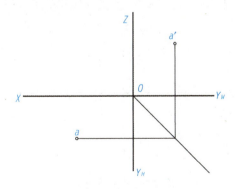

图 3-24 能力训练图

作图步骤见表3-9。

表3-9　作图步骤

序号	步骤	操作方法及说明	质量标准
1	通过"三等关系"作出 V 面投影 a'		"三等关系"使用正确
2	由正垂线投影特性可知其 V 面投影积聚；由已知条件"点 D 在点 A 的正前方15 mm"进行可见性判断 $d'(a')$		正确利用正垂线投影特性，并进行可见性判断
3	由正垂线投影特性可知其 H、W 面投影 // Y 轴，结合已知条件"点 D 在点 A 的正前方15 mm"可作出其余两面投影		正确作出投影

如图 3-25 所示，已知 AB 为铅垂线及点 A 的两面投影，点 B 在点 A 的下方，AB 的实长为 15 mm。试作出 AB 的三面投影。

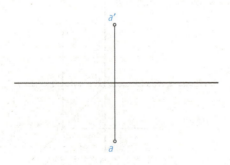

图 3-25　问题情境图

提示：本题首先需要利用铅垂线的投影特性，得出其积聚性投影，并进行可见性判断。然后根据实长大小作出另外两面投影。

学习结果评价见表3-10。

表3-10 学习结果评价

序号	评价内容	评价标准	评价结果
1	投影面垂直线的投影特征	掌握铅垂线的投影特征	是/否
		掌握正垂线的投影特征	是/否
		掌握侧垂线的投影特征	是/否
2	利用垂直线投影特征作出相应的投影	掌握作图的方法	是/否
是否可以进行下一步学习(是/否)			

课后作业

如图3-26所示，已知 AB 为侧垂线及点 B 的两面投影，点 A 在 W 面上。试作出直线 AB 的三面投影。

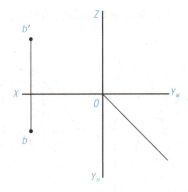

图3-26 课后作业图

职业能力 A-3-6　一般线的投影

■■■ 核心概念

一般位置直线: 指的是倾斜于三个投影面的直线。它在三个投影面上的投影都为倾斜于投影轴的缩短线段。

■■■ 学习目标

掌握一般位置直线的投影特征。

■■■ 基本知识

■ 一、一般位置直线的投影特征 ··

由一般位置直线的定义(与三个投影面都倾斜的直线),可得其直观图与投影展开图,如图 3-27 所示。

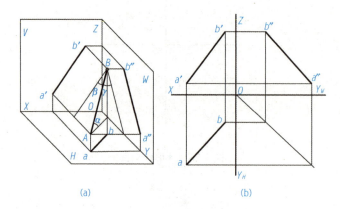

(a)　　　　　　　　　　　　　(b)

图 3-27　一般位置直线的投影
(a)直观图; (b)展开图

由图 3-27 可以看出,在一般位置直线的投影中,其投影特征包括:
(1)三面投影均小于实长,且均倾斜于投影轴。
(2)三个投影面的夹角(α、β、γ)均为锐角。

■ 二、规律总结 ··

可以看出,因为一般位置直线与三个投影面保持倾斜,没有平行或垂直的位置关系,故其投影不能反映直线实长和与投影面的倾角,也没有平行于特定投影轴,而是保持倾斜于投影轴。故一般位置直线的投影一定是"三条斜线"。

三类空间位置直线的规律，见表3-11。

表3-11 空间位置直线投影规律

种类	投影是否反映实长	投影是否反映倾角	判定口诀	解析
投影面平行线	是	是	一斜两直线	斜线在何面，平行于何面
投影面垂直线	是	是	一点两直线	点在何面，垂直于何面
一般位置直线	否	否	三条斜线	无法直接反映直线的信息

能力训练

一、操作条件

如图 3-28 所示，补出各线段的第三面投影，并注明是何种线段。

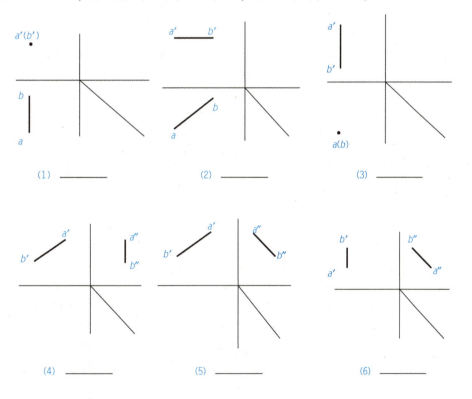

图 3-28 能力训练图

二、操作过程

作图步骤见表3-12。

表 3-12　作图步骤

序号	步骤	操作方法及说明	质量标准
1	根据"三等关系"作图 3-28 (1)第三面投影并判断该空间直线种类		正确完成第三面投影，并根据直线投影特性判断出该直线是"正垂线"
2	根据"三等关系"作图 3-28 (2)第三面投影并判断该空间直线种类		正确完成第三面投影，并根据直线投影特性判断出该直线是"水平线"
3	根据"三等关系"作图 3-28 (3)第三面投影并判断该空间直线种类		正确完成第三面投影，并根据直线投影特性判断出该直线是"铅垂线"
4	根据"三等关系"作图 3-28 (4)第三面投影并判断该空间直线种类		正确完成第三面投影，并根据直线投影特性判断出该直线是"正平线"
5	根据"三等关系"作图 3-28 (5)第三面投影并判断该空间直线种类		正确完成第三面投影，并根据直线投影特性判断出该直线是"一般位置线"
6	根据"三等关系"作图 3-28 (6)第三面投影并判断该空间直线种类		正确完成第三面投影，并根据直线投影特性判断出该直线是"侧平线"

如图 3-29 所示，根据直线的两面投影判断其空间位置。

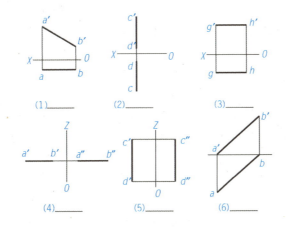

图 3-29　问题情境图

提示：本题无须画第三面投影，只需要对三类空间直线的投影特征及判定口诀熟悉掌握便可作出。

■ 四、学习结果评价 ••

学习结果评价见表 3-13。

表 3-13　学习结果评价

序号	评价内容	评价标准	评价结果
1	一般位置直线的投影特征	掌握一般位置直线的投影特征	是/否
是否可以进行下一步学习(是/否)			

课后作业

1. 如图 3-30 所示，根据下列直线的两面投影，作出直线的第三面投影，并判断直线对投影面的相对位置(填空)。

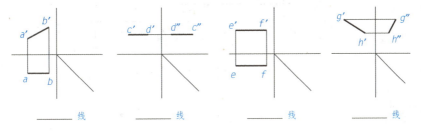

_____线　　_____线　　_____线　　_____线

图 3-30　课后作业 1 图

2. 如图 3-31 所示，根据直线的两面投影判断其空间位置。

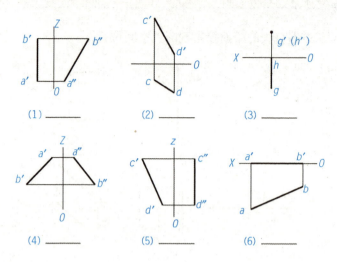

（1）_____ （2）_____ （3）_____

（4）_____ （5）_____ （6）_____

图 3-31　课后作业 2 图

职业能力 A-3-7　直线投影的长度、角度计算

核心概念

直角三角形法：在直角三角形中，一条直角边为空间直线在某一投影面上的投影长，另一条直角边为该直线在投影轴上的坐标差，则斜边为该直线的真长；真长与投影长之间的夹角为直线与该投影面的倾角（图 3-32）。

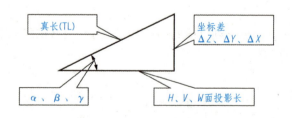

图 3-32　直角三角形法原理图解

学习目标

1. 能理解并掌握直角三角形法的基本原理；
2. 能利用直角三角形法进行相应计算。

一、直角三角形法的基本原理

在一般线的投影这一节里，我们知道一般位置直线的三面投影无法直接反映空间直线的实长和倾角。那么，如果要求一般位置直线的实长或倾角，该如何做呢？

如图 3-33 所示，AB 为一般位置直线，可以看到，直线 AB 在空间中形成直角三角形 $\triangle ABB_0$。其中，斜边为 AB，一条直角边 $AB_0 = ab$（H 面投影长），另一条直角边 $BB_0 = z_{b'} - z_{a'}$（A、B 两点 Z 坐标差）。

换而言之，只要作出空间直线 AB 的三面投影，则无论是 H 面投影长度或两点 Z 坐标差都能得到。然后由勾股定理和三角函数就可以得到 AB 的实长和 α 角的大小。

再来看图 3-34，同理，直线 AB 在空间中形成直角三角形 $\triangle AA_0B$。其中，斜边为 AB，一条直角边 $A_0B = a'b'$（V 面投影长），另一条直角边 $AA_0 = y_a - y_b$（A、B 两点 Y 坐标差）

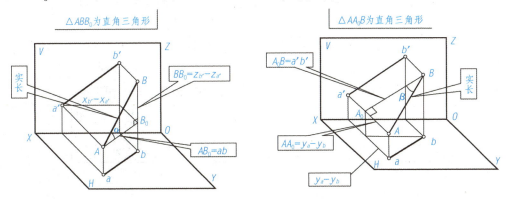

图 3-33　直角三角形法（α）　　　　图 3-34　直角三角形法（β）

那么，同样可以利用勾股定理和三角函数求得 AB 的实长和 β 角的大小。投影展开图如图 3-35、图 3-36 所示。

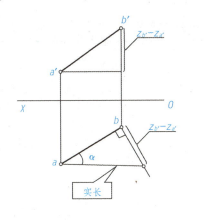

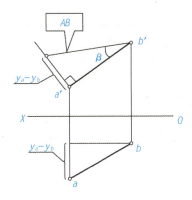

图 3-35　α 投影展开图　　　　图 3-36　β 投影展开图

在作出一般线三面投影的前提下，可以得出：

水平面 H 投影长和 Z 坐标差 ➡ AB 实长和 α 角；

正立面 V 投影长和 Y 坐标差 ➡ AB 实长和 β 角；

那么是否也可以得出：

侧立面 W 投影长和 X 坐标差 ➡ AB 实长和 γ 角？

如果把 W 面加上，使三面投影体系完整，如图 3-37 所示。

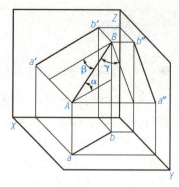

从图 3-37 可以清楚地看出，直线 AB 同样也形成了第三个直角三角形。换而言之，推论可以成立，由 W 面投影长与 X 坐标差可以同理得到 AB 实长和 γ 角的大小。

图 3-37　空间直线与三面倾角

■ 二、规律总结

通过学习，可以总结出如下规律。

(1) 实长、坐标差、投影长度、倾角为直角三角形法的四要素。

(2) 如图 3-38 所示，直线的坐标差、投影长度、倾角是对同一投影面而言。

$$水平投影长 = 实长 \cdot \cos\alpha；Z 坐标差 = 实长 \cdot \sin\alpha；$$
$$正面投影长 = 实长 \cdot \cos\beta；Y 坐标差 = 实长 \cdot \sin\beta；$$
$$侧面投影长 = 实长 \cdot \cos\gamma；X 坐标差 = 实长 \cdot \sin\gamma。$$

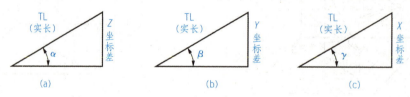

图 3-38　直角三角形法的规律
(a) 水平投影；(b) 正面投影；(c) 侧面投影

(3) 直角三角形法的解题条件见表 3-14，只要已知其中任两个，即可通过直角三角形法求得另外两个。因此，直角三角形法的题型能衍生出多种形式。

表 3-14　直角三角形法的解题条件

已知(以 H 面为例列举说明)		可求	
水平投影	Z 坐标差	实长	α
水平投影	实长	Z 坐标差	α
水平投影	α	实长	Z 坐标差
α	Z 坐标差	实长	水平投影
α	实长	水平投影	Z 坐标差
实长	Z 坐标差	水平投影	α

能力训练

■ 一、操作条件 ···

如图 3-39 所示，已知空间直线 $EF = 30$ 和其 H 面投影 ef，试完成 $e'f'$。

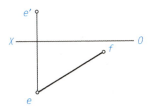

图 3-39　能力训练图

■ 二、操作过程 ···

作图步骤见表 3-15。

表 3-15　作图步骤

序号	步骤	操作方法及说明	质量标准
1	由题意 $EF = 30$，过 e 点作 $R = 30$ 的圆弧		正确完成此步骤
2	以 f 点为垂足作 ef 的垂线，并与步骤1所作的圆弧相交		正确完成此步骤
3	将步骤2所得交点分别与 e 点和 f 点相连，则得出 EF 实长和 Z 坐标差		正确完成此步骤

序号	步骤	操作方法及说明	质量标准
4	由长对正，过 f 点作 OX 轴垂线，并过 e' 作水平线。截取 Z 坐标差大小的距离，所得点即为 f' 点，再连接 $e'f'$ 即可		正确完成此步骤

三、问题情境

如果例题不用上述的方法，需要改用其他方法，试问该如何做？

提示：例题中使用的方法是利用 H 投影长和实长得出 Z 坐标差的方法，如需要改用其他方法，则首先要寻找可用条件。

除 H 投影长度外，例题中还隐含了一个条件，即 E、F 两点的 Y 坐标差。该题也可利用 Y 坐标差和实长进行求解。

四、学习结果评价

学习结果评价见表3-16。

表3-16 学习结果评价

序号	评价内容	评价标准	评价结果
1	直角三角形法的基本原理	掌握直角三角形法的基本原理	是/否
2	直角三角形法试题求解	掌握直角三角形法试题求解的方法	是/否
是否可以进行下一步学习（是/否）			

课后作业

1. 如图3-40所示，已知直线 AB 的 V 面投影，且 $\beta = 30°$，试求 AB 的 H 面投影。

2. 如图3-41所示，已知直线 EF 的水平投影 ef 和端点 E 的正面投影 e'，并知 EF 的实长为 40 mm，试补全 EF 的正面投影 $e'f'$，同时，请回答这个题目有几解。

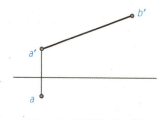

图3-40 课后作业1图

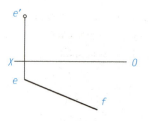

图3-41 课后作业2图

职业能力 A-3-8　直线上的点

核心概念

直线上点的投影特征：空间直线上的点，在其投影中能表现出特殊的特征，具体有从属性和定比性两种性质。

学习目标

1. 掌握直线上的点的投影特征；
2. 利用其投影特征判断点与直线的位置关系。

基本知识

一、直线上的点的投影特征

我们之前学习过直线投影的三种投影特征，即与投影面垂直时，体现积聚性；与投影面平行时，体现显实性；与投影面倾斜时，体现类似性。那么，当空间直线中存在特定点时，其投影特征又有哪些呢？

从图 3-42 可以看出，当空间点 C 在空间直线 AB 上时，有以下性质。

(1)从属性：若点在直线上，则点的各个投影必在直线的各同面投影上。反之，一个点的各个投影都在直线的同面投影上，则此点必在该直线上。

(2)定比性：点分割直线段长度之比等于点的各投影分割直线段各同面投影的长度之比，反之亦然，即

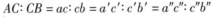

$$AC:CB = ac:cb = a'c':c'b' = a''c'':c''b''$$

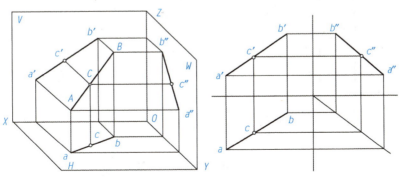

图 3-42　直线上点的投影特性

二、直线与点的投影判断方法

空间点与直线的相对位置有点在直线上和点不在直线上两种情况。

一般情况下，当直线为一般位置直线或投影面的垂直线时，判别点是否在直线上，通过两面投影即可判断。

如图 3-43 所示，已知点 C 在一般线 AB 上，则点 C 的三面投影必在 AB 相应的同面投影上，且有 $AC:CB = ac:cb = a'c':c'b' = a''c'':c''b''$。

而点 D 的水平投影虽然在直线 AB 的水平投影上，但其正面投影和侧面投影都不在直线 AB 的同面投影上，故点 D 不在直线 AB 上，也就是说，无须作出三面投影，只需要作出任意两面投影，即可发现点 D 不符合从属性，从而得出结论。

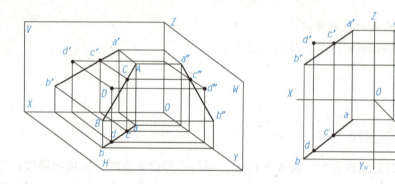

图 3-43　一般位置直线和点的投影判断

当直线为投影面平行线时，应根据投影情况通过两面或三面投影或定比性才能判别。

如图 3-44(a)所示，因为所给直线 AB 及点 D 位于平行于侧面的同一平面内，无论点 D 是否在 AB 上，都有 $d \in ab$，$d' \in a'b'$ 的关系。为此，必须根据第三面投影或利用点分线段之定比性来判别。图 3-44(b)、(c)列出了这两种判别方法。由作图可知，点 D 不在 AB 上。

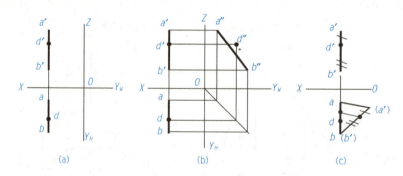

图 3-44　投影面平行线和点的投影判断
(a)题图；(b)从属性；(c)定比性

■ 一、操作条件 ....

通过图 3-45 所示的两面投影，检验点 C、F、I、L 是否在直线 AB、DE、GH、JK 上。

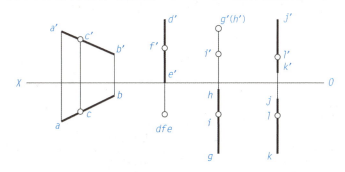

图 3-45　能力训练图

■ 二、操作过程 ....

操作步骤见表 3-17。

表 3-17　操作步骤

序号	步骤	操作方法及说明	质量标准
1	判断点 C 是否在直线 AB 上	由两面投影是"两条斜线"可知 AB 为一般位置线；因 $c \in ab$ 且 $c' \in a'b'$，可知 C 必在直线 AB 上（一般线只需两面投影即可判断）	正确作出判断："点 C 在直线 AB 上"
2	判断点 F 是否在直线 DE 上	因 H 面投影 d、e、f 三点共线(重合)可判定点 F 必在直线 DE 上，也可根据投影得出 DE 为铅垂线，再由两面投影判断，结论不变	正确作出判断："点 F 在直线 DE 上"
3	判断点 I 是否在直线 GH 上	由 V 面投影可直接得出结论，其投影不符合从属性，故点 I 不在直线 GH 上	正确作出判断："点 I 不在直线 GH 上"
4	判断点 L 是否在直线 GK 上	方法①：可作第三面投影判断。方法②：由两面投影可知，其投影不符合定比性，即 $jl:lk \neq j'l':l'k'$。故点 L 不在直线 GK 上	正确作出判断："点 L 不在直线 GK 上"

■ 三、问题情境 ....

(一) 问题情境一

如图 3-46 所示，试在直线 AB 上确定一点 C，使 AC：CB = 2:3，并求 C 点的两面投影。

提示：本题可由从属性得出，既然 $C \in AB$，则 $c \in ab$ 且 $c' \in a'b'$。然后就想办法作 AB 投影上的五等分点，即可作出。

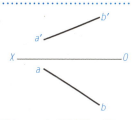

图 3-46　问题情境一图

(二)问题情境二

如图 3-47 所示,已知直线 AB 上的点 C 距离 W 面 20 mm,求 C 点的两面投影。

提示: 本题首先根据与 W 面的距离,作出 c',由于直线 AB 的特殊位置,无法直接用三等关系获得 c'',也需要用到作特定比例点的方法。

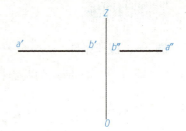

图 3-47　问题情境二图

■ 四、学习结果评价

学习结果评价见表 3-18。

表 3-18　学习结果评价

序号	评价内容	评价标准	评价结果
1	直线上的点的投影特征	掌握直线上的点的投影特征	是/否
2	利用投影特征判断点与直线的空间位置关系	掌握判断点与直线的空间位置关系的方法	是/否
是否可以进行下一步学习(是/否)			

课后作业

1. 如图 3-48 所示,过点 C 作正平线 CD 与直线 AB 相交。

2. 如图 3-49 所示,已知直线 CD 及其上点 M 的正面投影和直线 CD 一端 C 的水平投影 c,若点 M 距 V 面为 20 mm,试完成直线 CD 及其上点 M 的水平投影,并判断其对投影面的相对位置。

CD 是 _____

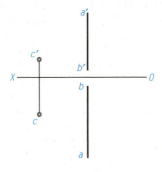

图 3-48　课后作业 1 图

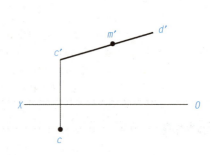

图 3-49　课后作业 2 图

职业能力 A-3-9　两直线相对位置

核心概念

两直线相对位置：空间中两直线的相对位置，有以下三种：

两直线平行，如图 3-50 中直线 *AB* 与 *EF* 及 *CD* 与 *GH* 等；

两直线相交，如图 3-50 中直线 *AE* 与 *AB* 及 *CD* 与 *CL* 等；

两直线交叉，也称交错，如图 3-50 中直线 *AB* 与 *CL* 及 *BF* 与 *CD* 等。

如图 3-51 所示，因为平行两直线和相交两直线都是在同一平面上的两条直线，所以称为共面线，而交叉两直线不在同一个平面内，所以称为异面线。

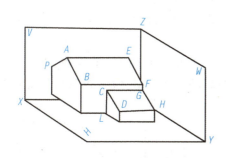

图 3-50　两直线空间相对位置

图 3-51　相对位置的分类

学习目标

1. 掌握两直线平行的投影特性；
2. 掌握两直线相交的投影特性；
3. 掌握两直线交叉的投影特性。

基本知识

■ 一、两直线平行的投影特性

空间两直线平行，则其三组同面投影必平行；反之，若有两直线的三组同面投影都平行，则该两直线在空间相互平行。

如图 3-52(a) 所示，已知空间两直线 *AB* // *EF*。过 *AB*、*EF* 上的各点向投影面作投射线，所形成的两个平行平面与投影面的交线也相互平行，即 *ab* // *ef*，*a'b'* // *e'f'*，*a"b"* // *e"f"*。其投影图如图 3-52(b) 所示，从而不难得出 *AB*：*EF* = *ab*：*ef* = *a'b'*：*e'f'* = *a"b"*：*e"f"*。

由此可得，空间两平行直线的同面投影必平行，且两平行线段长度之比等于其投影长度之比。

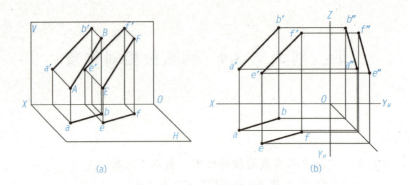

(a)   (b)

图 3-52　空间两直线平行

(a)直观图；(b)投影展开图

两直线平行的判定如下：

如图 3-53 所示，两直线为一般位置直线时，若直线的两面投影平行，则两空间直线也平行。也就是说，只需要看两直线的任意两面投影即可作出判断。

当两直线为投影面平行线时，需要判断两直线在其平行的投影面上的投影是否平行，若平行则两直线平行；否则交错。

如图 3-54 所示，两直线 AB 和 CD 均为侧平线，虽然它们的 H、V 面投影：$ab \mathbin{/\mkern-5mu/} cd$、$a'b' \mathbin{/\mkern-5mu/} c'd'$，但其侧面投影 $a''b''$ 不平行于 $c''d''$，故直线 AB 不平行于 CD，两者实质上是交错关系。

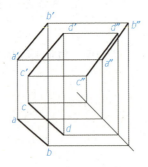

图 3-53　一般线平行判定

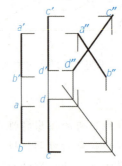

图 3-54　特殊线平行判定

如图 3-55 所示，通过学习，对于两直线的平行判定，可以归纳出以下三点：

(1)第三面投影是否平行；

(2)同面投影长度之比是否相等，且方向是否一致；

(3)同面投影对角连线的交点是否符合点的投影规律。

以上三点，若为是则两直线平行，否则不平行。

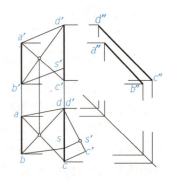

图 3-55　平行判定规律

■ 二、两直线相交的投影特性 ···

空间两直线相交，其各组同面投影必相交，且交点的投影符合点的投影规律；反之亦然。如图 3-56(a)所示，空间两直线 AB 与 CD 相交于点 K，则交点 K 为两条直线所共有，根据从属性不变的性质，两直线的同面投影必定相交，且交点符合点的投影规律，即 $kk' \perp OX(k'k'' \perp OZ)$，如图 3-56(b)所示。

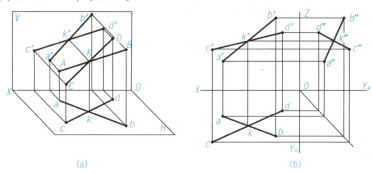

(a)   (b)

图 3-56　空间两直线相交

(a)直观图；(b)投影展开图

两直线相交的判定如下：

如图 3-57 所示，两直线为一般位置直线时，若直线的两面投影相交且交点符合点的投影规律，则两直线空间也相交。换而言之，只需要看两面投影即可判断。

当其中有一条直线为投影面平行线时，则需要作出该直线在所平行的投影面上的投影来判断；也可根据其两面投影中的交点将直线分成的两段是否成比例来判断。

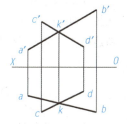

图 3-57　一般位置直线相交判定

如图 3-58 所示，CD 为侧平线，故 AB、CD 两直线的 H 面与 V 面投影均显示"交点"，但通过作侧立面投影可知，两者并不相交。

若不作第三面投影，从 H 面与 V 面投影中观察可发现，所谓"交点"将 CD 线段分成的两段，比例不同，这与前面所学定比性相矛盾，由此可知，交点并不存在，只是一个重影点。

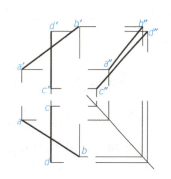

■ 三、两直线交叉的投影特性 ···

图 3-58　特殊位置直线相交判定

在空间中，既不平行又不相交的两直线称为交叉两直线，如图 3-54、图 3-58 所示的两直线均为交叉两直线。交叉两直线的三组同面投影不一定都相交，即使都相交，其交点也不符合点的投影规律。在交叉两直线的同面投影上看到的交点，实际上是两直线上的两点在该投影面上的重影点。利用重影点的投影特性，可判断两直线的相对位置。

如图 3-59(a)所示，交叉两直线 AB、CD 上分别有两个点 Ⅲ、Ⅳ（点Ⅲ∈AB，点Ⅳ∈CD），

它们在 H 面的重影点为 (3)4，由图 3-59(b) 中的投影可知 $z_{IV} > z_{III}$，故IV点在III点的正上方，III点的水平投影 3 为不可见，用 (3) 表示。同理，在 V 面上的另一对重影点 I、II 中，点 II 的正面投影 2′ 不可见，用 (2′) 表示。

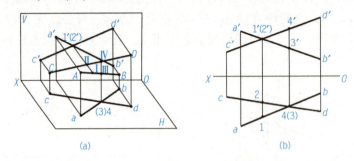

(a)   (b)

图 3-59　空间两直线交叉
(a) 直观图；(b) 投影展开图

两直线交叉的判定如下：

如图 3-60(a) 所示，两直线的三面投影相交，但交点不符合空间点的投影规律；

如图 3-60(b) 所示，两直线的一面投影平行，其余两面投影均相交；

如图 3-60(c) 所示，两直线为投影面平行线时，若在平行的投影面内的投影相交。

满足以上三种情况时，可判定两直线交叉。

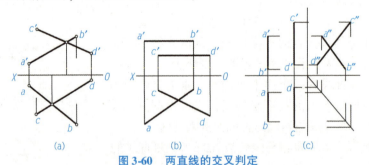

(a)   (b)   (c)

图 3-60　两直线的交叉判定
(a) 判定(1)；(b) 判定(2)；(c) 判定(3)

▌ 能力训练

■ 一、操作条件 ··

判断图 3-61 所示两直线的位置关系。

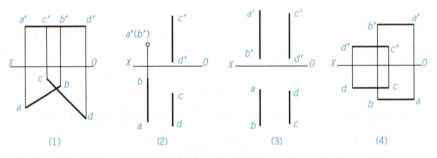

(1)   (2)   (3)   (4)

图 3-61　能力训练图

■ 二、操作过程 ··

操作步骤见表3-19。

表3-19 操作步骤

序号	步骤	操作方法及说明	质量标准
1	判断图3-61(1)中直线的位置关系	方法①：作第三面投影，得出结果； 方法②：由投影可知 AB、CD 均为水平线，再通过两直线相交的判定法则可以得出结果	正确判断出两直线相交
2	判断图3-61(2)中直线的位置关系	方法①：作第三面投影，得出结果； 方法②：由投影可知 AB 为正垂线，CD 为侧平线，必不平行；且两面投影无交点，得出结果	正确判断出两直线交叉
3	判断图3-61(3)中直线的位置关系	方法①：作第三面投影，得出结果； 方法②：观察投影，首先排除相交，且发现：直线 AB 的两面投影方向一致；直线 CD 的两面投影方向不一致。 由此排除平行，得出结果	正确判断出两直线交叉
4	判断图3-61(4)中直线的位置关系	方法①：作第三面投影，得出结果； 方法②：由投影可知 AB、CD 均为侧垂线，且无交点，则得出结果	正确判断出两直线平行

■ 三、问题情境 ··

如图3-62所示，试用多种方法判断两直线 AB、CD 的相对位置。

提示：方法①：作第三面投影可得；
　　　方法②：利用定比性原理。

设 AB 与 CD 相交，则交点存在；若交点存在，则交点必为直线 AB 和 CD 上的一点；直线上的点应遵循定比性，即交点将直线所分成的两段，比例应相同。查看各段比例，即得出结果。

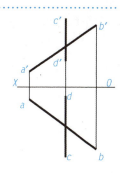

图3-62 问题情境图

■ 四、学习结果评价 ··

学习结果评价见表3-20。

表3-20 学习结果评价

序号	评价内容	评价标准	评价结果
1	两直线平行的投影特性及判定方法	掌握两直线平行的投影特性及判定方法	是/否
2	两直线相交的投影特性及判定方法	掌握两直线相交的投影特性及判定方法	是/否
3	两直线交叉的投影特性及判定方法	掌握两直线交叉的投影特性及判定方法	是/否
是否可以进行下一步学习(是/否)			

课后作业

1. 判断图 3-63 所示两直线的位置关系。

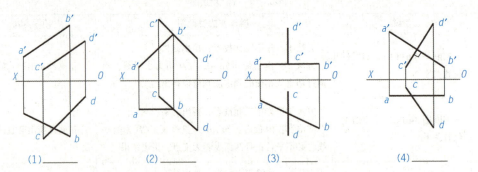

(1)_____ (2)_____ (3)_____ (4)_____

图 3-63 课后作业 1 图

2. 如图 3-64 所示，作直线 KL 与 AB、CD 相交，且平行于 EF。

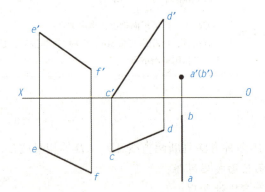

图 3-64 课后作业 2 图

工作任务 A-4　平面的三面投影

职业能力 A-4-1　平面投影的作法

核心概念

平面投影：平面的表示方法很多，用平面图形（如三角形、四边形）来表示平面，这是采用较多的方法。故平面一般是由若干轮廓线围成的，而轮廓线可以由其上的若干点来确定，所以求作平面的投影，实质上也就是求作点和线的投影。平面的投影规定用粗实线绘制。

学习目标

1. 掌握平面投影的作法；
2. 会进行平面投影的"知二求三"。

基本知识

■ 一、平面投影的作法

（一）用几何元素表示平面

由几何学可知，空间平面可由下列几何元素确定：不在同一条直线上的三点；一直线及直线外一点；两相交直线；两平行直线；任意的平面图形，如图 4-1 所示。

从图中可以看出，以上各组元素可以互相转化。同一平面无论采用何种形式表示，其空间位置始终不变。

由图 4-1（a）可知，对于一个最简单的空间平面（三角形），如果求作它的三个顶点 A、

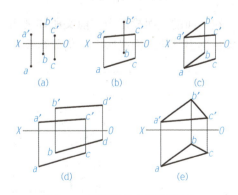

图 4-1　平面的几何元素表示
（a）不在同一条直线上的三点；（b）一直线及直线外一点；
（c）两相交直线；（d）两平行直线；（e）任意的平面图形

B 和 C 的投影，再分别将各同名投影连接起来，就得到平面 $\triangle ABC$ 的投影图，如图 4-1(e) 所示。

同理，在得到一条直线和直线外一个点的投影，如图 4-1(b)所示；两相交直线的投影，如图 4-1(c)所示；两平行直线的投影，如图 4-1(d)所示时，也能顺利得出相应平面的投影。

(二)用平面的迹线表示平面

在画法几何中，空间平面还可用迹线来表示。空间平面与投影面的交线称为投影面的迹线，如图 4-2(a)所示。平面 P 与 H、V、W 面的交线分别称为水平迹线(用 P_H 表示)、正面迹线(用 P_V 表示)和侧面迹线(用 P_W 表示)。P_H、P_V、P_W 与投影轴 OX、OY、OZ 的交点 P_X、P_Y、P_Z 称为迹线集合点。

由于迹线是投影面上的直线，所以它的一个投影与迹线本身重合，另两个投影则落在投影轴上。在投影图中，P_H、P_V、P_W 直接表示迹线本身在空间的位置，而处在投影轴上的那两个投影则省略不画，如图 4-2(b)所示。

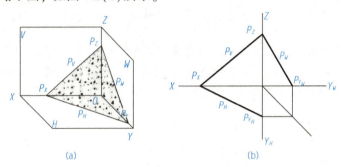

(a)   (b)

图 4-2　平面的迹线表示
(a)直观图；(b)投影展开图

用迹线表示的平面称为迹线平面。显然，其直观性强，形象地表明了平面在空间的位置。

■ 二、平面投影的"知二求三"

在平面的三面投影中，前文所述的五类几何元素的任意两面投影为已知时，可通过三等关系得出其第三面投影，并借此得到相应的平面投影，如图 4-3 所示。

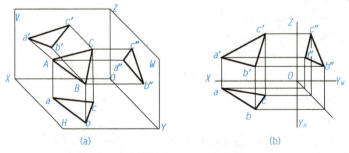

(a)   (b)

图 4-3　平面投影的三等关系
(a)直观图；(b)投影展开图

■ 一、操作条件

如图 4-4 所示，已知两相交直线 AC、BC 的两面投影，求此相交直线所在平面的三面投影。

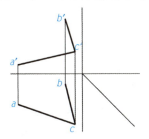

图 4-4　能力训练图

■ 二、操作过程

作图步骤见表 4-1。

表 4-1　作图步骤

序号	步骤	操作方法及说明	质量标准
1	根据决定平面的几何元素可知，两相交直线可决定一个平面		正确将 ab、a'b' 相连，得出平面 ABC 的两面投影
2	根据"三等关系"，得出顶点 A、B、C 的第三面投影		正确得出顶点 A、B、C 的第三面投影
3	将相应三点的第三面投影相连，即得出平面的第三面投影		正确将三点的 W 面投影相连

■ 三、问题情境

如图 4-5 所示，已知正方形 ABCD 的边 AB 为正平线，且已知 AB 的侧面投影及正方形的正面投影，试补全正方形的侧面投影。

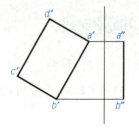

提示： 本题是综合题型，不仅要运用三等关系知识，还需要运用之前所学的正平线、直线平行及直角三角形法的知识，方可作出。

图 4-5　问题情境图

■ **四、学习结果评价** ··

学习结果评价见表 4-2。

表 4-2　学习结果评价

序号	评价内容	评价标准	评价结果
1	平面投影的作法	能正确绘制出平面投影	是/否
2	平面投影的"知二求三"	能进行平面投影的"知二求三"	是/否
是否可以进行下一步学习 (是/否)			

课后作业

1. 如图 4-6 所示，已知平面 *ABC* 的顶点是 *A*、*B*、*C*，求作 △*ABC* 的直观图和三面投影图。

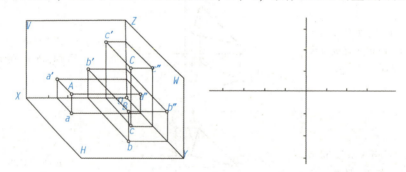

图 4-6　课后作业 1 图

2. 如图 4-7 所示，已知房屋的直观图和投影图，试将平面 *ABCD*、*CDEF*、*EFG*、*BCJK*、*CFGHIJ* 标注在投影图的相应位置上。

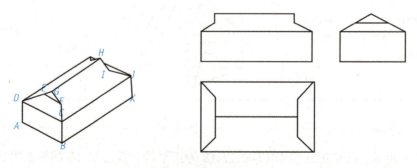

图 4-7　课后作业 2 图

职业能力 A-4-2　平面投影的特性

核心概念

平面的正投影特性：与直线相同，平面投影的特性也与其对投影面的三种位置关系有关，三种位置关系分别为与投影面平行、与投影面垂直、与投影面倾斜。

学习目标

能理解并掌握平面在不同空间位置的投影特性。

基本知识

平面在不同空间位置的投影特性如下。

1. 与投影面平行

当平面平行于投影面时，其投影反映平面的实形，即投影的平面与空间平面是全等关系，如图4-8(a)所示，这被称为平面的显实性。

2. 与投影面垂直

当平面垂直于投影面时，其投影积聚为一条线，如图4-8(b)所示，这被称为平面的积聚性。

3. 与投影面倾斜

当平面倾斜于投影面时，其投影仍为一平面，且投影平面与空间平面边数一致，但面积缩小。如图4-8(c)所示，四边形空间平面的投影依然是四边形，但面积变小。这被称为平面的类似性。

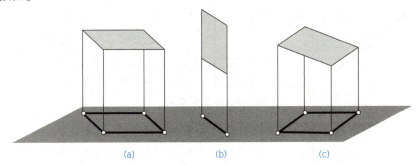

图4-8　平面的空间位置

(a)与投影面平行；(b)与投影面垂直；(c)与投影面倾斜

在之前直线投影的特性中，学习了直线投影与投影面的三类位置关系，其中也有显实性、积聚性和类似性。直线与平面投影特性比较见表4-3。

表 4-3　直线与平面投影特性比较

投影特性 几何元素性质	显实性	积聚性	类似性
直线与其投影	长度一致	积聚成点，长度为 0	仍为直线，长度缩短
平面与其投影	形状、面积一致	积聚成线，面积为 0	边数相同，面积缩小

从表 4-3 中可以清楚地看出，它们有诸多相似的地方，这是因为在几何中，平面可以被看作无数条直线的集合，故而在基本特性上，两者有共同之处。

能力训练

一、操作条件

如图 4-9 所示，根据直观图和三面投影图，判断下列平面与投影面的位置关系。

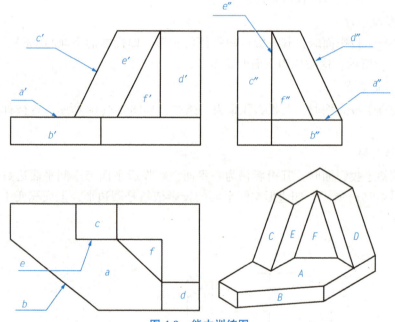

图 4-9　能力训练图

平面 A 与 H 面是平行关系；与 V 面是垂直关系；与 W 面是垂直关系。
平面 B 与 H 面是垂直关系；与 V 面是倾斜关系；与 W 面是倾斜关系。
平面 C 与 H 面是倾斜关系；与 V 面是垂直关系；与 W 面是倾斜关系。
平面 D 与 H 面是倾斜关系；与 V 面是倾斜关系；与 W 面是垂直关系。
平面 E 与 H 面是垂直关系；与 V 面是平行关系；与 W 面是垂直关系。
平面 F 与 H 面是倾斜关系；与 V 面是倾斜关系；与 W 面是倾斜关系。

操作步骤见表4-4。

表4-4　操作步骤

序号	步骤	操作方法及说明	质量标准
1	平面 A 的空间位置判断	由图4-9 可知： 平面 A 的 V 面投影 a′ 为直线，体现积聚性，故 ⊥V 面； 平面 A 的 W 面投影 a″ 为直线，体现积聚性，故 ⊥W 面； 由三面投影体系的几何关系可知，三投影面互相垂直，H 面同时垂直于 V、W 面；故当平面 A 也有此性质时，可得平面 A∥H 面	能正确判断平面 A 与三投影面的位置关系
2	平面 B 的空间位置判断	由图4-9 可知： 平面 B 的 V 面投影和 W 面投影为平面，排除垂直；且大小不一，故至少有一面为倾斜； 又由三面投影体系的几何关系可知，若平面 B 对某一投影面有平行关系，会与另外两投影面同时垂直，呈积聚性，与题意不符，排除与 V、W 面的平行关系； 综上可知，平面 B 倾斜于 V、W 面	能正确判断平面 B 与三投影面的位置关系
3	平面 C 的空间位置判断	由图4-9 可知： 平面 C 的 V 面投影 c′ 为直线，体现积聚性，故 ⊥V面； 平面 C 的 H 面投影和 W 面投影为平面，排除垂直；且大小不一，故至少有一面为倾斜； 又由三面投影体系的几何关系可知，若平面 C 对某一投影面有平行关系，会与另外两投影面同时垂直，呈积聚性，与题意不符，排除与 H、W 面的平行关系； 综上可知，平面 C 倾斜于 H、W 面	能正确判断平面 C 与三投影面的位置关系
4	平面 D 的空间位置判断	由图4-9 可知： 平面 D 的 W 面投影 d″ 为直线，体现积聚性，故 ⊥W面； 平面 D 的 H 面投影和 V 面投影为平面，排除垂直；且大小不一，故至少有一面为倾斜； 又由三面投影体系的几何关系可知，若平面 D 对某一投影面有平行关系，会与另外两投影面同时垂直，呈积聚性，与题意不符，排除与 H、V 面的平行关系； 综上可知，平面 D 倾斜于 H、V 面	能正确判断平面 D 与三投影面的位置关系

序号	步骤	操作方法及说明	质量标准
5	平面 E 的空间位置判断	由图4-9可知： 平面 E 的 H 面投影 e 为直线，体现积聚性，故⊥H 面； 平面 E 的 W 面投影 e″ 为直线，体现积聚性，故⊥W 面； 由三面投影体系的几何关系可知，三投影面互相垂直，V 面同时垂直于 H、W 面；故当平面 E 也有此性质时，可得平面 E∥V 面	能正确判断平面 E 与三投影面的位置关系
6	平面 F 的空间位置判断	由图4-9可知： 平面 F 的三面投影均为平面，且大小不一，故排除垂直，且至少有一面为倾斜； 由前文得出，若平面 F 与某一投影面有平行关系时，与另外两投影面同时垂直，呈积聚性，与题意不符，排除与三投影面的平行关系； 综上可知，平面 F 倾斜于 H、V、W 面	能正确判断平面 F 与三投影面的位置关系

■ 三、问题情境

当空间平面倾斜于投影面时，投影与空间平面呈类似性。边数不变，面积变小，那么，该如何利用这一性质进行投影作图呢？

提示： 在平面的投影作图中，可以根据类似性的边数不变原则对自己所作的投影进行检验，如果自己所作的图形与已知图形不相似或边数不一致，那肯定是错误的，对于一些复杂平面图形，通过这个办法可以快速发现错误，进行改正。

■ 四、学习结果评价

学习结果评价见表4-5。

表4-5 学习结果评价

序号	评价内容	评价标准	评价结果
1	平面在不同空间位置的投影特性	掌握与投影面平行时的投影特性	是/否
		掌握与投影面垂直时的投影特性	是/否
		掌握与投影面倾斜时的投影特性	是/否
是否可以进行下一步学习(是/否)			

▌ 课后作业

如图4-10所示，根据直观图和三面投影图，判断下列平面与投影面的位置关系。

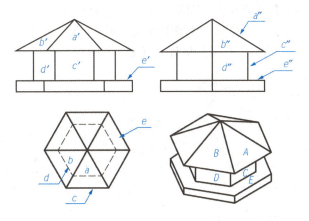

图 4-10　课后作业图

平面 A 与 H 面是_____关系；与 V 面是_____关系；与 W 面是_____关系。
平面 B 与 H 面是_____关系；与 V 面是_____关系；与 W 面是_____关系。
平面 C 与 H 面是_____关系；与 V 面是_____关系；与 W 面是_____关系。
平面 D 与 H 面是_____关系；与 V 面是_____关系；与 W 面是_____关系。
平面 E 与 H 面是_____关系；与 V 面是_____关系；与 W 面是_____关系。

职业能力 A-4-3　各种位置平面的分类

▌ 核心概念

　　一般面：一般面是一般位置平面的简称，指的是与三个投影面既不平行也不垂直，都保持倾斜关系的空间平面。

　　特殊面：特殊面是特殊位置平面的简称，与一般面相反，其与至少一个投影面保持或平行，或垂直的空间关系，因而，其在投影上也显示出特殊的投影特征。

▌ 学习目标

　　熟悉并掌握一般面与特殊面的分类及各自的定义。

▌ 基本知识

■ 一、特殊面的分类及定义 ···

　　如图 4-11 所示，空间平面对投影面的相对位置可分为一般位置平面、投影面垂直面、投影面平行面三种。其中，投影面垂直面、投影面平行面又被称为特殊位置平面，简称特殊面。

（一）投影面垂直面

　　在三面投影体系中，垂直于一个投影面，同时倾斜于另外两个投影面的平面，称为投影面垂直面。因投影面有三个，故投影面垂直面又可分为以下三种：

（1）H 面垂直面——垂直于 H 面，倾斜于 V 面、W 面的平面，又称铅垂面；

（2）V 面垂直面——垂直于 V 面，倾斜于 H 面、W 面的平面，又称正垂面；

（3）W 面垂直面——垂直于 W 面，倾斜于 H 面、V 面的平面，又称侧垂面。

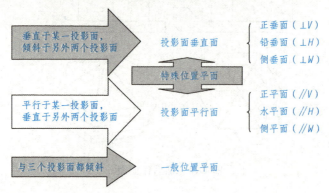

图 4-11　空间平面的相对位置分类一览

（二）投影面平行面

在三面投影体系中，平行于一个投影面，同时垂直于另外两个投影面的平面，称为投影面平行面。因投影面有三个，故投影面平行面又可分为以下三种：

（1）H 面平行面——平行于 H 面的平面，又称水平面；

（2）V 面平行面——平行于 V 面的平面，又称正平面；

（3）W 面平行面——平行于 W 面的平面，又称侧平面。

需要指出的是，因为三面投影体系中三个投影面互相垂直，故平行于某一投影面的空间平面，一定会与另外两个投影面构成垂直关系。所以，在判断的时候一定要注意空间平面与三个投影面的综合关系，不能只看一面，以免出错。

■ 二、一般面的定义

一般面又称倾斜面，是不与任何投影面有特殊位置关系，倾斜于三个投影面的平面。

▌ 能力训练

■ 一、操作条件

已知形体直观图及投影图如图 4-12 所示，试判断各面的空间位置。

平面 P 是<u>正平</u>面；

平面 A 是<u>正平</u>面；

平面 B 是<u>侧平</u>面；

平面 C 是<u>正垂</u>面。

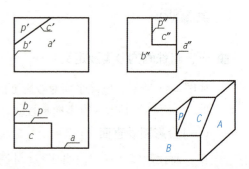

图 4-12　能力训练图

■ 二、操作过程

操作步骤见表4-6。

表4-6　操作步骤

序号	步骤	操作方法及说明	质量标准
1	空间平面 P 平面类型的判断	由图4-12可知： 平面 P 的 H 面投影、W 面投影积聚成线，故 P 垂直于 H、W 面；且平面 P 的 V 面投影为平面 p'，结合三面投影体系几何特性可知 $P/\!/V$ 面，是正平面	正确判断空间平面 P 的种类
2	空间平面 A 平面类型的判断	由图4-12可知： 平面 A 的 H 面投影、W 面投影积聚成线，故 A 垂直于 H、W 面；且平面 A 的 V 面投影为平面 a'，结合三面投影体系几何特性可知 $A/\!/V$ 面，是正平面	正确判断空间平面 A 的种类
3	空间平面 B 平面类型的判断	由图4-12可知： 平面 B 的 H 面投影、V 面投影积聚成线，故 A 垂直于 H、V 面；且平面 B 的 W 面投影为平面 b''，结合三面投影体系几何特性可知 $B/\!/W$ 面，是侧平面	正确判断空间平面 B 的种类
4	空间平面 C 平面类型的判断	由图4-12可知： 平面 C 的 V 面投影积聚成线，故平面 C 垂直于 V 面；且 H、W 面投影皆为平面而面积不同，根据定义可知是倾斜关系，故平面 C 为正垂面	正确判断空间平面 C 的种类

■ 三、问题情境

通过上述内容，总结归纳结论。

提示：通过学习可以发现，空间平面与空间直线在分类和概念上，多有类似之处，都是通过与投影面的相对位置进行区分，也都可分为三大类七小类(平行关系三类、垂直关系三类、倾斜关系一类)。

那么，空间平面的投影，是否也会像空间直线的投影一样，具有某种概括性的特征，请同学们认真思考。

■ 四、学习结果评价

学习结果评价见表4-7。

表4-7　学习结果评价

序号	评价内容	评价标准	评价结果
1	不同位置平面的分类及定义	能正确理解不同位置平面的分类及定义	是/否
2	空间平面相对位置的判断	掌握空间平面相对位置的判断方法	是/否
		是否可以进行下一步学习(是/否)	

课后作业

1. 已知形体直观图及投影图如图 4-13 所示,试判断各面的空间位置。

平面 P 是_____面;平面 A 是_____面;平面 B 是_____面;平面 C 是_____面。

2. 已知形体直观图及投影图如图 4-14 所示,试判断各面的空间位置。

平面 P 是_____面;平面 A 是_____面;平面 B 是_____面;平面 C 是_____面。

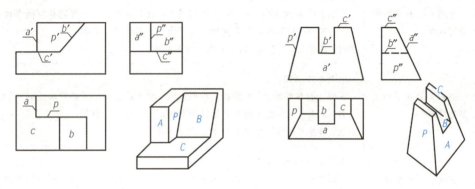

图 4-13 课后作业 1 图   图 4-14 课后作业 2 图

职业能力 A-4-4 投影面垂直面的投影

核心概念

投影面垂直面:在三面投影体系中与任一投影面呈垂直关系,且与另外两投影面保持倾斜关系的空间平面的统称。因投影面有三个,故投影面垂直面有三种,即铅垂面、正垂面、侧垂面。

学习目标

1. 能理解并掌握铅垂面的定义及投影特性;
2. 能理解并掌握正垂面的定义及投影特性;
3. 能理解并掌握侧垂面的定义及投影特性;
4. 能利用垂直面投影特征识别、作出相应的投影。

基本知识

■ **一、铅垂面的定义及投影特征** ···

由铅垂面的定义($\perp H$ 面,倾斜于 V 、 W 面),可得其直观图与投影展开图,如图4-15

所示。

由图 4-15 可以看出，铅垂面投影的投影特征包括：

（1）水平投影积聚为一条直线；

（2）正面投影、侧面投影为空间平面的类似形；

（3）水平投影与 OX 轴、OY 轴的夹角反映 β、γ 角的真实大小。

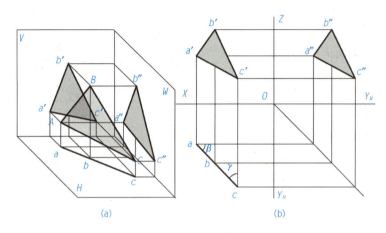

图 4-15　铅垂面的投影

（a）直观图；（b）投影展开图

■ 二、正垂面的定义及投影特征 ·······································

由正垂面的定义（$\perp V$ 面，倾斜于 H、W 面），可得其直观图与投影展开图，如图 4-16
所示。

由图 4-16 可以看出，正垂面投影的投影特征包括：

（1）正面投影积聚为一条直线；

（2）水平投影、侧面投影为空间平面的类似形；

（3）水平投影与 OX 轴、OZ 轴的夹角反映 α、γ 角的真实大小。

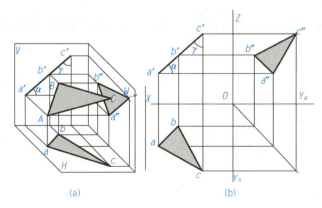

图 4-16　正垂面的投影

（a）直观图；（b）投影展开图

三、侧垂面的定义及投影特征

由侧垂面的定义（⊥W 面，倾斜于 V、H 面），可得其直观图与投影展开图，如图 4-17 所示。

由图 4-17 可以看出，侧垂面投影的投影特征包括：

（1）侧面投影积聚为一条直线；

（2）水平投影、正面投影为空间平面的类似形；

（3）侧面投影与 OZ 轴、OY 轴的夹角反映 α、β 角的真实大小。

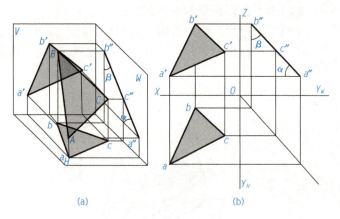

(a)　　　　(b)

图 4-17　侧垂面的投影
（a）直观图；（b）投影展开图

四、规律总结

通过上述三种投影面垂直面的投影图可以看出，其投影是具有一定规律的，归纳如下：

（1）投影面垂直面在其所垂直的投影面上的投影积聚为一条与投影轴倾斜的直线。

（2）投影面垂直面的其他两个投影都不反映实形，而是缩小的类似形。

总之，可以看出，在投影面垂直面的三面投影中，必有一个投影面上的投影因垂直而积聚成（斜）线，且可反映与另外两个投影面的夹角。同时，另外两个投影面上的投影因倾斜而体现类似形，故判断口诀："两框一斜线"。

能力训练

一、操作条件

如图 4-18 所示，已知直线 AB 的两面投影，试完成铅垂面正方形 $ABCD$ 的投影，$\beta = 30°$。

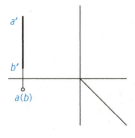

图 4-18　能力训练图

作图步骤见表4-8。

表4-8 作图步骤

序号	步骤	操作方法及说明	质量标准
1	由已知条件可知，AB 为铅垂线，且铅垂面为正方形，β 为30°，可得出铅垂面 ABCD 的 H 面积聚投影 abcd		能准确理解题意，得出 $a'b' = ad = bc$ 的结论，且知晓 $β = 30°$ 的画法
2	通过长对正，可得 c'd' 的轮廓线，再通过 AB 为铅垂线且为 ABCD 的一边可知 c' 与 d' 的具体位置，连线得出 V 面投影		能准确理解正方形铅垂面 ABCD 的空间位置，得出 c' 点与 d' 点
3	通过三等关系，得出铅垂面 ABCD 的 W 面投影 a"b"c"d"		绘制出符合三等关系的 W 面投影

■ 三、问题情境 ··

如图4-19所示，已知对角线 AC 为正平线，正方形 AB-CD 为正垂面，求 ABCD 的三面投影。

提示： 本题首先需要准确理解题意，对角线 AC 为正平线，且所求空间平面 ABCD 为正方形的正垂面，由条件可得另一对角线 BD，作出 BD 的 V、H 面投影后即可顺利求得 ABCD 的三面投影。

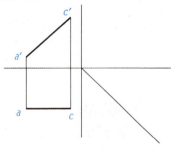

图4-19 问题情境图

■ 四、学习结果评价 ··

学习结果评价见表4-9。

表4-9 学习结果评价

序号	评价内容	评价标准	评价结果
1	投影面垂直面的投影特征	掌握铅垂面的投影特征	是/否
		掌握正垂面的投影特征	是/否
		掌握侧垂面的投影特征	是/否
2	利用投影面垂直面的投影特征识别、作出相应的投影	掌握作图的方法	是/否
是否可以进行下一步学习(是/否)			

1. 如图 4-20 所示，已知 AB 为正方形 $ABCD$ 铅垂面的左后边，$\beta = 60°$，试补全其他两面投影。

2. 如图 4-21 所示，已知平面 $ABCD$ 为正垂面，$\alpha = 30°$，试作出 $ABCD$ 的另外两面投影。

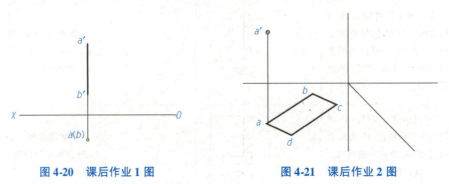

图 4-20　课后作业 1 图　　　　图 4-21　课后作业 2 图

职业能力 A-4-5　投影面平行面的投影

核心概念

投影面平行面：在三面投影体系中与任一投影面呈平行关系，与其余两投影面呈垂直关系的空间平面的统称。因投影面有三个，故投影面平行面也有三种，即：水平面、正平面、侧平面。

学习目标

1. 能理解并掌握水平面的定义及投影特性；
2. 能理解并掌握正平面的定义及投影特性；
3. 能理解并掌握侧平面的定义及投影特性；
4. 能利用投影面平行面的投影特征识别、作出相应的投影。

基本知识

■ 一、水平面的定义及投影特征

由水平面的定义（$/\!/H$ 面，$\perp V$、W 面），可得其直观图与投影展开图，如图 4-22 所示。由图 4-22 可以看出，水平面投影的投影特征包括：

（1）正面投影、侧面投影积聚为一条直线，且垂直于 OZ 轴。投影展开后，分别 $/\!/OX$

轴和 OY_W 轴；

（2）水平投影反映空间平面的实形。

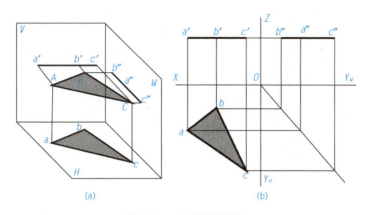

图 4-22　水平面的投影
（a）直观图；（b）投影展开图

■ **二、正平面的定义及投影特征** ···

由正平面的定义（$\parallel V$ 面，$\perp H$、W 面），可得其直观图与投影展开图，如图 4-23 所示。

由图 4-23 可以看出，正平面投影的投影特征包括：

（1）水平投影、侧面投影积聚为一条直线，且垂直于 OY 轴。投影展开后，分别 $\parallel OX$ 轴和 OZ 轴。

（2）正平面投影反映空间平面的实形。

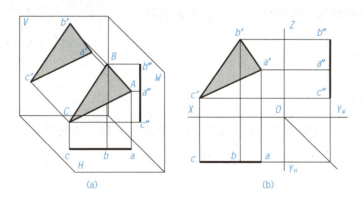

图 4-23　正平面的投影
（a）直观图；（b）投影展开图

■ **三、侧平面的定义及投影特征** ···

由侧平面的定义（$\parallel W$ 面，$\perp V$、H 面），可得其直观图与投影展开图，如图 4-24 所示。

由图 4-24 可以看出，侧平面投影的投影特征包括：

（1）正面投影、水平投影积聚为一直条线，且垂直于 OX 轴。投影展开后，分别 $\parallel OZ$ 轴和 OY_H 轴。

（2）侧平面投影反映空间平面的实形。

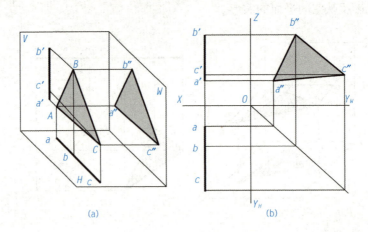

图 4-24　侧平面的投影
（a）直观图；（b）投影展开图

■ 四、规律总结 ·······

通过上述三种投影面平行面的投影图可以看出，其投影是具有一定规律的，归纳如下：

（1）空间平面在其所平行的投影面上的投影反映实形。

（2）空间平面在其他两个投影面上的投影积聚为直线，并在投影展开后分别平行于相应的投影轴。

总之，可以看出，投影面平行面的三面投影永远是两条线段和一个实形，其中两条线段平行于相应的投影轴，故判断口诀："一框两直线"。

能力训练

■ 一、操作条件 ·······

如图 4-25 所示，已知水平面正三角形 EFG 的顶点 E 的两面投影，正三角形的后边 FG 为侧垂线，边长为 20 mm，试补全其他两面投影。

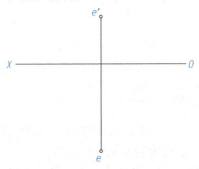

图 4-25　能力训练图

■ 二、操作过程

作图步骤见表4-10。

表4-10 作图步骤

序号	步骤	操作方法及说明	质量标准
1	由已知条件 E 为正三角形顶点且后边 FG 为侧垂线，边长为 20 mm，可得 FG 的 V 面投影 f'g'		能准确理解题意，绘制出 f'g'，其中 f'g'符合以下条件： ① f'g' // OX 轴； ② f'g' = 20 mm； ③ e' 为 f'g'中点
2	由题意"水平面正三角形"可以点 e 为圆心，20 mm为半径作圆弧，与 g' 点的长对正辅助线交于一点，为 g 点		能准确理解题意： ① 由正三角形可知三边均为20 mm； ② 由水平面可知平面的 H 面投影为实形； ③ 通过圆弧线与轮廓线的相交正确定出交点
3	由题意"FG 为侧垂线"可以作其 H 面投影 fg 的水平轮廓线，与 f 点的长对正辅助线交于一点，为 f 点；各点连线即可		能准确理解题意，由"FG 为侧垂线"正确得出 f 点的位置，作出 H 面投影后将各点相连并检核结果：ef = fg = 20 mm

■ 三、问题情境

如图 4-26 所示，已知等边三角形 EFG 是正平面，其上方顶点为 E，下方的边 FG 为侧垂线，边长为 20 mm，试补全该等边三角形 EFG 的两面投影。

提示：本题与上述例题相似，均是一个特殊(正三角形)的投影面平行面已知顶点求投影。

故解法也类似，先由"FG 为侧垂线，边长为 20 mm"得出其 H 面投影，再通过以 e'为圆心，20 mm 为半径作圆弧与相应辅助线相交，得出其余各点，相连即可。

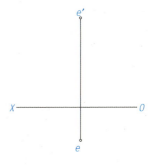

图 4-26 问题情境图

■ 四、学习结果评价

学习结果评价见表4-11。

表 4-11　学习结果评价

序号	评价内容	评价标准	评价结果
1	投影面平行面的投影特征	掌握水平面的投影特征	是/否
		掌握正平面的投影特征	是/否
		掌握侧平面的投影特征	是/否
2	利用投影面平行面的投影特征识别、作出相应的投影	掌握作图的方法	是/否
是否可以进行下一步学习（是/否）			

课后作业

1. 如图 4-27 所示，根据平面的两面或三面投影判定平面的位置。

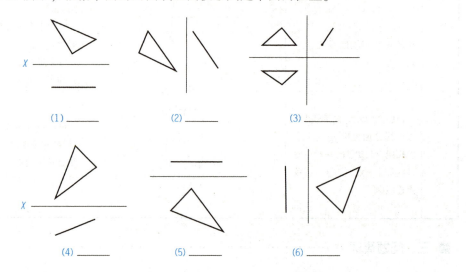

图 4-27　课后作业 1 图

2. 如图 4-28 所示，根据下列平面对投影面的相对位置，分别填写它们的名称和角度。

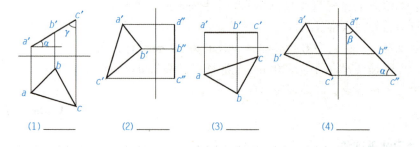

图 4-28　课后作业 2 图

职业能力 A-4-6   一般面的投影

███ **核心概念**

一般面：一般面是一般位置平面的简称，指的是与三个投影面既不平行也不垂直，都保持倾斜关系的空间平面。

███ **学习目标**

1. 能理解并掌握一般面的定义及投影特性；
2. 能利用一般面的投影特征识别、作出相应的投影。

███ **基本知识**

■ **一、一般位置平面的投影特征** ·····················

由一般位置平面的定义(与三个投影面都倾斜的平面)，可得其直观图与投影展开图，如图 4-29 所示。

由图 4-29 可以看出，一般位置平面投影的投影特征包括：

(1)三面投影的形状均为空间平面的类似形线框，其面积均小于空间平面的实形面积，即投影不反映实形的真实大小；

(2)三面投影均不反映 α、β、γ 的真实角度。

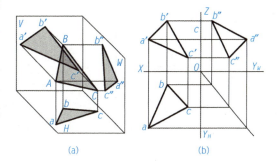

图 4-29   一般位置平面的投影
(a)直观图；(b)投影展开图

■ **二、规律总结** ·····················

可以看出，因为一般位置平面与三个投影面均保持倾斜，没有平行或垂直的位置关系，故其投影不能反映空间平面的实形及其与投影面的倾角，没有体现积聚性和实形性。一般位置平面的投影一定是"三个类似形"。

平面空间位置的识读就是根据各种位置平面的投影特征来判断的。

(1)如果一个平面的一个投影为平面图形，而另外两个投影积聚为平行于投影轴的直线，该平面就是投影面平行面；

(2)如果平面只有一个投影积聚且倾斜于投影轴，该平面为投影面垂直面；

(3)如果平面在三个投影面上的投影均为缩小的类似形，则该平面为一般位置平面。

三类空间位置平面的投影规律，见表 4-12。

表 4-12　空间位置平面投影规律一览

种类	投影是否反映实形	投影是否反映倾角	判定口诀	解析
投影面平行面	是	是	一框两直线	线框在何面，平行于何面
投影面垂直面	否	是	两框一斜线	斜线在何面，垂直于何面
一般位置平面	否	否	三个类似形	无法直接反映平面的信息

能力训练

■ 一、操作条件

补画图 4-30 所示各平面图形的第三面投影，并注明是何种位置平面。

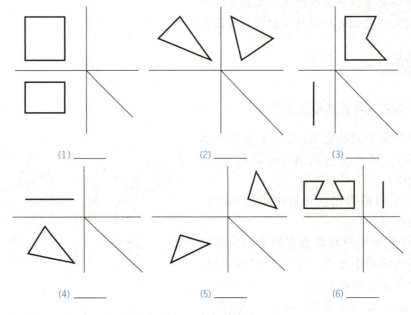

(1) _____　　　(2) _____　　　(3) _____

(4) _____　　　(5) _____　　　(6) _____

图 4-30　能力训练图

■ 二、操作过程

作图步骤见表 4-13。

表 4-13　作图步骤

序号	步骤	操作方法及说明	质量标准
1	根据"三等关系"作图 4-30（1）的第三面投影，并判断该空间平面的种类		正确绘制完成第三面投影，并根据平面投影特性判断出该平面是"侧垂面"

序号	步骤	操作方法及说明	质量标准
2	根据"三等关系"作图4-30(2)的第三面投影，并判断该空间平面的种类		正确绘制完成第三面投影，并根据平面投影特性判断出该平面是"一般面"
3	根据"三等关系"作图4-30(3)的第三面投影，并判断该空间平面的种类		正确绘制完成第三面投影，并根据平面投影特性判断出该平面是"侧平面"
4	根据"三等关系"作图4-30(4)的第三面投影，并判断该空间平面的种类		正确绘制完成第三面投影，并根据平面投影特性判断出该平面是"水平面"
5	根据"三等关系"作图4-30(5)的第三面投影，并判断该空间平面的种类		正确绘制完成第三面投影，并根据平面投影特性判断出该平面是"正垂面"
6	根据"三等关系"作图4-30(6)的第三面投影，并判断该空间平面的种类		正确绘制完成第三面投影，并根据平面投影特性判断出该平面是"正平面"

■ 三、问题情境

如图4-31所示，试完成平面的水平投影和侧面投影。

提示： 本题有别于常规的一般面投影题，不同之处在于其只有一面投影完全给出，另外两面投影均只给出了一部分，需要根据已知条件自行补全。

其中关键在于平面中 M、L、K、N 点另外两面投影的确定。这里就需要利用辅助线在已有投影线上制造额外的交点来创造新条件解题。

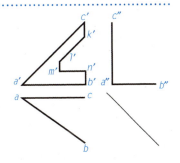

图4-31　问题情境图

学习结果评价见表4-14。

表4-14 学习结果评价

序号	评价内容	评价标准	评价结果
1	一般面的投影特性	掌握一般面的投影特性	是/否
2	利用一般面投影特征识别、作出相应的投影	掌握作图的方法	是/否
是否可以进行下一步学习(是/否)			

▍▍课后作业

1. 补全图4-32所示的第三面投影，并判断各平面的空间位置(要求保留作图痕迹)。

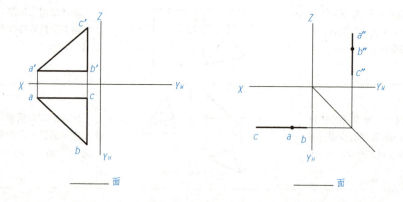

图4-32 课后作业1图

2. 补全图4-33所示平面图形 ABCDEFG 的正面投影。

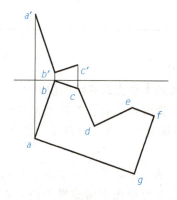

图4-33 课后作业2图

3. 根据图 4-34 所示形体投影图上的标注，判别指定的棱线和平面对投影面的相对位置。

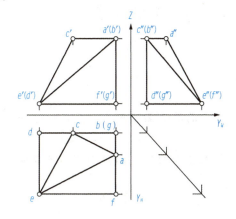

AC 是＿＿＿＿＿线

AF 是＿＿＿＿＿线

BC 是＿＿＿＿＿线

CE 是＿＿＿＿＿线

EF 是＿＿＿＿＿线

△ABC 是＿＿＿＿＿面

△ACE 是＿＿＿＿＿面

△AEF 是＿＿＿＿＿面

△CDE 是＿＿＿＿＿面

图 4-34　课后作业 3 图

4. 判定图 4-35 所示各平面的类型。

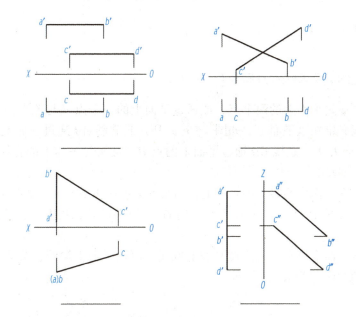

图 4-35　课后作业 4 图

职业能力 A-4-7　平面上的点和直线

核心概念

平面上的点：点若在平面上，其三面投影也在平面的三面投影上，可以通过平面及其上的点的一面投影完成另外两面的投影。

平面上的直线：直线若在平面上，其三面投影也在平面的三面投影上，可以通过平面及其上的直线的一面投影完成另外两面的投影。

学习目标

1. 熟悉点和直线在平面上的几何条件并作出相应判断；
2. 能通过投影作图作出平面上的点和直线的相应投影。

基本知识

■ 一、平面上的点和直线的几何条件 ···

如果一直线通过平面上的两个点，或通过平面上的一个点又与该平面上的另一条直线平行，则此直线必定在该平面上。如图 4-36（a）所示，直线 AB 通过平面上 M、N 两点，所以直线 AB 在平面 R 上；直线 CD 通过平面上的点 H，且又与平面上的直线 EF 平行，所以直线 CD 也在平面 R 上。

如果一个点在平面内的某一条直线上，则此点必定在该平面上。如图 4-36（b）所示，点 B 在平面 P 内的直线 AC 上，点 D 在平面 P 内的直线 GK 的延长线上，所以，点 B 和点 D 都在平面 P 上。

故可知，在平面上取点，先要在平面上取线，而在平面上取线，又离不开在平面上取点，两者是相辅相成的关系。

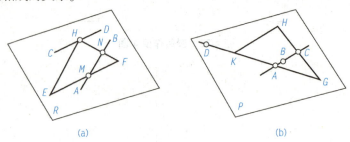

（a）　　　　　　　　　　　（b）

图 4-36　平面上的点和直线的几何条件示意
（a）平面上的直线；（b）平面上的点

二、平面上的点和直线的投影分析

若将上述几何条件用于投影法，则可根据已知投影完成平面上的点和直线的另外两面投影。

以平面 ABC 上取一点 K，且 V 面投影已知，求 H 面投影为例。如图 4-37(a)所示，当空间平面为铅垂面时，可以利用铅垂面平面投影的积聚性，直接作 k' 点的"长对正"辅助线，其与积聚性的 H 面投影 abc 的交点，即为所求投影点 k。

如图 4-37(b)所示，当空间平面为一般面时，需要利用相关几何条件作图：

(1)由已知条件"K 在 △ABC 上"，则 k' 必在 $a'b'c'$ 上；

(2)过 a' 点作直线 $a'k'$ 并延长，使之交 $b'c'$ 边于 d' 点；

(3)因 A 点与 K 点都是 △ABC 上的点，故直线 AK 及其延长线 AD 必在 △ABC 上，即 D 点必是 BC 边上一点，d' 点为其 V 面投影；

(4)由三等关系的"长对正"，过 d' 点作辅助线至 H 面，交 bc 边于 d 点；

(5)连接 ad，此为直线 AD 的 H 面投影；

(6)由"点 K 在直线 AD 上"可知，k 也在 ad 上，通过 k' 点作"长对正"辅助线与 ad 相交，即得交点 k。

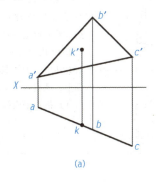 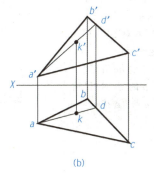

(a)   (b)

图 4-37　点和直线的投影分析

(a)特殊面上的点；(b)一般面上的点

能力训练

一、操作条件

如图 4-38 所示，已知 BE 为正平线，试求多边形 $ABCDE$ 的水平投影。

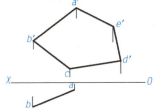

图 4-38　能力训练图

作图步骤见表4-15。

表4-15　作图步骤

序号	步骤	操作方法及说明	质量标准
1	由图4-38可知："BE为正平线"，通过正平线的投影特性和三等关系，可得直线be和直线b'e'，即确定点e，连接ae	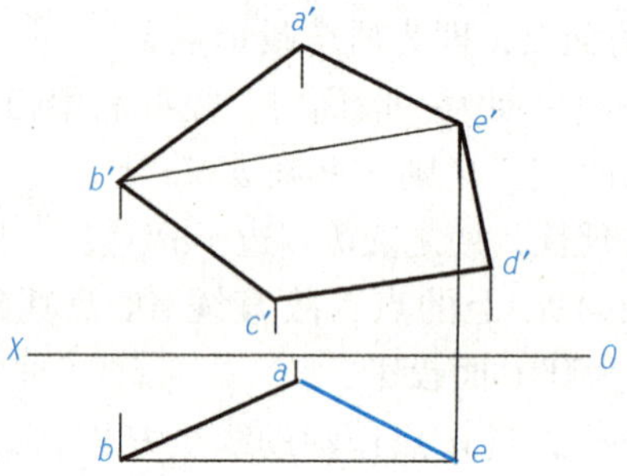	准确理解题意： ①正平线BE，则be为水平直线； ②确定出点e； ③连接水平面投影线ae
2	①连接直线a'd'，交直线b'e'于n'； ②通过"长对正"，在直线be处定出点n； ③连接直线an并延长，与过d'点作的"长对正"辅助线交于d点，连接ed	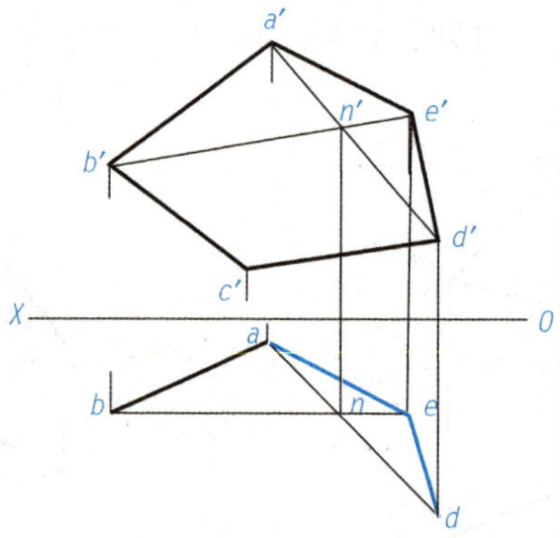	①准确找出n'点，由其几何关系可知N必为平面ABCED上一点，则n点也在直线be上； ②由几何条件"A、N在平面ABCDE上"可知其延长线也在平面上，准确找出d点； ③连接水平面投影线ed
3	①连接直线a'c'交直线b'e'于m'； ②通过"长对正"，在直线be处定出点m； ③连接直线am并延长，与过c'点作的"长对正"辅助线交于c点，dc、cb	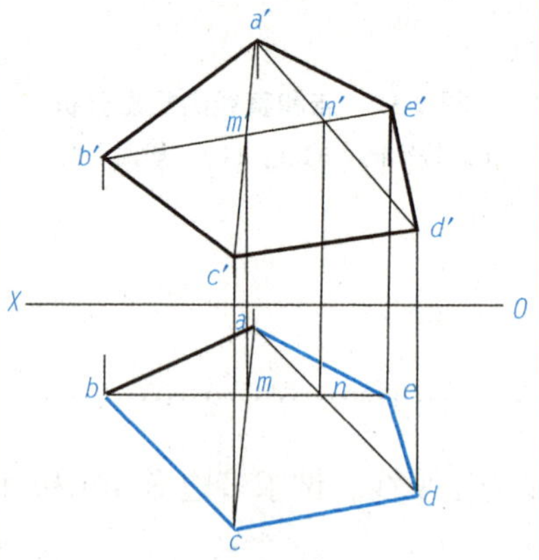	①准确找出m'点，由其几何关系可知M必为平面ABCED上一点，则m点也在直线be上； ②由几何条件"A、M在平面ABCDE上"可知其延长线也在平面上，准确找出c点； ③连接水平面投影线dc、cb，完成作图

■ 三、问题情境 ···

（一）问题情境一

如图4-39所示，在平面ABC内作一条水平线，使其到H面的距离为10 mm。

提示： 本题已知条件为△ABC 的两面投影，但仍有一个隐藏条件"水平线"，解题需要用到水平线的投影特性。

水平线的 V 面投影一定是一条平行于 X 轴的直线，且"距 H 面 10 mm"，可直接作出，再由直线在平面上的几何条件作出 H 面投影即可。

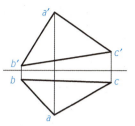

图 4-39　问题情境一图

(二)问题情境二

如图 4-40 所示，补画平面上△ABC 的水平投影。

提示： △ABC 是由三条直线 AB、AC 和 BC 围成的线框，故本题实质上是求三个"平面上的点 A、B 和 C"的水平投影。

由"平面上的点"的几何条件"点在平面上，则该点必在此平面的一条直线上"可知，需要找出必在平面上且过所求点的直线。一般以平面的某个顶点为直线的起点，然后通过这些直线和投影法则确定所求点的投影。

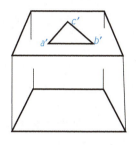

图 4-40　问题情境二图

■ 四、学习结果评价 ··

学习结果评价见表 4-16。

表 4-16　学习结果评价

序号	评价内容	评价标准	评价结果
1	点在平面上的几何条件	能理解点在平面上的几何条件	是/否
2	平面上的点的投影作图	能正确作出平面上的点的相应投影	是/否
3	直线在平面上的几何条件	能理解直线在平面上的几何条件	是/否
4	平面上的直线的投影作图	能正确作出平面上的直线的相应投影	是/否
是否可以进行下一步学习(是/否)			

▌ 课后作业

1. 如图 4-41 所示，判别已知点和直线是否属于平面(保留作图痕迹)。

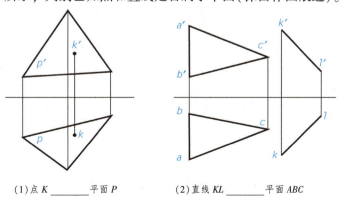

(1)点 K _____ 平面 P　　　　　(2)直线 KL _____ 平面 ABC

图 4-41　课后作业 1 图

2. 如图 4-42 所示，检验点 D 和直线 AE 是否在 △ABC 平面上（保留作图痕迹）。

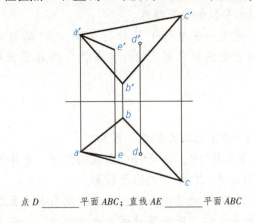

点 D _____ 平面 ABC；直线 AE _____ 平面 ABC

图 4-42　课后作业 2 图

3. 如图 4-43 所示，已知矩形平面 ABCD 上的 △EFG 的水平投影，试作出其正面投影（保留作图痕迹）。

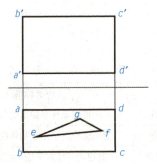

图 4-43　课后作业 3 图

4. 如图 4-44 所示，在 △ABC 平面上过点 C 作正平线 CD，并在此面上取一点 S，使之在 H 面之上 5 mm，在 V 面之前 10 mm（保留作图痕迹）。

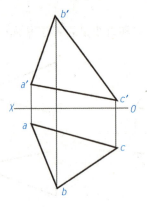

图 4-44　课后作业 4 图

工作任务 A-5 形体的投影

职业能力 A-5-1 平面基本形体的投影

核心概念

基本形体：在建筑工程中，人们会接触到各种形状的建筑物（如房屋、水塔）及其构配件（如基础、梁、柱等）。这些形状虽然复杂多样，但经过仔细分析，不难看出它们一般是由一些简单的几何体经过叠加、切割或相交等形式组合而成的。将这些简单的几合体称为基本形体（图5-1）。基本形体由平面基本形体和曲面基本形体两大类组成。

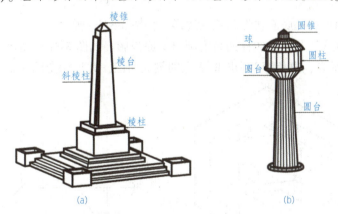

图 5-1 基本形体组成的建筑物

（a）纪念碑；（2）水塔

平面基本形体：几何体的表面由平面围成的体称为平面基本形体，简称平面体。平面体上相邻两表面的交线称为棱线。常见的平面体有棱柱、棱锥和棱台等（图5-2）。

（a）   （b）   （c）

图 5-2 平面基本形体的分类

（a）棱柱；（b）棱锥；（c）棱台

■ 学习目标

1. 能识别并作出平面基本形体的三面投影；
2. 能作出平面基本形体表面上点和线的投影。

■ 基本知识

■ 一、平面体投影图的绘制

绘制平面体的三面正投影图，首先要按正确位置将形体放入三面正投影体系，让形体的表面和棱线尽量平行或垂直于投影面。绘制平面体的投影图实际上就是绘制平面体底面和侧表面的投影，一般先画出反映底面实形的正投影图，然后根据投影规律画出其他两个投影。

平面体可分为棱柱、棱锥、棱台三类。其中，棱台可以看作被切除尖部的特殊棱锥，故主要用棱柱与棱锥举例说明相关画法。

如图 5-3(a) 所示，形体是正六棱柱，上、下底面平行且为全等的正六边形，六个侧表面为矩形。将正六棱柱放入三面投影体系，使上、下底面与 H 面平行，前、后侧表面与 V 面平行。

作图如下：

(1) 在 H 面画出反映底面实形的正六边形，如图 5-3(b) 所示。

(2) 根据"长对正"和正六棱柱的高度画出 V 面投影，如图 5-3(c) 所示。

(3) 根据"高平齐，宽相等"画出 W 面上的侧立面图，并加深全图，如图 5-3(d) 所示。

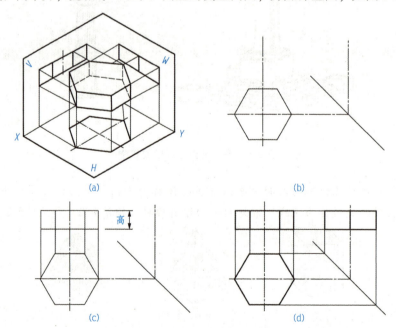

(a)　　　　　　　　　(b)
(c)　　　　　　　　　(d)

图 5-3　棱柱投影图的绘制

(a)直观图；(b)画出正六边形；(c)画出 V 面投影；(d)画出侧立面图并加深

如图 5-4(a)所示，形体是正五棱锥。正五棱锥的底面为正五边形，侧表面为五个相同的等腰三角形，通过顶点向底面作垂线，垂足在底面正五边形的中心，此垂线长度为正五棱锥的高。将正五棱锥放入三面投影体系，底面平行于 H 面，且底边 AB 平行于 V 面。侧表面 SAB 为侧垂面，其余四个侧表面为一般位置平面。

作图如下：

(1)在 H 面上画出反映底面实形的正五边形，五条侧棱的交点 s 是正五边形的中心，如图 5-4(b)所示。

(2)根据"长对正"和正五棱锥的高画出 V 面的投影，其中侧棱 s'd' 是不可见的，应画成虚线，如图 5-4(c)所示。

(3)根据"高平齐、宽相等"画出 W 面的投影，其中侧表面 s"a"b 积聚为一直线，加深图线，如图 5-4(d)所示。

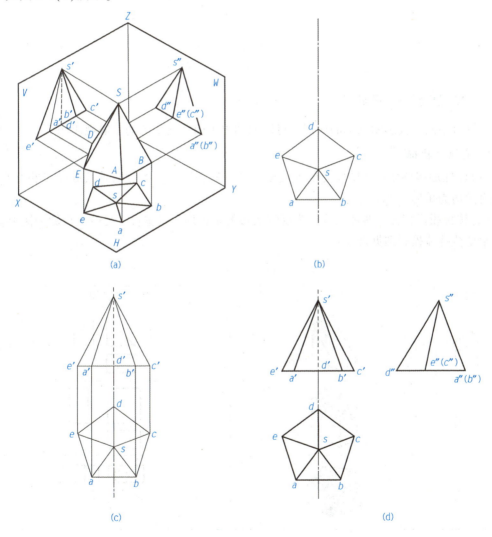

(a)　　　　　　　　　　　　　　(b)

(c)　　　　　　　　　　　　　　(d)

图 5-4　棱锥投影图的绘制

(a)直观图；(b)画底面实形的正五边形；(c)画 V 面的投影；(d)画 W 面投影并加深

将棱锥体用平行于底面的平面切割上端的尖部，余下的部分称为棱台，如图 5-5（a）所示，将其置于三面投影体系，其直观图如图 5-5（b）所示，投影展开图如图 5-5（c）所示。

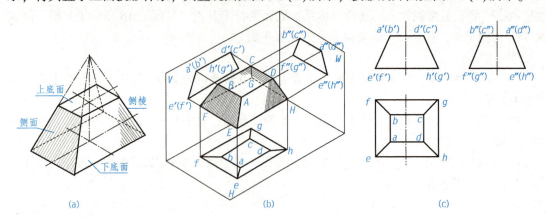

图 5-5 棱台投影图的绘制
（a）四棱台；（b）直观图；（c）投影图

■ 二、常见平面体的投影图

经过对平面体投影图画法的认识，可以归纳出平面体投影图的一般规律如下。

1. 棱柱的特征

（1）棱柱形体特征：两底面为全等且相互平行的多边形，各侧棱垂直底面且相互平行，各侧表面均为矩形。

（2）棱柱投影特征：两底面投影为反映实形的多边形，且重合，另两个投影为矩形。

常见棱柱体投影图见表 5-1。

表 5-1 常见棱柱体投影图

平面体		直观图	投影图
棱柱	三棱柱		
	四棱柱		
	五棱柱		

2. 棱锥的特征

（1）棱锥形体特征：底面为多边形，各侧表面均为有公共顶点的（等腰）三角形。

（2）棱锥投影特征：底面投影为反映实形的多边形，内有若干侧棱交于顶点的三角形，另两个投影为等高的三角形。

常见棱锥体投影图见表5-2。

表5-2 常见棱锥体投影图

平面体		直观图	投影图
棱锥	三棱锥		
	四棱锥		
	六棱锥		

3. 棱台的特征

（1）棱台形体特征：两底面为相互平行的相似多边形，侧表面均为梯形。

（2）棱台投影特征：底面投影为两个类似多边形，对应顶点有侧棱，另两个投影为梯形。

常见棱台体投影图见表5-3。

表5-3 常见棱台体投影图

平面体		直观图	投影图
棱台	三棱台		
	四棱台		

■ 三、平面体表面上点和线的投影 ·····································

1. 投影特性

平面体表面上点和直线的问题，实质上是平面上点和直线及直线上的点的问题。所不同的是平面体表面上的点和直线的投影存在可见性的问题。其投影特性如下：

（1）平面体表面上的点和直线的投影应符合平面上点和直线的投影特点；

（2）凡是可见侧表面、底面上的点和直线，以及可见侧棱上的点都是可见的；反之是不可见的。

2. 求取方法

（1）位于棱线或边线上的点（线上定点法）——当点位于立体表面的某条棱线或边线上时，可利用线上点的"从属性"直接在线的投影上定点，这种方法即线上定点法，也可称为从属性法。

（2）位于特殊位置平面上的点（积聚性法）——当点位于立体表面的特殊位置平面上时，可利用该平面的积聚性，直接求得点的另外两个投影，这种方法称为积聚性法。

（3）位于一般位置平面上的点（辅助线法）——当点位于立体表面的一般位置平面上时，因所在平面无积聚性，不能直接求得点的投影，而必须先在一般位置平面上作辅助线（辅助线可以是一般位置直线或特殊位置直线），求出辅助线的投影，然后在其上定点，这种方法称为辅助线法。

▌ 能力训练

■ 一、棱柱例题 ···

如图 5-6（a）所示，已知长方体表面的折线 ABEC 的 V 面投影，完成 H、W 面投影。

答：本题本质上是求棱柱外表面上的点的投影。步骤如下：

（1）根据线上定点法可定出 E、C 两点的两面投影。

（2）根据积聚性法可定出 A、B 两点的两面投影，如图 5-6（b）所示。

（3）连接 A、B、E、C 四点的其余两面投影，需注意可见性问题，如图 5-6（c）所示。

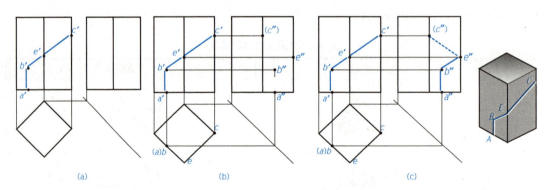

（a）   （b）   （c）

图 5-6　棱柱表面点的投影

（a）ABEC 的 V 面投影；（b）A、B 两点的两面投影；（c）连接 A、B、E、C 四点的其余两面投影

■ 二、棱锥例题 ···

在棱柱例题中，可以发现，由于棱柱的四个侧面均为特殊面，故棱柱外表面上的点采用线上定点法和积聚性法即可求出，不必使用辅助线法。

但在棱锥表面上的点，则存在点在一般面上的情况，此时，需要采用辅助线法求解。

以三棱锥 S-ABC 为例，当已知点 2（V 面）在棱线 SA 上时，求取方法如图 5-7 所示，当已知点 3（V 面）在特殊面 SBC 上时，求取方法如图 5-8 所示。具体步骤与棱柱情况类似，不再赘述。

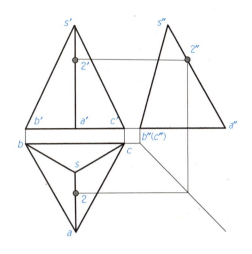

图 5-7　点在棱线上　　　　　　　　　图 5-8　点在特殊面上

下面来看点在一般面上的情况。

如图 5-9(a)所示，已知三棱锥 *S-ABC* 表面 *SAB* 上一点Ⅰ的 *V* 面投影 1′，求另两面投影。

答：本题中点Ⅰ落于一般面 *SAB* 上，故需要采用辅助线法解题。具体步骤如下：

(1)过 1′点作 *AB* 边平行线 *r*′1′，由投影特性可知，此平行线平行于 *a*′*b*′。平行线交 *s*′*b*′于 *r*′，根据"长对正"在 *sb* 轴上定出 *r* 点，且延长平行线 *r*′1′与棱 *s*′*a*′相交，如图 5-9(b)所示。

(2)在 *H* 面上作上述平行线的水平投影。由投影特性可知，其水平投影将平行于 *ab*，如图 5-9(c)所示。

(3)由从属性可知，因 1′点在 *a*′*b*′的平行线上，故点 1 也会在 *ab* 的平行线上。通过"长对正"定出点 1，如图 5-9(d)所示。

(4)通过三等关系的"高平齐"和"宽相等"，求出第三面(*W* 面)上点Ⅰ的投影 1″，如图 5-9(e)所示。

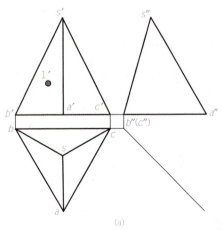

(a)

图 5-9　棱锥表面点的投影

(a)点 1 的 *V* 面投影

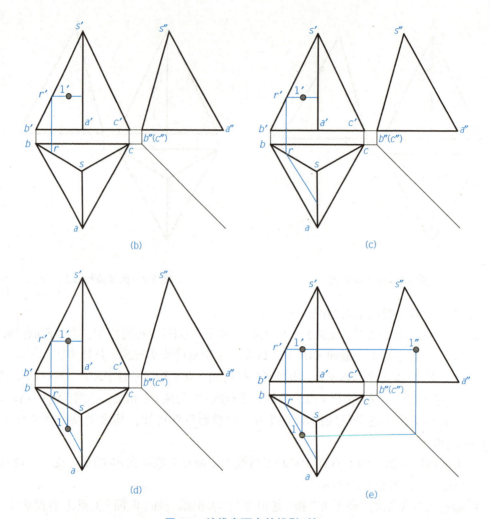

图 5-9　棱锥表面点的投影(续)

(b)过 1′点作 AB 边平行线 r′1′；(c)在 H 面上作平行线的水平投影；(d)通过"长对正"定出点 1；(e)求出 W 面点投影 1″

■ 三、问题情境 ....

试问，在上例中，若不采取作 AB 边平行线的方法，还能求解吗？

提示：上例求解的本质在于当所求点在一般面时，需要通过辅助线求解。辅助线需要满足以下条件：

（1）所求点必为辅助线上一点；

（2）所求点在已知条件中落在的平面，辅助线也需在同一平面上。如上例，点 Ⅰ 在平面 SAB 上，则辅助线也需在平面 SAB 上。

（3）辅助线及其延长线需与已知棱边相交，且交点可知。

通过几何特性可知，满足上述三个条件确定辅助线不只一种方法，如图 5-10 所示。

由图 5-10 可知，通过尖端 S 点也可作出符合条件的辅助线，其所求结果与上例中所求结果一致。

除"作棱边平行线"和"过尖端作辅助线"两类方法外，通过图 5-11 可知，辅助线的选择其实相当灵活，同学们完全可以在满足三个基本条件的情况下自由设定。

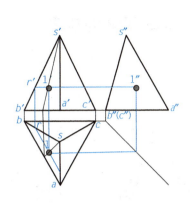

图 5-10　过尖端的辅助线

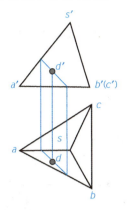

图 5-11　辅助线的第三类方法

■ 四、学习结果评价

学习结果评价见表 5-4。

表 5-4　学习结果评价

序号	评价内容	评价标准	评价结果
1	平面基本形体的三面投影	识别平面基本形体的三面投影	是/否
		作出平面基本形体的三面投影	是/否
2	平面体表面上点和线的三面投影	掌握作出平面体表面上点和线三面投影图的方法	是/否
是否可以进行下一步学习(是/否)			

▍课后作业

1. 如图 5-12 所示，已知形体表面上的点 K 和折线 AB 的一个投影，试求其他两面投影。

2. 立体表面上直线 MN 的正面投影 m'n'，如图 5-13 所示，试作该直线的其他两面投影。

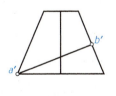
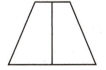

图 5-12　课后作业 1 图

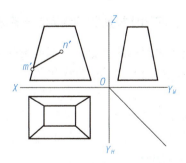

图 5-13　课后作业 2 图

职业能力 A-5-2　曲面基本形体的投影

核心概念

曲面基本形体：表面由曲面或曲面和平面构成的立体称为曲面基本形体，简称曲面体。常见的曲面体有圆柱、圆锥、圆球和圆台等（图5-14）。

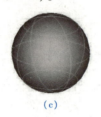

(a)　　　　　　　(b)　　　　　　　(c)　　　　　　　(d)

图 5-14　曲面基本形体的分类
(a)圆柱；(b)圆锥；(c)圆球；(d)圆台

回转面：曲面体中曲面的形成可以看作一根动线（直线或曲线）绕一条固定的直线（回转轴）旋转所形成，故曲面也可称为回转面，曲面体也可称为回转体。

母线：形成曲面的那条动线（一个曲面上只有一条）。

素线：曲面上任意特定位置的母线（曲面上可有无数条）。

纬圆：母线上任意点的运动轨迹都是一个垂直于回转轴且中心在回转轴上的圆，这种圆就称为纬圆。

学习目标

1. 能识别并作出曲面基本形体的三面投影；
2. 能作出曲面基本形体表面上点和线的投影。

基本知识

■ 一、曲面体投影图的绘制及形态特征 ·······························

绘制曲面体的投影时，不但要作出曲面边界线的投影，还要作出轮廓素线的投影。轮廓素线就是曲面向某一方向投射时，其可见部分与不可见部分的分界线。对于不同方向的投影，曲面上的轮廓素线是不同的。

曲面体可分为圆柱、圆锥、圆球和圆台四类。其中，圆台可以看作被切除尖部的特殊圆锥，故主要用圆柱、圆锥和圆球举例说明相关画法。

(一)圆柱

将圆柱体的轴线垂直于 *H* 面放置在三投影面体系中，如图5-15（a）所示。

作图如下：

（1）画出圆柱体的对称中心线、底面基线及45°辅助线，然后画出反映底面实形的 H 面投影，结果如图5-15(b)所示。

（2）根据圆柱体的高和投影关系画出圆柱的 V 面和 W 面投影，最后加深图线，如图5-15(c)、(d)所示。

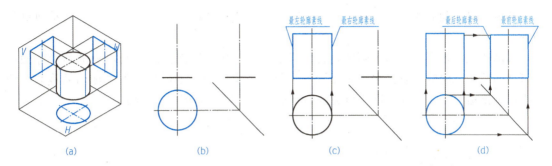

图5-15　圆柱投影图的绘制

（a）圆柱体；（b）画中心线、基线和辅助线及 H 面投影；（c）、（d）根据圆柱体的高和投影关系画出 V、W 面投影并加深

圆柱形体特征：两底面为全等且平行的圆，圆柱面可看作直母线绕与它平行的轴线旋转而成，所有素线相互平行。

圆柱投影特征：两底面的投影为重合的圆，另两个投影为矩形（矩形由处在不同位置的两条素线的投影与两底面积聚投影的直线围成）。

（二）圆锥

将圆锥的轴线垂直于 H 面放置在三投影面体系中，如图5-16(a)所示。

作图如下：

（1）画出圆锥体的对称中心线、底面基线及45°辅助线，然后画出反映底面实形的 H 面投影，结果如图5-16(b)所示。

（2）根据"长对正"的投影规律和圆锥体的高作出 V 面投影，再根据"高平齐"和"宽相等"的投影规律作出 W 面投影，最后加深图线，如图5-16(c)、(d)所示。

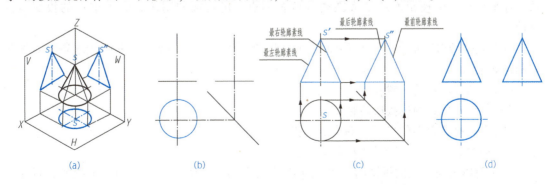

图5-16　圆锥投影图的绘制

（a）圆锥体；（b）画中心线、基线和辅助线及 H 面投影；（c）根据"长对正"和圆锥体的高作出 V 面投影，根据"高平齐"和"宽相等"作出 W 面投影；（d）加深

圆锥形体特征：底面为圆，圆锥面可看作是直母线绕与它相交的轴线旋转而成，所有素线交汇于圆锥顶。

圆锥投影特征：底面为圆，另两个投影为三角形(三角形由处在不同位置的两条素线的投影和底面积聚投影的直线围成)。

(三) 圆球

圆球是以一圆周为母线绕其自身一直径旋转一周形成的。母线上任一点的运动轨迹都为圆。

圆球的三面投影均为与该圆球直径相等的圆。其中，正面投影圆是可见的前半球面和不可见的后半球面的重影；水平投影圆是可见的上半球面与不可见的下半球面的重影；侧面投影圆是可见的左半球面和不可见的右半球面的重影，如图 5-17 所示。

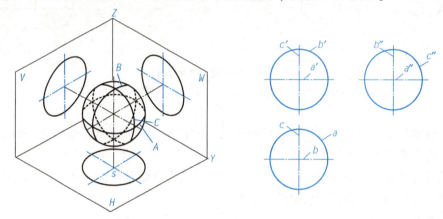

图 5-17　球体投影图的绘制

■ 二、曲面体表面上的点和线的投影 ·····································

与平面立体相同，求作曲面立体表面上点和直线的投影也有从属性法、积聚性法和辅助线法三种方法。

处于特殊位置上的点，如圆柱和圆锥的最前、最后、最左、最右轮廓素线，底边圆周及圆球平行于三个投影面的最大圆周等位置的点，可直接利用轮廓线上求点的投影方法求得。

处于其他位置上的点，可利用曲面体投影的积聚性，用素线法或纬圆法求得。具体步骤归纳如下：

(1)判断点所在的位置；

(2)判断点所在面的投影特性；

(3)在具有积聚性的平面上标出点的投影；

(4)根据点的两面投影，求出其第三面投影。

作曲面体表面上线的投影时，可先作出线段首尾点及中间若干点的三面投影，再用光滑的曲线连接起来即可。

曲面体上点和线的可见性与曲面的可见性有关，可见曲面上的点和线是可见的；反之是不可见的。

■ 一、圆柱例题 ···

由于圆柱面具有积聚性，因此圆柱表面上点或线的投影可利用从属性法和积聚性法求出。

已知圆柱面上点 M 和点 N 的正面投影 m' 和 (n')，如图 5-18（a）所示，试求这两个点的另外两面投影。

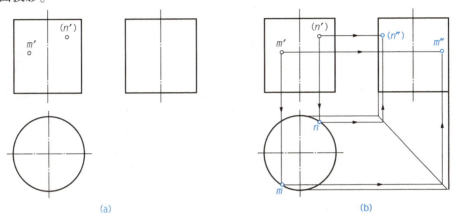

图 5-18　圆柱体表面点的投影
（a）已知条件；（b）作图方法

分析： M 点的正面投影可见，且在点画线的左侧，由此可判定 M 点在左、前半圆柱面上，其水平投影和侧面投影均可见；N 点的正面投影不可见，且在点画线的右侧，由此可判定 N 点在右、后半圆柱面上，其水平投影可见，侧面投影不可见。

作图步骤：

（1）过 m' 点作素线的正立面投影（可只作一部分），即过 m' 点向下作铅垂线交圆周的前半部分于一点，则该点即为 m 点；由 m' 点和 m 点，即可求出 m'' 点，m'' 点为可见点。

（2）采用同样的方法，先求出 N 点的水平投影 n，再求出侧面投影 n''。由于侧面投影不可见，故为（n''），如图 5-18（b）所示。

■ 二、圆锥例题 ···

圆锥底面具有积聚性，其上的点可以直接求出；圆锥面没有积聚性，其上的点需要用辅助线法才能求出。按辅助线的类型不同，辅助线法可分为辅助素线法和辅助纬圆法两种。

已知圆锥面上点 A 的正面投影 a'，如图 5-19（a）所示，求另外两面投影。

（一）素线法

分析：

根据 a' 点可判定 A 点位于圆锥左前方的圆锥面上。由于圆锥面无积聚性，因此圆锥面上点的投影可利用素线法或纬圆法求出。

素线法就是过给定点和锥顶在锥面上作一条素线为辅助线，利用点、线的从属关系，得出点的三面投影图的方法，即过 A 点作辅助素线 SB，如图 5-19(b) 所示，先求出该素线的投影，再利用线上点的投影关系求出圆锥表面上点的投影。

作图步骤：

(1) 连接 s' 点与 a' 点并延长，使其与底圆的 V 面投影交于点 b'，从而得到素线 SB 的 V 面投影 $s'b'$。

(2) 由 $s'b'$ 可求出 sb。

(3) 因 A 点在素线 SB 上，故过 a' 点向下作垂线交 sb 于 a 点，由 a' 点和 a 点可求得点 A 的侧面投影 a'' 点，如图 5-19(c) 所示。

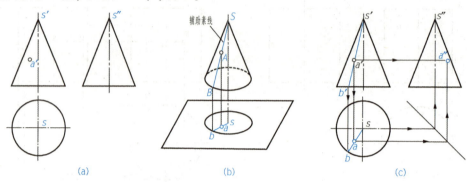

(a)　　　　　　　　(b)　　　　　　　　(c)

图 5-19　圆锥表面取点——素线法

(a) 已知条件；(b) 作辅助素线 SB；(c) 求侧面投影 a'' 点

(二) 纬圆法

分析：

假想过圆锥面上任一点作一个与圆锥底面平行的平面，该平面与圆锥面的交线为圆，则该点的三面投影必在交线圆的投影上。这个交线圆称为纬圆，用纬圆作辅助圆来确定曲面上点的投影位置的方法称为纬圆法，如图 5-20 所示。

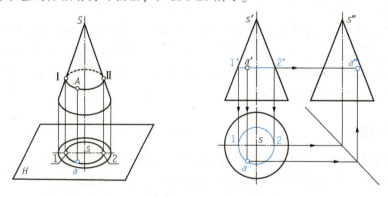

图 5-20　圆锥表面取点——纬圆法

作图步骤：

(1) 过 a' 点作一条水平线 $1'2'$，$1'2'$ 即为过 A 点的水平纬圆的 V 面投影。

(2) 以 $1'2'$ 为直径，在 H 面上画出纬圆的水平投影。

(3) 过 a' 点作垂直投影线交纬圆的左前方的圆锥面于 a 点，再由 a' 点和 a 点求得 a'' 点。

■ 三、圆球例题

圆球面均无积聚性，因此除转向轮廓线上的点可直接求出外，圆球面上的其他点均需要用辅助纬圆法才能求出。

已知球面上 M 点的 V 面投影 m′，如图 5-21(a)所示，求其另外两面投影。

分析：由 m′点可知 M 点位于前半球的左下部位，它的另外两面投影可利用纬圆法求出。

作图步骤：

(1)过 m′点作水平纬圆的正立投影(为一直线)，交圆于 b′、c′两点。

(2)求出纬圆的水平投影圆，其直径为 bc，则 M 点的水平投影必在该纬圆的左前侧，且该点的水平投影不可见。

(3)根据 m′和 m，求出其侧面投影 m″，如图 5-21(b)所示。

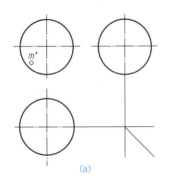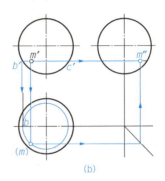

(a)   (b)

图 5-21 球面上点的投影
(a)已知条件；(b)作图方法

■ 四、问题情境

已知圆柱面上线段 AB 的正面投影 a′b′，如图 5-22(a)所示，求其另外两面投影。

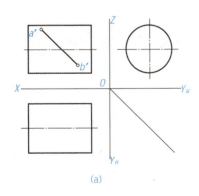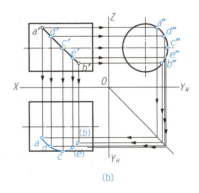

(a)   (b)

图 5-22 曲面体上的直线
(a)已知条件；(b)作图方法

提示：由题意及图 5-22(a)可知，线段 AB 是一段位于前半个圆柱面上的椭圆弧，且该段曲线在水平投影面上的投影为一段曲线。由于该圆柱面的侧面投影积聚为圆，故线段 AB

的侧面投影就是该圆上的一段圆弧。求作曲线的投影，需先求出曲线上一系列特殊位置点和中间位置点的投影，然后顺次连接成曲线。

如图 5-22(b)所示，在连接曲线的过程中，需要注意可见性问题，以及曲线连接的平滑，切不可将各点用直线相连，造成错误。

■ 五、学习结果评价 ···

学习结果评价见表 5-5。

表 5-5　学习结果评价

序号	评价内容	评价标准	评价结果
1	曲面基本形体的三面投影	识别曲面基本形体的三面投影	是/否
		作出曲面基本形体的三面投影	是/否
2	曲面体表面上点和线的三面投影	掌握作出曲面体表面上点和线三面投影图的方法	是/否
是否可以进行下一步学习(是/否)			

课后作业

1. 点 A 在圆柱表面上，正确的一组视图是(　　　)。

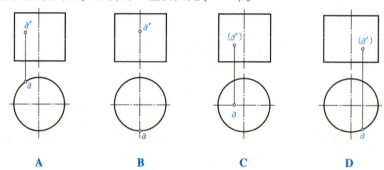

    A   **B**   **C**   **D**

2. 补绘图 5-23 所示圆柱的 W 面投影，并补全圆柱表面上的点的三面投影。

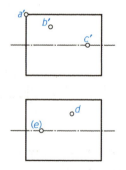

图 5-23　课后作业 2 图

3. 如图 5-24 所示，已知圆台表面上点 A、B 及曲线 MN 的一个投影，求其他投影。

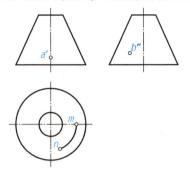

图 5-24　课后作业 3 图

4. 如图 5-25 所示，已知球面上点的某个投影，求作点的其余投影。

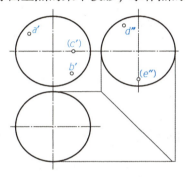

图 5-25　课后作业 4 图

职业能力 A-5-3　组合体的投影

核心概念

组合体：将由两个或两个以上的基本形体按一定的形式组合而成的形体叫作组合体。

学习目标

1. 能正确绘制组合体的投影图；
2. 能正确识读组合体的投影图。

■ 一、组合体的类型

根据构成方式不同，组合体可分为叠加式、切割式和综合式三种。其中，叠加式组合体是由若干个基本体叠加而成的，如图5-26(a)所示；切割式组合体是由基本体切割去某些形体后形成的，如图5-26(b)所示；综合式组合体是既有叠加又有切割的组合体，如图5-26(c)所示。

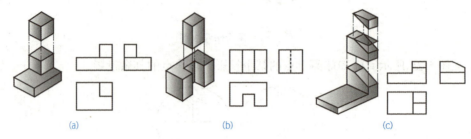

(a)　　　　　　　　　(b)　　　　　　　　　(c)

图 5-26　组合体的类型
(a)叠加式；(b)切割式；(c)综合式

■ 二、组合体形体间的表面连接关系

无论组合体是由哪种形式组成的，画它们的投影图时，都必须正确表示各基本体之间的表面连接关系。形体经叠加或切割后，其邻接表面可能产生平齐、不平齐、相切和相交四种表面连接关系。

(一)平齐

两基本体叠加时，若同一方向上的表面处在同一个平面上，则称这两个表面平齐(共面)。此时，两平齐面之间不画分界线。如图5-27所示形体是由三个四棱柱叠加而成的，左侧面结合处的表面平齐，故侧面投影中不应画分界线。

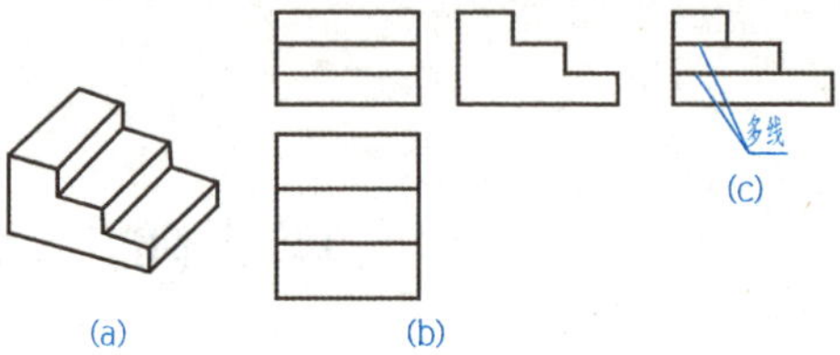

(二)不平齐

当两基本体叠加时，若同一方向上的表面处在不同的平面上，则称该表面不平齐。此时，不平齐面之间要画分界线。如图5-27(a)所示，形体的正面投影中应画出不平齐面间的分界线。

多线

(a)　　　　(b)　　　　(c)

图5-27　组合体表面平齐
(a)立体图；(b)投影图；(c)错误示例

(三)相切

相邻两基本体表面相切时，由于相切处两表面是光滑过渡的，其结合处不存在明显的分界线，因此投影图上一般不画分界线的投影，如图5-28所示。

(四)相交

相邻两基本体的表面相交时，在相交处会产生各种形状的交线，该交线应在投影图中画出，如图5-29所示。

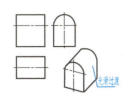

图 5-28　组合体表面相切

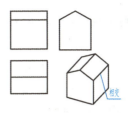

图 5-29　组合体表面相交

■ 三、组合体投影图的绘制 ···

绘制组合体投影图的基本方法是形体分析法。绘制组合体投影图的具体步骤：形体分析→确定投影图→选比例、定图幅布图、画基准线→画底稿→检查、修改并加深图线。

此外，组合体投影图的绘制还要注意组合体在三面投影体系中所放的位置。其基本原则如下：

（1）一般应使形体的复杂而且反映形体特征的面平行于 V 面。

（2）使作出的投影图虚线少，图形清楚。

■ 四、组合体投影图的识读 ···

绘图是由物生图，而读图是由图生物。根据已有组合体的投影图，想象出其空间立体形状，称为读图。读图的基本方法也是形体分析法，即以基本立体的三面投影为基础，在投影图上分析组合体各个组成部分的形状和相对位置，然后综合确定组合体的整体形状。

（一）从反映形状特征最明显的投影图读起

认识每一个形体的关键是要抓住其形状特征。正面投影常常能较多地反映组合体各部分的形状特征，所以，读图时一般从正面投影读起。但是组成组合体的所有基本形体的形状特征，不一定全集中在正面投影上。因此，还需要结合反映这些特征的其他投影图，从而可以在短时间内对整个形体有一个大概了解。

（二）将几个投影图联系起来看

一个投影图不能唯一地确定物体的形状，有时两个投影图也不能完全表达物体的形状，如图 5-30 所示。因此，看图时不要只盯着一个投影图看，而必须将几个投影图联系起来分析，这样才能准确地想象出物体的形状。

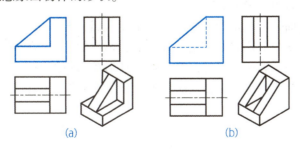

(a)　　　　　　　　　　　　　　(b)

图 5-30　组合体的形体分析

（a）叠加；（b）切割

(三)注意利用虚线分析相关部分的形状和位置

利用好虚线这个"不可见"的特点对看图很有帮助,尤其对想象其形体、表面或交线的位置(该部分处于物体的"中部"或"后部")非常有用。图5-30所示正面投影图中的三角形,图5-30(a)为实线,说明从前向后看时该直角三棱柱的轮廓线均可见,故该三棱柱是叠加在形体上的;图5-30(b)为虚线,说明从前向后看时该三棱柱不可见,故该三棱柱是在基础形体上切割而成的。

(四)分析投影图中图线的含义

投影图中的图线可能代表平面或曲面的积聚性投影,也可能代表表面交线的投影,还可能代表曲面的转向轮廓线的投影。因此,读图时,一定要利用投影关系先找到与这些图线对应的其他视图中的投影线,然后想象其空间形状,如图5-31所示。

图5-31　组合体中的图线

综合上述原则,用形体分析法读组合体投影图的基本思路如下:

(1)从能够反映物体主要形状特征的投影图入手,以轮廓线所构成的封闭线框为基本单元,将正面投影图分为几个相对独立的部分(线框),每个独立的部分(线框)基本上可对应某些简单形体的一个投影。

(2)按"三等关系"在其他投影图上找出每个线框所对应的投影,然后想象出这些线框所代表的简单形体的形状。

(3)分析各简单形体之间的相对位置关系,综合想象出整个形体的形状。

除形体分析法外,下面介绍对于组合形体的另一种识读方法——线面分析法。

线面分析法就是以线、面的投影规律为基础,通过分析物体投影中线、面的形状与位置,来想象物体的形状的一种分析方法。

形体分析法和线面分析法是相互关联的,不能截然分开。一般情况下,对于较复杂的图形,先从形体分析获得形体的大致整体形状后,不清楚的地方针对每一条图线每一个封闭线框加以分析,从而明确该部分的形状,以弥补形体分析的不足。由此可见,识读组合体投影图是以形体分析法为主,结合线面分析法综合想象得出组合体的全貌。

▌▌▌能力训练

■ 一、操作条件 ···

以图5-32(a)所示的工程形体为例,绘制组合体投影图。

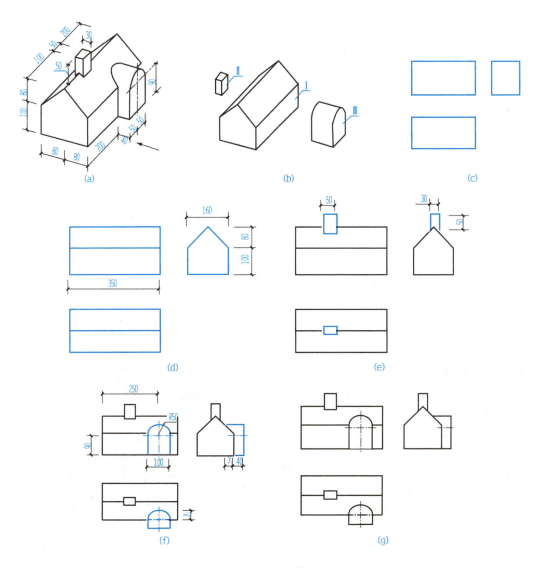

图 5-32 工程形体实例

(a)工程形体；(b)形体分析；(c)图形布局；(d)画五棱柱Ⅰ；(e)画四棱柱Ⅱ；

(f)画叠加体Ⅲ；(g)检查，修改并加深图线

■ **二、操作过程** ···

(一)形体分析

所谓形体分析，就是将组合体看成由若干个基本体组成，在分析时，将其分解成单个基本形体，并分析各基本形体之间的组合形式和相邻表面间的位置关系。

该形体可以看成由图5-32(b)所示的五棱柱Ⅰ、四棱柱Ⅱ，以及四棱柱和半圆柱组成的形体Ⅲ，以叠加的方式组合而成。相邻表面的连接关系可以从图5-32(a)中看出。

(二)确定投影图

投影图的选择原则是用较少的投影图将形体的形状完整、清楚、准确地表达出来。包

· 139 ·

括 V 面投影的选择；投影图的数量；比例、图幅合理；布图均匀等。根据前文所述 V 面的选择原则，以图 5-32(a) 所示的箭头方向为正面投影方向比较合适。图形布局如图 5-32(c) 所示。

(三)画底稿

根据形体的形成过程，用 H 或 2H 铅笔逐一画出各基本形体的三面投影。画图的顺序：一般先画实形体，后画虚形体(挖去的形体)；先画大形体，后画小形体；先画整体形状，后画细节形状。画每个形体时，应三个投影图联系起来画，并从反映形体特征最明显的投影图画起。

图 5-32 所示形体的布置、底稿画法及各部分尺寸如图 5-32(d) ~ (f) 所示。其中，五棱柱Ⅰ和四棱柱Ⅱ的投影图应先画侧面投影；叠加体Ⅲ应先画正面投影，再画侧面投影，最后画水平投影。

(四)检查、修改并加深图线

底稿画完后，应运用形体分析法逐个检查各组成部分的投影，以及它们之间的相互位置关系，重点检查形体叠加时表面连接处的图线，以便纠正错误，补充遗漏。确认无误后擦去不需要的辅助作图线，最后加深图线即可，如图 5-32(g) 所示。

■ 三、问题情境

(1) 识读图 5-33(a) 所示的投影图，利用形体分析法想象出其空间形状。

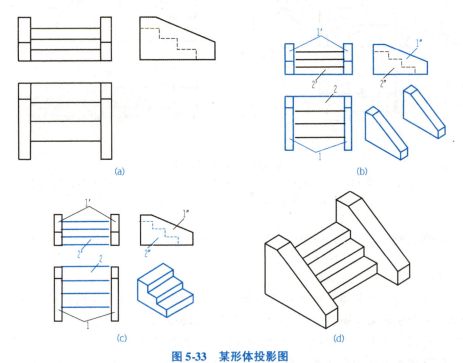

(a)　　　　　　　　　　　(b)

(c)　　　　　　　　　　　(d)

图 5-33　某形体投影图

(a)投影图；(b)、(c)形体分析；(d)形体最终样式

提示：

①分析形体，划分线框。由图5-33(a)中的正立面图和平面图可知，该形体为左右对称结构。由于左侧立面投影能较好地反映该组合体各部分的形状特征，因此读图时可从该投影图入手。由投影关系，很容易找到与左侧立面图的外形轮廓(五边形)对应的其他投影，如图5-33(b)中蓝色图线所示，从而很容易想象出其立体形状。

②在剩下图线中由投影关系可知，正立面图和平面图中的水平线对应左侧立面图中相互垂直的虚线，由此很容易想象出这部分的立体形状，如图5-33(c)所示。

③由左侧立面图中的虚线可知，形体Ⅱ被左侧形体Ⅰ遮挡，故形体Ⅱ位于左右两个形体的中间，由此可得该组合形体的立体形状，如图5-33(d)所示。

(2)试根据图5-34(a)所示的投影图，利用线面分析法想象出该形体的形状。

提示：

①形体分析。该形体大致是由梯形块组成的，其水平投影可看成由三个封闭线框组成，但正面投影和侧面投影无法分成三个封闭线框。因此，可初步从线框较多的水平投影着手，逐个线框分析其形状。

②线面分析。找出水平投影中线框Ⅰ在另外两个投影面上的投影，不难看出线框Ⅰ的立体形状如图5-34(b)所示；同样，找出线框Ⅱ和线框Ⅲ在另外两个投影面上的投影，根据平面的投影特性，可知线框Ⅱ为侧垂面，线框Ⅲ为正垂面，如图5-34(c)所示。

③综合想象。结合水平投影中三个线框的位置关系及其他两面投影，不难想象出该形体的形状，如图5-34(d)所示。

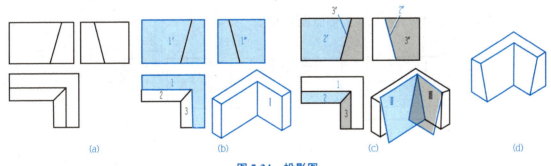

图5-34　投影图

(a)某形体投影图；(b)形体Ⅰ；(c)形体Ⅱ和Ⅲ；(d)综合形体

■ 四、学习结果评价

学习结果评价见表5-6。

表5-6　学习结果评价

序号	评价内容	评价标准	评价结果
1	组合体的投影图的绘制	掌握组合体的投影图的绘制方法	是/否
2	组合体的投影图的识读	掌握组合体的投影图的识读方法	是/否
是否可以进行下一步学习(是/否)			

一、选择题

1. 正面和水平投影图所对应的侧面投影图为(   )。

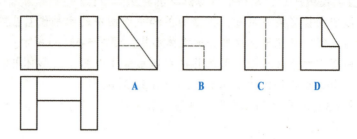

2. 正面和水平投影图所对应的侧面投影图为(   )。

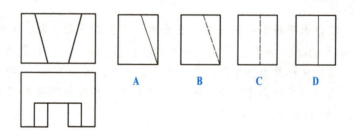

3. 正面和水平投影图所对应的侧面投影图为(   )。

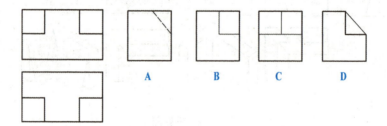

4. 正面和水平投影图所对应的侧面投影图为(   )。

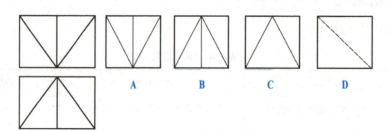

1. 由图 5-35 所示的立体图作形体的三面正投影图（以箭头方向为正立面，尺寸在图中量取）。

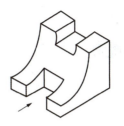

图 5-35　课后作业 1 图

2. 如图 5-36 所示，根据组合体的 V、W 两面投影求第三面投影。

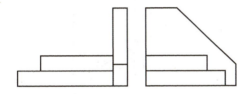

图 5-36　课后作业 2 图

3. 根据图 5-37 所示形体的三面投影图的现有部分（不全），想象其空间形状，并将三面投影图补充完整。

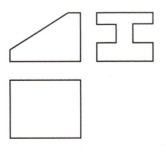

图 5-37　课后作业 3 图

职业能力 A-5-4　截切体的投影

■ 核心概念

截切体：基本体被平面截切后的形体。

截平面：截切形体的平面。

截交线：截平面与形体表面的交线。

截面：截交线所围成的平面图形，如图5-38所示。

由图5-38可知，求作截切体的投影，实际上就是求作截交线的投影。

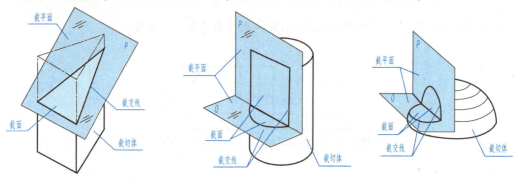

图5-38　形体的截切

■ 学习目标

1. 掌握截交线的基本特性；
2. 能正确作出平面体的截交线的投影；
3. 能正确作出曲面体的截交线的投影。

■ 基本知识

■ 一、截交线的基本特性

若立体的形状，或截平面与立体表面的相对位置不相同，则产生的截交线形状也千差万别，但所有的截交线都具有以下两个基本性质。

（一）封闭性

因为任何基本体表面都是封闭的，而截交线又是截平面和基本体表面的交线，所以截交线所围成的图形一定是封闭的。

（二）共有性

因为截交线既属于截平面，又属于基本体表面，所以截交线是截平面和基本体表面的共有线。

由此可见，求作截交线的实质，就是求出截平面与各类基本立体表面公共点的集合。

■ 二、平面体的截交线 ···

平面体的表面由若干个平面围成，因此平面体的截交线是由直线段围成的封闭多边形，该多边形的各边是截平面与各平面的交线，顶点（各边转折点）是棱边的投影或截平面与各棱边的交点。

对于平面体的截交线，有以下规律：

截交线的边数 = 截平面截到的棱面数

简而言之，求截交线的问题可以简化为求平面与平面的交线问题，进而简化为求直线与平面交点的问题。

因此，求作平面体截交线的方法，可先求出各棱边与截平面的交点，再依次连接各交点，即为平面与平面体的截交线。

平面体上截交线的作图方法可归纳为以下两种。

（一）交点法

交点法即先求出平面立体的各棱线与截平面的交点，然后将各点依次连接起来即得截交线。连接各交点时应注意：

（1）只有两点在同一投影面上时才能连接；

（2）可见棱面上的两点用实线连接，不可见棱面上的两点用虚线连接。

（二）交线法

交线法即求出平面立体的棱面、底面与截平面的交线。

交点法和交线法不分先后，可配合使用，但一般情况下常用交点法求截交线的投影。

值得注意的是，求平面立体截交线的投影时，要先分析平面立体在未切割前的形状，它是怎样被切割的，以及截交线有何特别等问题，然后进行作图。

■ 三、曲面体的截交线 ···

用平面切割曲面立体时，截交线的形状取决于被截形体的表面形状及截平面与曲面立体的相对位置。截交线的形状一般是封闭的平面曲线，或平面曲线与直线段相连的平面图形，特殊情况下也可能是平面多边形。

曲面体截交线上的每一点都是截平面与曲面体表面的共有点，因此求出它们的一些共有点，并依次光滑连接，即可得到截交线的投影。截交线上的一些能确定其形状和范围的点，如最高点、最低点，最左点、最右点，最前点、最后点，以及可见与不可见的分界点等，都是特殊点。作图时，通常先作出截交线上的特殊点，再按需要作出一些中间点即可，并要注意投影的可见性。

常用的曲面体截交线的形状和性质如下。

（一）圆柱的截交线

当截平面与圆柱轴线的相对位置不同时，其截交线有表 5-7 中的三种情况。

表 5-7　圆柱体的截交线

截平面的位置	截平面垂直于轴线	截平面平行于轴线和 V 面	截平面与轴线倾斜且垂直于 V 面
	截交线为圆	截交线为矩形	截交线为椭圆
截交线的形状及投影	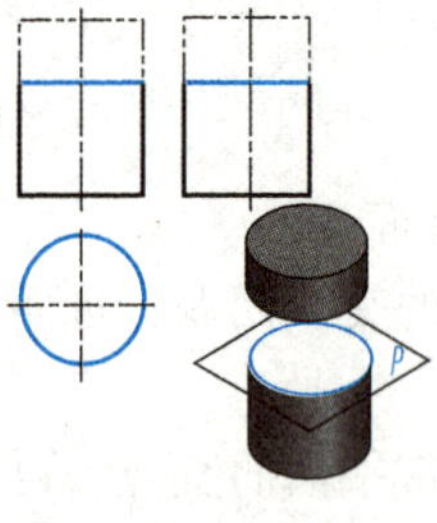	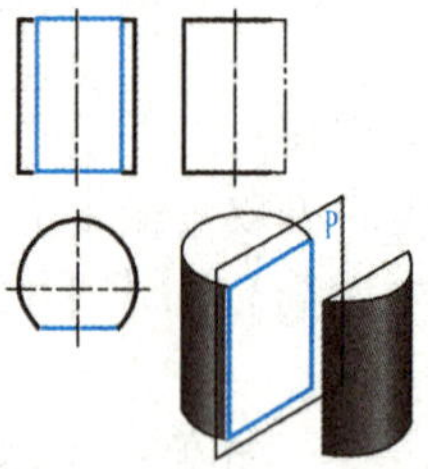	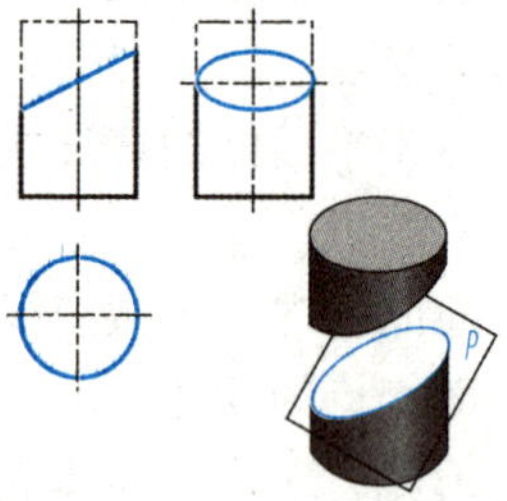

（二）圆锥的截交线

圆锥体被平面切割时，锥面与截平面的交线可分为表 5-8 所示的五种情况。

表 5-8　圆锥体的截交线

截平面的位置	过锥顶	垂直于轴线	不过锥顶，与所有子素线相交	不过锥顶，平行于某条素线	不过锥顶，平行或倾斜于轴线
	等腰三角形	圆	椭圆	封闭的抛物线	封闭的双曲线
截交线的空间形状	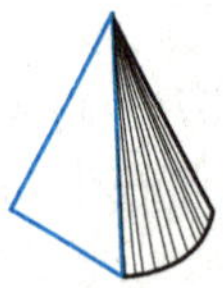		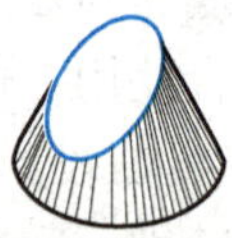	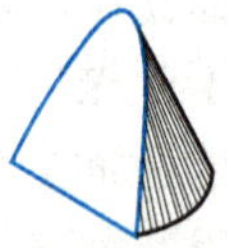	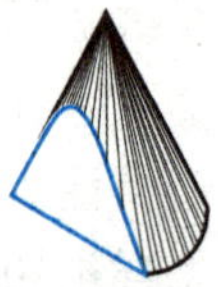
投影图	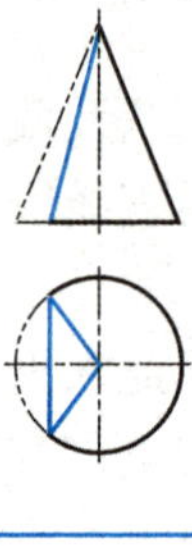	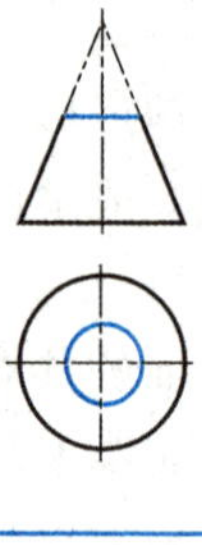	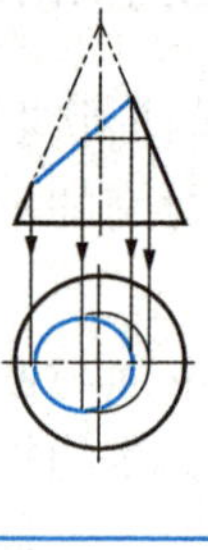	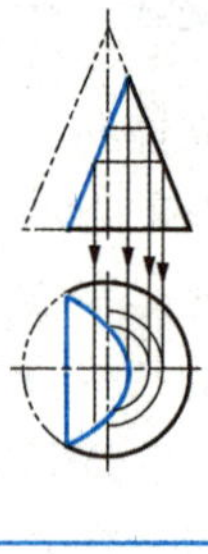	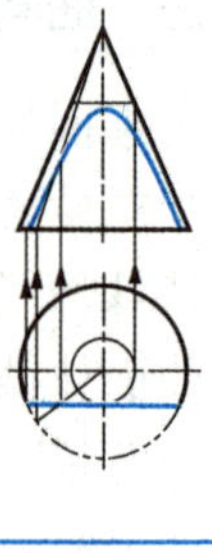

（三）圆球的截交线

圆球被平面切割，无论截平面处于什么位置，其空间交线总为圆。当截平面为投影面平行面时，截交线的投影为圆；当截平面为一般位置平面时，截交线的投影为椭圆，见表 5-9。

表 5-9　圆球的截交线

截平面为水平面	截平面为正平面	截平面为正垂面
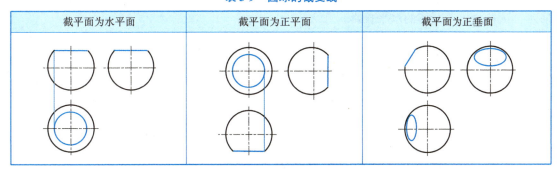		

能力训练

一、平面体的截交线

（1）图 5-39（a）所示为一正六棱柱被一正垂面 P 斜截时的立体示意图，画出六棱柱被截断后的下半部分的三面投影。

分析：当正六棱柱被正垂面 P 斜切时，正垂面 P 与正六棱柱的 6 个侧面相交，其截交线在 H 面上的投影与棱柱的水平投影重合，在 V 面上的投影积聚为一直线，在 W 面上的投影是一个六边形。

作图步骤：

①画切割体的 H 面和 V 面投影。先画出投影特征最明显的 H 面投影，即正六边形，然后画未切割前的 V 面投影，再画截平面，即一条斜线，最后擦去被截掉部分的轮廓线，如图 5-39（b）所示。

②画截交线的 W 面投影。先在 V 面和 H 面上分别找出正垂面与六棱柱截交线的各个交点，并用相应的数字或字母标注，然后根据点的两面投影，在 W 面投影面上分别找出交点在该平面中的投影点 1″、2″、3″、4″、5″、6″，如图 5-39（c）所示，最后用直线依次连接这些投影点。

③在 W 面投影面上补画切割体的其他棱线，然后对照立体示意图检查投影图，最后加深图线，结果如图 5-39（d）所示。其中，最右侧的棱线被切割面挡住，其 W 面的投影不可见，因此该棱线用虚线画出或省略不画。

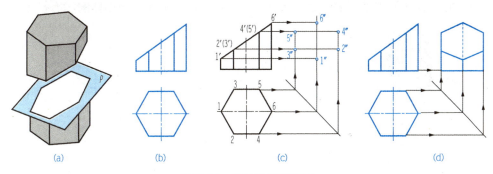

图 5-39　棱柱体的截交线
（a）斜截的正六棱柱；（b）画切割体的 H 面和 V 面投影；（c）画截交线的 W 面投影；
（d）补画切割体的其他棱线，检查投影图，加深

（2）已知正三棱锥被一正垂面斜切，且正面投影和水平投影的轮廓已知，如图5-40（a）所示，试补全该截断体的水平投影。

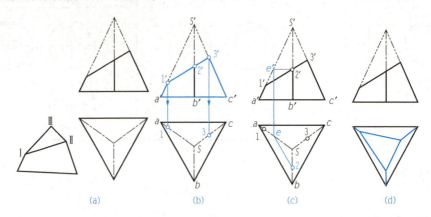

图5-40　棱锥体的截交线

(a)截切的正三棱锥；(b)求正面投影点1′、2′、3′和水平投影点1、3；
(c)求点Ⅱ的水平投影长；(d)得出截交线的水平投影并加深

分析：

由于截平面与三棱锥的三个棱面相交，故截交线是一个三角形。由于截平面是正垂面，因此其正面投影积聚成一条直线，且该直线与三棱锥各侧棱投影的交点即截交线各顶点的正面投影。在水平投影中找出这几个顶点的水平投影，然后用直接连接即截交线的水平投影。

作图步骤：

①在正面投影图上找到截交线各顶点的正面投影1′、2′、3′，然后在水平投影中对应棱线的投影上找出点Ⅰ和点Ⅲ的水平投影点1和点3，如图5-40（b）所示。

②由于点Ⅱ在侧平线SB上，故点Ⅱ的水平投影需要借助辅助线求出，其作图方法如图5-40（c）所示。

③用直线连接水平投影中的点1、点2和点3，可得截交线的水平投影，然后用直线连接这三个点与三棱锥底面各顶点，最后擦去多余的线条并加深，结果如图5-40（d）所示。

■ 二、曲面体的截交线 ···

（1）已知圆柱体被正垂面P所截，如图5-41（a）所示，求作该切割体的三面投影。

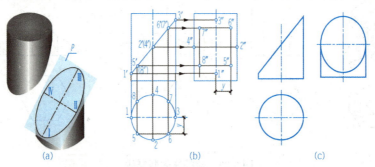

图5-41　圆柱体的截交线

(a)切割体；(b)求一般点的投影；(c)连接各投影点并加深

分析：由于截平面 P 与圆柱轴线倾斜，故截交线是椭圆。该椭圆在正面投影中积聚为一条直线，其 H 面投影落在圆柱面的同面投影上，在侧面投影中为椭圆的类似形，故在确定截交线的正面投影后，只需要求出其侧面投影即可。

作图步骤：

①根据圆柱体的投影规律，先画出未切割前圆柱体的三面投影，然后画正面投影中的截交线(一条斜线段)。

②求特殊点的投影。分别取椭圆长轴的两个端点Ⅰ、Ⅲ和短轴的两个端点Ⅱ、Ⅳ。其中，点Ⅰ、Ⅱ、Ⅲ、Ⅳ分别是截交线上的最低点、最左点、最高点和最右点。这些点都是转向轮廓线上的点，可利用积聚性先在正面投影中标出这些点，然后求出它们在侧面投影图中的投影 1″、2″、3″、4″。

③求一般点的投影。为了使侧面投影中的曲线更加精确，可在截交线上取一些一般位置点，如水平投影中的点 5、6、7、8，然后求出这些点在正面投影中的投影 5′、6′、7′、8′，最后求出它们的侧面投影 5″、6″、7″、8″，如图 5-41(b)所示。

④用光滑的曲线顺次连接侧面投影中的各投影点，然后擦去被切割部分的图线并加深，即可得到该圆柱截断体的投影图，结果如图 5-41(c)所示。

(2)已知圆锥被一正平面截切后的水平投影和侧面投影如图 5-42(a)所示，补画该投影图中漏画的图线。

分析：由于截平面为正平面，且与圆锥的轴线平行，所以截交线的空间形状为双曲线。该截交线的水平投影和侧面投影分别积聚为一直线，因此只需要求出截交线的正面投影。

作图步骤：

①求特殊点的投影。在水平投影和侧面投影上分别找出截交线的最上点 C、最下点 A 和 B 的投影，然后求出这三个特殊点的正面投影 c′、a′ 和 b′。

②利用纬圆法(也可用素线法)求一般点的投影。在正面投影 c′ 与 a′、b′ 之间画一条与圆锥轴线垂直的水平线(平面 M 在正面中的投影 m′)，该水平线与圆锥最左和最右素线的正面投影交于点 3′和 4′；以 3′4′为直径在水平投影中画一圆，它与截交线的积聚投影交于点 1 和点 2；过点 1 和点 2 作垂线，与正面投影中的辅助水平投影线的交点即 1′和 2′。

③依次将点 a′、1′、c′、2′、b′ 连接成光滑的曲线，最后描深该曲线即可，如图 5-42(b)所示。

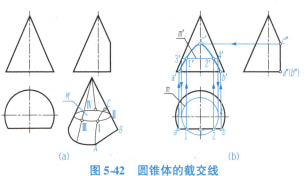

图 5-42　圆锥体的截交线
(a)截切圆锥体的水平和侧面投影；(b)作图

■ 三、问题情境 ....

图5-43(a)所示为半圆球被两平面 P 和 Q 切割后的立体示意，试求其截交线的画法。

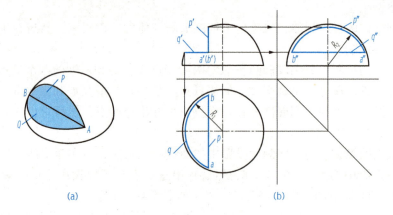

(a)   (b)

图5-43   圆球的截交线
(a)圆球切割；(b)作图

提示：圆球与圆柱和圆锥表面上截交线的画法相同，都是先根据截平面的数量、截平面与轴线的相对位置，确定截交线的形状，然后确定截交线在各投影面上的投影，最后作出截交线上的特殊点和一般位置点的投影并连线。

此问题略有不同的是，截平面不是一个而是两个(多个)，此时应对每个截平面的空间位置进行分析，将分析结果综合并作图。

特别需要注意的是，当截平面有多个时，若截平面相交，则其交线也需要画出。本题结果如图5-43(b)所示。

■ 四、学习结果评价 ....

学习结果评价见表5-10。

表5-10   学习结果评价

序号	评价内容	评价标准	评价结果
1	平面体的截交线	掌握平面体的截交线投影的绘制方法	是/否
2	曲面体的截交线	掌握曲面体的截交线投影的绘制方法	是/否
是否可以进行下一步学习(是/否)			

课后作业

一、客观题

1. 用平行于正圆柱体轴线的平面截该立体，所截得的图形为_____。

2. 用垂直于圆锥轴线的平面截该立体，所截得的图形为_____。

3. 平面截切圆柱时，当截平面平行于圆柱的轴线时，截交线为(   )。

    A. 矩形   B. 圆   C. 椭圆   D. 都有可能

4. 平面截切圆锥时，当截平面通过锥顶与圆锥体相交时，截交线为(　　)。

    A. 圆或椭圆   B. 等腰三角形   C. 抛物线   D. 双曲线

5. 选择形体正确的 *W* 面投影(　　)。

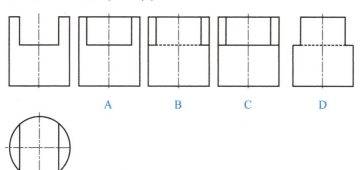

       A   B   C   D

二、作图题

1. 如图 5-44 所示，求四棱柱被截割后的 *H*、*W* 面投影。

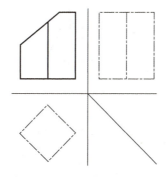

图 5-44　课后作业作图题 1 图

2. 补全图 5-45 所示圆柱被截切后的侧面投影。(保留作图线)

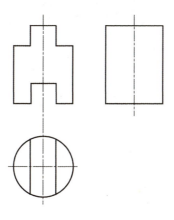

图 5-45　课后作业作图题 2 图

3. 补绘图 5-46 所示被截圆锥的 *H*、*W* 面投影。

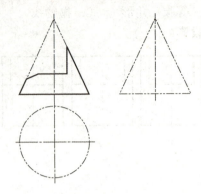

图 5-46　课后作业作图题 3 图

4. 补全图 5-47 所示四棱锥被两个平面切割后的水平投影，并作出侧面投影。

图 5-47　课后作业作图题 4 图

职业能力 A-5-5　形体的轴测投影

核心概念

　　轴测投影图：是用平行投影法将形体长、宽、高三个方向的形状绘制在一张图纸上。与三面正投影图相比，这种绘图方式是使图形具有立体感，与人们的视觉形象比较一致，方便读者理解的特殊投影图，简称轴测图，如图5-48所示。

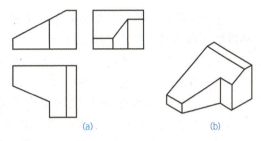
(a) 　　　　　　　(b)

图5-48　三面正投影图与轴测图
（a）三面正投影图；（b）轴测图

学习目标

　　1. 能理解轴测投影的基本概念，了解轴测投影的种类和特点；

　　2. 能掌握正等轴测图的画法及尺寸标注方法；

　　3. 能理解斜轴测图的画法，了解圆的轴测图的画法。

基本知识

■　一、轴测投影的基本知识

（一）轴测投影的形成

　　轴测图是一种单面投影图，为了能够在一个投影面上表达物体的形状，物体必须相对于投影面处于倾斜位置，这样物体的长、宽、高三个方向上的尺寸在投影图中均有所反映。

　　如图5-49所示，根据平行投影的原理，将形体连同确定其空间位置的直角坐标系一起，沿着不平行于任一坐标平面的方向(空间形体与轴测图的连线方向)投影到新的投影面 P 上，此时在投影面 P 上形成的具有立体感的投影为轴测投影。

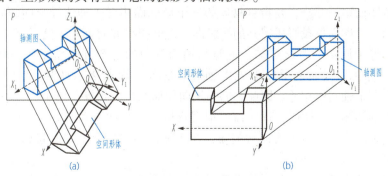
(a) 　　　　　　　　　　(b)

图5-49　轴测投影的形成
（a）正轴测投影；（b）斜轴测投影

如图 5-49 所示，空间直角坐标系的 OX、OY、OZ 轴在轴测投影面 P 上的投影称为轴测轴，两个轴测轴之间的夹角 $\angle X_1 O_1 Y_1$、$\angle Y_1 O_1 Z_1$、$\angle Z_1 O_1 X_1$ 称为轴间角。轴测轴上某线段的长度与其在空间坐标轴上的实长之比称为该轴测轴的轴向伸缩系数，$O_1 X_1$、$O_1 Y_1$、$O_1 Z_1$ 轴的轴向伸缩系数分别用 p、q、r 表示，即 $p = O_1 X_1 / OX$，$q = O_1 Y_1 / OY$，$r = O_1 Z_1 / OZ$。

(二)轴测投影的种类

根据投射方向线与轴测投影面是否垂直，轴测投影可分为正轴测投影和斜轴测投影两类。

正轴测投影：物体三个方向上的平面及其三条坐标轴均与投影面倾斜，且投射线与轴测投影面垂直时，在投影面上所得到的投影，如图 5-49(a)所示。

斜轴测投影：物体的某一平面及其两条坐标轴与投影面平行，且投射线与轴测投影面倾斜时，在投影面上所得到的投影，如图 5-49(b)所示。

根据三个轴测轴的轴向伸缩系数是否相等，轴测图又可分为三种，即三个轴向伸缩系数都相等的称为"等测"；其中有两个相等的称为"二测"；三个均不相等的称为"三测"。由此可见，正轴测图和斜轴测图还可分为正等测、正二测、正三测、斜等测、斜二测、斜三测共六种。在建筑工程中，常用正等测、水平斜等测和正面斜二测三种轴测图。

(三)轴测投影的基本性质与特点

由于轴测图是用平行投影法绘制的，因此它具有平行投影的基本性质，即平行性和等比性。

(1)平行性。形体上相互平行的直线的轴测投影仍然相互平行，形体上平行于坐标轴的直线，其轴测投影必平行于相应的轴测轴，均可沿轴的方向量取其尺寸。

(2)等比性。形体上相互平行的直线的长度之比，等于它们的轴测投影长度之比，其投影长度可按轴向伸缩系数 p、q、r 量取确定。

由上述性质可知，在画轴测图时，凡是物体上与轴测轴平行的投影线段的尺寸，可沿其轴向直接量取，而不与坐标轴平行的线段则不能直接量取其尺寸。所谓"轴测"，实质上就是指沿轴向进行测量的意思。

■ 二、正等轴测图的特点和画法 ·········

(一)正等轴测图的特点

正等轴测图简称正等测，是指将物体的三个坐标面相对于轴测投影面倾斜放置，然后用正投影法向该投影面上投影所得到的投影图，此时投射方向垂直于投影面。

由上述正等轴测图的概念可知，正等测轴测图中的三个轴间角相等，均为 120°，如图 5-50所示。其中，OX 轴表示长度，OY 轴表示宽度，OZ 轴表示高度，且规定 OZ 轴画成铅垂线。由于三个轴间角相等，因此它们的轴向伸缩系数也相等，即 $p = q = r = 0.82$。

在画物体的轴测投影图时，通常需要根据物体上各点的直角坐标，乘以相应的轴向伸缩系数，得到轴测坐标值后才能进行画图。在实际作图中，为了方便起见，通常采用简化的轴向伸缩系数，即 $p = q = r = 1$。

这样画出的正等轴测图，其形状保持不变，图形的立体感也不变，只是比实际物体放大了 $1/0.82 \approx 1.22$ 倍。

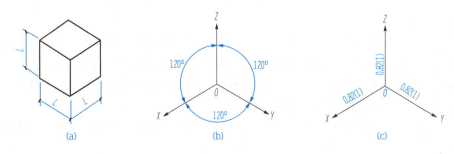

图 5-50　正等轴测图特性

（a）轴测轴；（b）轴间角；（c）轴向伸缩系数

（二）平面形体正等轴测图的画法

正等轴测图是应用最为广泛的轴测投影图之一，一般对方正、平直的形体宜采用正等轴测投影。

轴测图常用的作图方法有坐标法、端（断）面法、叠加法、切割法等几种，要根据形体的形状和特点来选择合理、简便的作图方法。但在实际绘制轴测投影图时，往往是几种方法混合使用。

1.　坐标法

坐标法是根据形体表面上各顶点的坐标，沿轴测轴方向度量并画出它们的轴测投影，然后依次连接各投影点得到立体表面轮廓线的方法。坐标法是画轴测图的最基本方法，也是其他各种轴测图画法的基础。尤其适用锥体、台体等斜面较多的形体。

如图 5-51 所示，要画出图 5-51（a）所示三棱锥的正等轴测图，具体步骤如下：

（1）在图 5-51（a）中建立三棱锥的坐标系 $O\text{-}XYZ$，从而可确定三棱锥上 S、A、B、C 顶点的坐标值。为作图方便起见，可使 XOY 坐标面与锥底面重合，OX 轴通过 B 点，OY 轴通过 C 点。

（2）按轴间角 120°画出正等轴测图的轴测轴，然后沿各轴测轴上量取每个顶点的坐标，以确定各顶点在轴测图中的位置，如图 5-51（b）所示。

（3）连接各顶点，擦去不可见棱线，然后描深可见棱线，如图 5-51（c）所示。

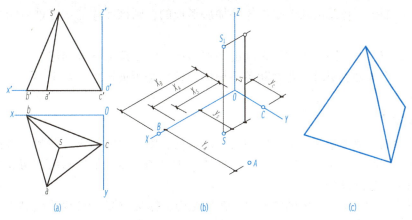

图 5-51　坐标法绘制三棱锥正等轴测图

（a）建坐标系，确定顶点坐标；（b）画轴测轴，确定顶点在轴测图中位置；（c）连接顶点，擦去不可见棱线，加深

2. 端(断)面法

对于棱柱类和棱台类形体，其轴测图通常可先画出能反映其特征的一个端面或底面，然后以此为基础画出可见侧棱和底边棱线，这种画法称为端面法。利用端面法绘制棱台类形体的轴测图时，通常先画出其上底面或下底面，然后以此为基础画出可见侧棱，最后连接各侧棱的顶点，即可完成形体的轴测图。

如图 5-52 所示，根据图 5-52(a)所示正六棱柱的投影图，要画出其正等轴测图，具体步骤如下：

(1)画正六棱柱的顶面。先画出正等轴测图的轴测轴，然后根据上表面各顶点的 x、y 坐标，画出上表面的正等轴测图，如图 5-52(b)所示。

(2)画正六棱柱的侧棱。从各顶点向下引 Z_1 轴的平行线(不可见棱线可省略不画)，其长度为六棱柱的实际高度，如图 5-52(c)所示。

(3)画正六棱柱的底面。用直线段依次连接侧棱的各端点，画出正六棱柱的底面，最后检查图形，确认无误后擦去多余的线条并加深图线，即可得到正六棱柱的正等轴测图，如图 5-52(d)所示。

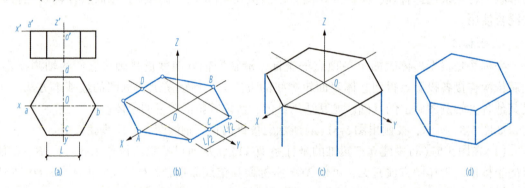

图 5-52　端(断)面法绘制六棱柱正等轴测图

(a)投影图；(b)画轴测轴和上表面正等轴测图；(c)画侧棱；(d)画底面，擦线加深

3. 叠加法

上述两种方法可以绘制出基本形体，那么，如果是组合形体该如何画呢？

如果要绘制的形体是由几个基本体叠加后形成的，则该形体的正等轴测图可使用叠加法绘制。

画图时，应按形体的形成过程先画出基本形体，然后按照各叠加体的位置关系逐个画出其轴测图。在画轴测图时，要判断各叠加体的轮廓是否被遮挡，对于不可见的轮廓线可省略不画。

4. 切割法

如果要绘制的形体是将基本形体切割后形成的，则该形体的正等轴测图可使用切割法绘制。画轴测图时，应先画出完整的基本形体的轴测图，然后依次画出各切除部分的轴测图，最后擦去被切除部分。

综上所述，对于组合形体的轴测图，就是先用坐标法或端(断)面法绘制出相应的基本形体，再根据各基本形体相互空间位置关系予以处理即可。

（三）曲面形体正等轴测图的画法

曲面形体与平面形体正等轴测图的画法基本相同，只是由于曲面立体上多有圆（圆弧）或圆角。因此，只要掌握了圆和圆角正等轴测图的画法，就能画出曲面形体的正等轴测图。

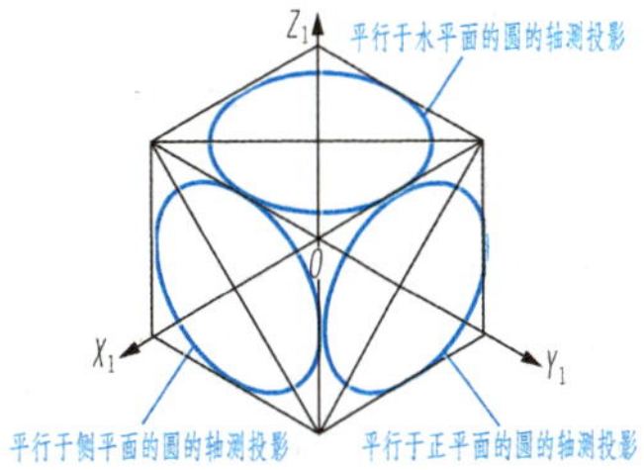

1. 圆的正等轴测图

圆的正等轴测投影一般为椭圆，三个投影面上圆的正等轴测投影（即椭圆）的形状如图5-53所示。

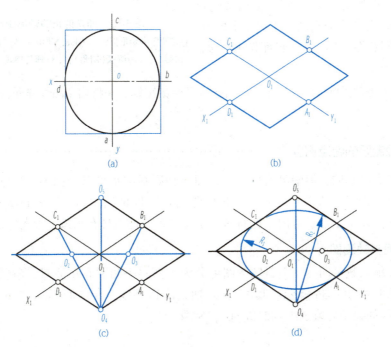

图5-53　投影面上圆的正等轴测投影

作圆的正等轴测投影时，通常先作出圆的外切正四边形的轴测投影，再在其中作出圆的轴测投影——椭圆。

如图5-54（a）所示的水平圆，要作其正等轴测图。具体步骤如下：

（1）在已知圆的正投影图中指定坐标原点和坐标轴，并作圆的外切正方形，如图5-54（a）所示。

（2）画轴测轴及圆的外切正方形的轴测图（菱形），同时作出其两个方向的直径 D_1B_1 和 A_1C_1，如图5-54（b）所示。

(a)　　　　　　　　　(b)

(c)　　　　　　　　　(d)

图5-54　圆的正等轴测图画法——四心扁圆法
（a）指定坐标原点和坐标轴，并作外切正方形；（b）画外切正方形的轴测图同时作出两直径；
（c）连接对角线顶点；（d）作四段弧线，连接

（3）连接对角线，其中，短对角线的顶点为 O_5、O_4，连接 C_1O_4 和 B_1O_4，分别交菱形的长对角线于 O_2、O_3，如图5-54（c）所示。

（4）分别以 O_5 和 O_4 为圆心，以 R_2 为半径作上、下两段弧线，然后以 O_2 和 O_3 为圆心，以 R_1 为半径作左、右两段弧线，这四段圆弧连成的近似椭圆即为所求，如图5-54（d）所示。

上述这种先求出四个圆心的位置，然后分别绘制四段圆弧的方法，称为四心扁圆法，常用于绘制圆的正等轴测图，即椭圆。

2. 圆角的正等轴测图

圆角是圆的 1/4，其正等轴测图的画法与圆的画法基本相同，但只需要作出圆的外接正多边形的 1/4，并找出所需切点和圆心，然后画出相应的圆弧即可。

图 5-55(a)所示为带圆角的矩形板，要作其正等轴测图，具体步骤如下：

(1)画出轴测轴和长方形板的正等轴测图，然后按圆角的半径 R 定出切点 1、2、3、4，接着分别过各切点作其所在棱边的垂线，其交点分别为 O_1 点和 O_2 点，如图 5-55(b)所示。

(2)分别以 O_1 点和 O_2 点为圆心，以 $1O_1$ 和 $3O_2$ 为半径画圆弧，即可得到顶面圆角；将圆心 O_1、O_2 及切点分别向下平移 h 个单位长度，按照同样的方法画出底面圆角，如图 5-55(c)所示。

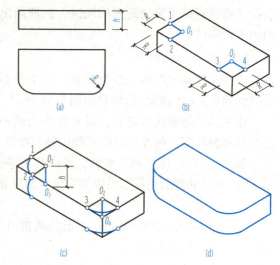

图 5-55　圆角的正等轴测图画法

(a)带圆角的矩形板；(b)正长方形的正等轴测图，定出切点和圆心；(c)画弧(圆角)；(d)画公切线，擦线，加深

(3)画出左侧两段圆弧的公切线，然后擦去多余的图线，并将剩余图线描深，如图 5-55(d)所示。

■ 三、斜轴测图的特点和画法 ···············

根据投影方向不同，斜轴测图可分为正面斜轴测图和水平斜轴测图。当轴测投影面与正立面(V 面)平行时，所得到的斜轴测投影称为正面斜轴测图。正面斜轴测图作图简单，且形体的正面不发生变形，常用于正面形状比较复杂或正面具有圆弧、圆角等曲面的形体。

(一)正面斜轴测图

按轴向伸缩系数不同，正面斜轴测图可分为正面斜等测图和正面斜二测图，其轴测轴及轴向伸缩系数如图 5-56 所示。其中，OZ 轴画成铅垂线，OX 轴与 OZ 轴的夹角为 90°，OY 轴与水平线的夹角可取 30°、45°或 60°，常取 45°。

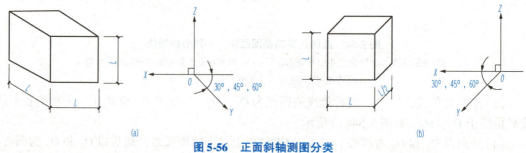

图 5-56　正面斜轴测图分类

(a)正面斜等测 $p=q=r=1$；(b)正面斜二测 $p=r=1$，$q=0.5$

正面斜轴测图具有以下几个特性：

（1）平行于轴测投影面的平面图形，它的正面斜轴测图反映实形。

（2）垂直于投影面的直线，它的轴测投影方向和长度将随 OY 轴的角度和轴向伸缩系数不同而变化。

（3）互相平行的直线，其在正面斜轴测图中仍互相平行。

斜轴测图与正轴测图的画法相似，都是先确定轴测轴及轴向伸缩系数，然后按照物体的形成过程依次画出各部分的投影。

要画出图 5-57（a）所示台阶的斜轴测图，具体步骤如下：

（1）该台阶的正面投影比较复杂，且反映该形体的特性。因此，可利用正面斜投影作出它的轴测图。为了清楚表达台阶的踏面和踢面，可使 O_1Y_1 轴与水平线的夹角为 45°，为了使画出的轴测图美观，本例题取 $q=0.5$，即采用正面斜二测图进行绘制。

（2）画出轴测轴，然后将台阶的 V 面投影画在轴测轴上，其形状和大小均不变，如图 5-57（b）所示。

（3）过台阶各转折点作 O_1Y_1 轴的平行线，然后分别在斜线上量取图 5-57（a）中长度 b 的一半，如图 5-57（c）。

（4）用直线依次连接斜线上的各点，以得到台阶的后面，最后擦去不需要的辅助线并加粗图线，如图 5-57（d）所示。

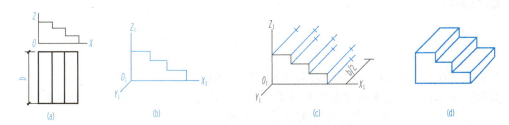

图 5-57　台阶的正面斜二测画法

（a）正投影和水平投影；（b）画轴测轴，画 V 面投影；（c）量取台阶长度的一半；（d）依次连接，擦线加深

（二）水平斜轴测图

当轴测投影面与水平面（H 面）平行时，所得到的斜轴测投影称为水平斜轴测图。水平斜轴测图又称鸟瞰图，按轴向伸缩系数不同，水平斜轴测图可分为水平斜等测图和水平斜二测图，其轴测轴及轴向伸缩系数如图 5-58 所示。其中，OZ 轴画成铅垂线，OX 轴与 OY 轴的夹角为 90°，OY 轴与水平线的夹角为 30°、45° 或 60°。

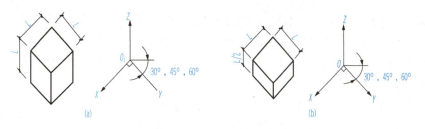

图 5-58　水平斜轴测图分类

（a）水平斜等测 $p=q=r=1$；（b）水平斜二测 $p=r=1$，$q=0.5$

由于水平斜轴测图中形体的水平投影不发生变形，故常用于绘制建筑群的布局、交通及小区的总体规划图等。作图时，只需要将平面图旋转一个角度（如旋转30°、45°或60°），然后在各转角处画出垂线并量取高度即可。

图5-59（a）所示为某小区的平面布局图，要绘制其水平斜轴测图，只需要将其水平投影面逆时针旋转30°或60°，然后在建筑各角点处作铅垂线，并在各垂线上取空间物体的高度，最后连接上部各端点即可，如图5-59（b）所示。

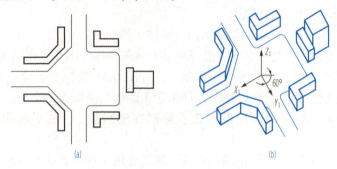

图 5-59　小区平面布局图

（a）正投影图；（b）水平斜等测图

能力训练

■ 一、叠加法

根据图5-60（a）所示的三面投影图，画出其正等轴测图。

分析：图5-60（a）所表达的物体可以看成由两个四棱柱上下叠加而成。画轴测图时，可由下向上（或由上向下）逐个画出每个形体的轴测图。

作图步骤：

（1）画基础形体四棱柱。先画出正等轴测轴，然后在OX轴和OY轴的两侧分别量取$L_1/2$和$b_1/2$，以绘制四棱柱的上表面，然后过顶点作三条可见的侧棱（侧棱长为h_1），最后依次连接相应的侧棱端点即可，如图5-60（b）所示。

（2）画上部四棱柱的底面。参照绘制基本形体的方法，在XOY坐标平面内绘制四棱柱的底面，如图5-60（c）所示。

（3）画上部四棱柱的顶面。分别在OX轴和OY轴上方h_2位置处绘制一条与OX轴和OY轴平行的直线，然后以这两条直线的交点为中心，分别取上部四棱柱顶面的长、宽尺寸并绘制顶面，如图5-60（d）所示。

（4）用直线连接上部四棱柱顶面和底面上的对应点，然后擦去被遮挡部分的图线和不需要的图线，最后加深图线即可，如图5-60（e）所示。

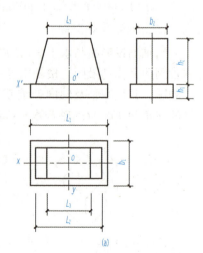

图 5-60　叠加法画正等轴测图

（a）投影图

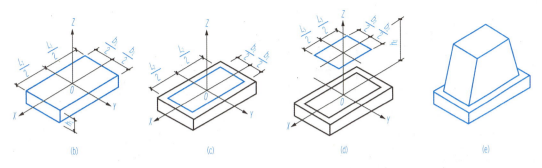

图 5-60 叠加法画正等轴测图(续)

(b)画轴测轴和基础形体四棱柱;(c)画上部四棱柱的底面;(d)画上部四棱柱的顶面;(e)连接顶点并加深图线

■ 二、切割法

作图 5-61(a)所示圆木榫的正等轴测图。

分析:该形体由基本形体圆柱体切割而成。绘制时,可先画出切割前圆柱体的正等轴测图,然后根据切口宽度 d 和深度 h_1,画出槽口的轴测投影。为了作图方便和尽可能减少作图线,作图时可选择顶圆的圆心为坐标原点。

作图步骤:

(1)画出轴测轴后,用四心扁圆法画出顶面的轴测投影(椭圆),然后根据圆柱体的高度 h 定出底面椭圆的圆心、各连接圆弧的圆心和切点,最后作出底面可见部分的圆弧,如图 5-61(b)所示。

(2)作出圆柱体上、下面椭圆的最左和最右公切线;将上面椭圆中下侧圆弧的圆心、右侧圆弧的圆心和切点向下移动 h_1,然后以 O_3 和 O_4 为圆心绘制两段圆弧,如图 5-61(c)所示。

(3)在圆柱体的顶面 Y_1 轴的左右两侧 $d/2$ 处绘制 Y_1 轴的平行线,使其与圆弧相交,然后过交点绘制竖直线,如图 5-61(d)所示。

(4)擦去多余的辅助线,检查并绘制遗漏的图线,最后加深图线,如图 5-61(e)所示。

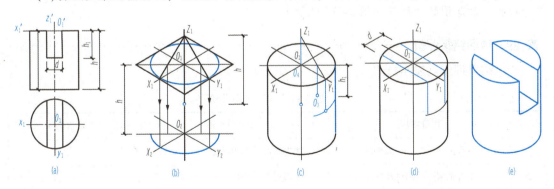

图 5-61 切割法画正等轴测图

(a)投影图;(b)画轴测轴和顶面轴测投影及底面图;(c)绘制圆柱体;(d)绘制切割部分;(e)擦线,检查并加深图线

■ 三、问题情境

某组合体被切割后的三面投影如图 5-62(a)所示,试作其正等轴测图。

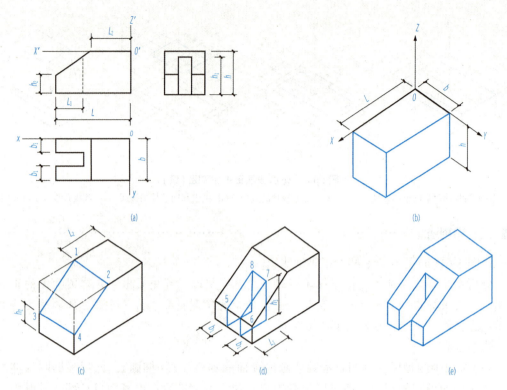

图 5-62　组合体切割后的正等轴测图

（a）投影图；（b）画基本形体的正等轴测图；（c）、（d）绘制切割部位的轴测图；（e）擦多余线条并加深

提示： 本题可看作一个基本形体（长方体）被切割两次后的结果。第一次削去左上角，形成一个斜面。第二次在斜面处又被切除一块侧立面为梯形的四棱柱。

故应先画出未被切割时的基本形体长方体的正等轴测图，如图 5-62（b）所示；再根据各部位被量取的尺寸逐次绘制被切割部位的轴测图，过程如图 5-62（c）、（d）所示；最后擦除多余线条，加深图线，结果如图 5-62（e）所示。

■ 四、学习结果评价 ···

学习结果评价见表 5-11。

表 5-11　学习结果评价

序号	评价内容	评价标准	评价结果
1	轴测投影的概念、种类和特点	掌握轴测投影的概念、种类和特点	是/否
2	正等轴测图的画法及标注	掌握正等轴测图的画法及标注方法	是/否
3	斜轴测图与圆的轴测图的画法	理解斜轴测图的画法	是/否
		了解圆的轴测图的画法	是/否
是否可以进行下一步学习（是/否）			

1. 根据图 5-63 所示形体的三面投影图，作出其正等轴测图(使用简化系数，尺寸从三面投影图中量取)。

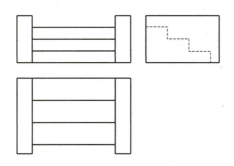

图 5-63　课后作业 1 图

2. 根据图 5-64 所示形体的两面投影图，作出其正等轴测图(使用简化系数，尺寸从两面投影图中量取)。

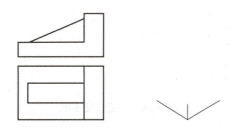

图 5-64　课后作业 2 图

3. 根据图 5-65 所示正等轴测图绘制三面正投影图，尺寸在轴测图中直接量取。

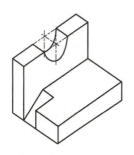

图 5-65　课后作业 3 图

4. 根据给定的形体的三面投影图，与之相对应的立体图为（　　　）。

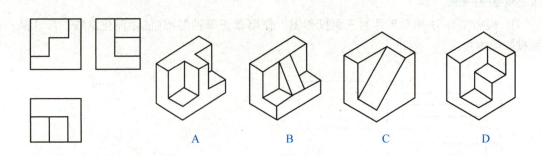

A　　　　　B　　　　　C　　　　　D

5. 根据图 5-66 所示的两面投影图，试绘制其正等轴测图（使用简化系数，尺寸从两面投影图中量取）。

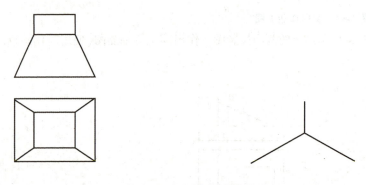

图 5-66　课后作业 5 图

工作任务 A-6　剖面图与断面图

职业能力 A-6-1　掌握剖面图的分类及画法

▍核心概念

剖面图：假想用一个剖切平面在适当位置将形体剖开，移去观察者与剖切平面之间的部分，将剩余部分投影到与剖切平面平行的投影面上，所得的投影图称为剖面图（图6-1）。

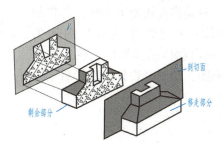

图 6-1　剖面图的形成

断面：剖切平面与形体表面的交线所围成的平面图形。

▍学习目标

1. 理解剖面图的形成过程；
2. 掌握剖面图的标注方法和画法；
3. 熟悉剖切面的种类及剖切方法；
4. 能根据不同形体选用适当的剖面图来表达该形体。

▍基本知识

■ 一、剖面图的形成

[导入练习]　图6-2所示为杯形基础的三面投影图，其内部构造在正立面投影图和侧

立面投影图中均以虚线示出，想象并绘制出该基础的立体形状。

物体的三面投影图虽然能清楚表达物体的外部形状和大小，但物体内部的孔、洞，以及被外部遮挡的轮廓线需要用虚线来表示。当物体内部的形状较复杂时，投影图中就会出现很多虚线，有时还会出现虚线、实线相互重叠或交叉等情况，给画图、读图和标注尺寸均带来不便，也容易产生差错，无法清楚表达形体的内部构造。

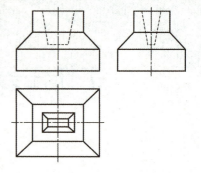

图6-2　杯形基础投影图

为了能够清晰地表达工程建筑物或建筑形体的内部结构，且便于标注内部尺寸，可以采用剖切的方法将形体切开，使不可见结构暴露出来，画出剖面后能充分显示形体内部结构的视图，即用剖面图来弥补正投影图的不足。图6-1所示为钢筋混凝土杯形基础剖面图的形成过程，通过基础前后对称面的正平面 P 将基础切开，移走剖切平面 P 和观察者之间的部分，将剩下的后半个基础向 V 面作投影，得到剖面图(图6-3)。显然，在剖面图中，基础内部的空心部分清晰地表达出来了。

[**讨论**] 比较基础的投影图和剖面图，就会发现，所谓剖面图相对于其同面投影图，只是将虚线变为实线，并在剖到实体部分标注了材料图例(常用的建筑材料图例见表6-1)。在绘图时，可以先画出物体的投影图，然后按照剖切位置将投影图改画为剖面图，绘制时要分析剖切后立体形状及线型变化。

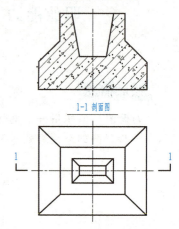

图6-3　杯形基础的剖面图

表6-1　几种常用的建筑材料图例

序号	名称	图例	备注
1	自然土壤		包括各种自然土壤
2	夯实土壤		
3	砂、灰土		靠近轮廓线绘较密的点
4	砂砾石、碎砖三合土		
5	石材		

序号	名称	图例	备注
6	毛石		
7	普通砖		包括普通砖、多孔砖、混凝土砖等砌体，断面较窄不易绘出图例线时，可涂红
8	耐火砖		包括耐酸砖等砌体
9	空心砖、空心砌块		包括空心砖、普通或轻集料混凝土小型空心砌块等非承重砖砌体
10	饰面砖		包括铺地砖、玻璃马赛克、陶瓷马赛克、人造大理石等
11	焦渣、矿渣		包括与水泥、石灰等混合而成的材料
12	混凝土		本图例是指能承重的混凝土及钢筋混凝土。①包括各种强度等级、集料、添加剂的混凝土。②在剖面图上绘制表达钢筋时，则不需绘制图例线。③断面图形小，不易绘制表达图例线时，可填黑或深灰(灰度宜为70%)
13	钢筋混凝土		
14	多孔材料		包括水泥珍珠岩、沥青珍珠岩、泡沫混凝土、非承重加气混凝土、软木、蛭石制品等
15	纤维材料		包括矿棉、岩棉、玻璃棉、麻丝、木丝板、纤维板等
16	泡沫塑料材料		包括聚苯乙烯、聚乙烯、聚氨酯等多孔聚合物类材料

序号	名称	图例	备注
17	木材	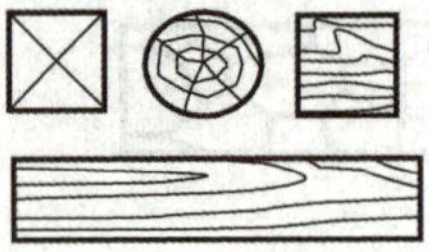	①上图为横断面，左上图为垫木、木砖或木龙骨； ②下图为纵断面
18	胶合板		应注明为×层胶合板
19	石膏板	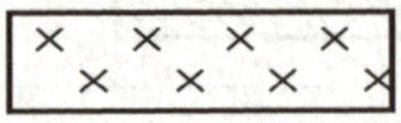	包括圆孔、方孔石膏板，防水石膏板等
20	金属		①包括各种金属； ②图形较小时，可填黑或深灰（灰度宜为70%）
21	网状材料		应注明具体材料名称
22	液体	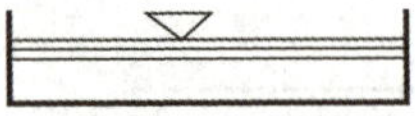	应注明具体液体名称
23	玻璃	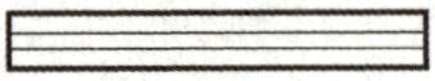	包括平板玻璃、磨砂玻璃、夹丝玻璃、钢化玻璃、中空玻璃、夹层玻璃、镀膜玻璃等
24	橡胶		
25	塑料	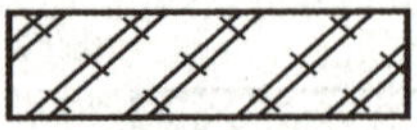	包括各种软、硬塑料及有机玻璃等
26	防水材料		构造层次多或绘制比例大时，采用上面的图例
27	粉刷	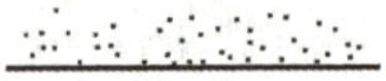	本图例采用较稀的点

注：序号1、2、5、7、8、13、14、20图例中的斜线、短斜线、交叉斜线等均为45°。

■ 二、剖面图的标注 ···

剖面图的形状由剖切位置决定，剖面图中需用剖切符号表示剖面图的剖切位置和投射方向。

(一)剖切位置线

剖切位置线是剖切平面的积聚投影，它表示了剖切面的剖切位置。剖切位置线用两段**粗实线绘制，长度宜为 6~10 mm**，剖切线不与图形轮廓线相交或重合。

(二)投射方向线

投射方向线画在剖切位置线外端且与剖切位置线垂直，它表示了形体剖切后剩余部分的投射方向，其长度应短于剖切位置线，宜为 **4~6 mm** 的两段粗实线。

(三)剖切位置的编号

对于一些复杂的形体，可能要同时剖切几次才能了解其内部结构。为了区分同一形体上的几个剖面图，对每一次剖切都要进行编号。编号宜采用阿拉伯数字**按剖切顺序由左至右、由下向上连续编排，并注写在投射方向线的端部**，如图 6-4 所示。

剖面代号成对采用，注写剖切符号的编号后，还应在相应**剖面图的下方居中注出"×-×剖面"字样**，以作为剖面图的名称，如 1-1 剖面图、2-2 剖面图等，并**在图名下方画一条与之等长的粗实线**，如图 6-4 所示。

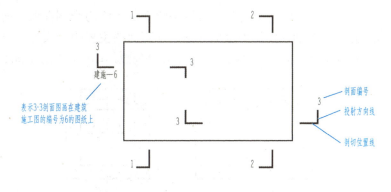

图 6-4　剖切符号和编号

■ 三、剖面图的画法及注意事项 ·······································

1. 剖面图的绘制步骤和方法

(1)确定剖切平面的位置；

(2)画剖面剖切符号并进行标注；

(3)画断面、剖开后剩余部分的轮廓线；

(4)填绘建筑材料图例；

(5)标注剖面图名称。

2. 绘制剖面图的注意事项

(1)画出剖切平面后的所有可见部分。物体剖开后，剖切平面后方的可见部分应画全，不得遗漏。其中，被剖到部分的轮廓线用粗实线表示；剖切平面没有切到，但沿投影方向可以看到的部分，用中实线画出。

（2）画完整的剖切面。物体的剖切只是一种假想处理方法，在物体的一个视图位置作了剖切，其他视图不受影响，仍按完整的形状画出。

（3）剖切位置的选择。为了使截面的投影能反映物体内部的实形，剖切平面一般应与基本投影面平行，并且常使剖面与物体的对称面重合或通过物体上的孔、洞、槽等隐蔽部分的中心。

（4）画出工程材料图例。在剖面图中，为了分清层次，便于读图，需在截面上画出材料图例。如果没有指明材料时，可用45°细实斜线表示，图例线应间隔均匀，角度准确。

（5）图中虚线的省略。剖面图着重表达的是形体的内部形状，当形体被剖切后，剖面图上仍可能有不可见虚线时，为了使图形简明清晰，对于已经表达清楚的部分，其对应的虚线可省略不画。但当画少量的虚线可以减少投影图，而又不影响剖视图的清晰度时，也可以画出虚线。

■ 四、剖面图的种类

根据建筑形体被剖切平面剖开的程度和方式不同，剖面图有全剖面图、半剖面图、阶梯剖面图、局部剖面图和旋转剖面图。

（一）全剖面图

假想用一个剖切平面将形体完全剖开后所得到的剖面图称为全剖面图，简称全剖。如图6-5中的1-1剖面图、2-2剖面图均为全剖面图。全剖面图主要用于表达外形简单而内部结构复杂的形体，或内外形状都比较复杂，但外形在其他投影图中已经表达清楚的形体。

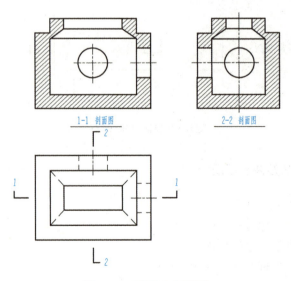

图6-5　形体的全剖面图

（二）半剖面图

当物体具有对称平面（或基本对称），且内外结构比较复杂时，向垂直于对称平面的投影面投射时所得的图形，以对称中心线为界，一半画物体的外形（一般不画虚线），另一半画剖面图以表达物体的内部结构，这样的投影图称为半剖面图，简称半剖。半剖面图既表达了立体的外部形状，又表达了其内部结构，它适用内外形状都需要表达的对称物体。

如图 6-6(a)所示，形体若用投影图表示，其内部结构不清楚；若用全剖面图表示，则上部边缘处表达不清楚；将投影图和全剖面图各取一半合成半剖面图，则形体的内、外结构形状都能完整、清晰地表达出来，如图 6-6(b)所示。

画半剖面图时，应注意以下几点：

（1）只有当物体对称时，在与其对称面垂直的投影面上才能作半剖面图；当物体基本对称，而不对称部分在其他视图中已经表达清楚，也可画成半剖面图。

（2）半个剖面图与半个视图必须用点画线作为分界线，剖面部分一般画在垂直对称线的右侧或水平对称线的下方，如立体的轮廓线与对称线重合，不能采用半剖面图。

（3）物体的内部结构已在半个剖面图中表达清楚，其对应虚线在半个视图中不必画出。

（4）半剖面图的标注规则与全剖面图相同。

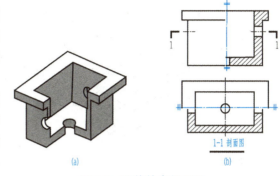

图 6-6　形体的半剖面图

（a）形体；（b）半剖面图

（三）阶梯剖面图

用两个或两个以上的平行平面剖切形体所得到的剖面图称为阶梯剖面图，简称阶梯剖。其适用复杂结构排列在互相平行的平面上，用一个剖切平面无法将需要表达的内部结构都剖切到的形体。图 6-7 所示的 1-1 剖面图为阶梯剖面图，假想用两个同时平行于 W 面的剖切平面，一个通过门，另一个通过窗子将房屋剖开，这样，所得到的阶梯剖面图中就能同时表达门和窗口的高度。

画阶梯剖面图时应注意以下事项：

（1）剖切是假想的，绘图时将几个平行的剖切面作为一个平面进行剖切，在剖面图上不画出剖切平面转折棱线的投影。

图 6-7　形体的阶梯剖面图

（2）剖切面的转折处不应与图上的轮廓线重合。

（3）阶梯剖面图必须进行标注，在剖切面的起止转折处画上剖切符号，在转角的外侧应加注相同的编号。

（四）局部剖面图

将形体局部地剖开后投影所得到的图形称为局部剖面图，简称局部剖。当物体只需要表达局部内部形状，又没必要采用全剖面图，或者内外结构都需要表达又不符合半剖条件时可以采用局部剖面图。

在局部剖面图中将视图和全剖面图各取一部分，其分界线用细波浪线表示，细波浪线不能与其他图线重合，不能画到实体部分之外，局部剖面图可以省略标注。图6-8 所示为一钢筋混凝土杯形基础，为了表示其内部钢筋的配置情况，平面图采用了局部剖面图，局部剖切的部分画出了杯形基础的内部结构和断面材料图例，其余部分仍画成基本投影图。

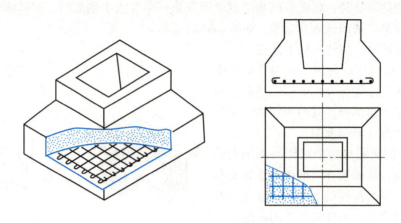

图 6-8　形体的局部剖面图

在工程图样中，为了表达工程形体局部的构造层次，常按层次以波浪线将各层隔开画出其剖面图。图 6-9 所示为地面分层局部剖切剖面图。

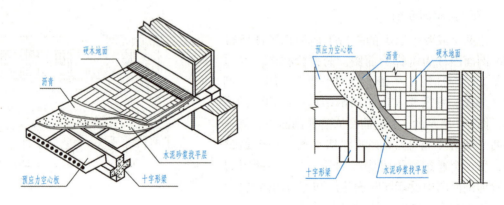

图 6-9　地面的分层剖面图

(五) 旋转剖面图

用两个相交的剖切平面（交线垂直于基本投影面）将形体剖开，然后将剖切平面展开至与基本投影面平行时再进行投影，这种"剖切→旋转→投影"所得到的投影图称为旋转剖面图，简称旋转剖。

图 6-10 所示为楼梯的旋转剖面图。该楼梯的两个梯段在水平投影上成一定角度，为了表示踏步高度和扶手的形状，采用正平面和与之相交的铅垂面，沿两段楼梯的中间位置将其切开后绘制而成的剖面图。

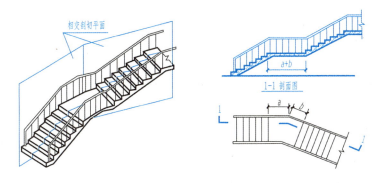

图 6-10　楼梯的旋转剖面图

能力训练

■ 一、操作条件

根据图 6-11 所示的混凝土水槽投影图，选择合适的剖切位置画出水槽的全剖面图。

分析：

（1）根据投影图想象出形体的空间形状，如图 6-12 所示；

（2）根据其形状特点确定剖切平面的位置和投射方向，所取的剖切平面通过水槽底板上孔的轴线的正平面和侧平面；

（3）画出剖面图并进行标注。

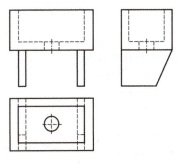

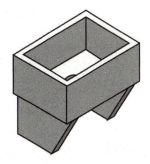

图 6-11　水槽投影图　　　　**图 6-12　水槽的立体形状**

■ 二、操作过程

操作步骤见表 6-2。

表 6-2　操作步骤

序号	步骤	操作方法及说明	质量标准
1	确定剖切平面的位置	所取的剖切平面通过水槽底板上孔的轴线的正平面和侧平面，分别作为正面投影和侧面投影的剖切平面	能够快速准确地确定剖切平面的位置

序号	步骤	操作方法及说明	质量标准
2	画剖面剖切符号并进行标注	在 H 面投影上的相应位置画上剖切符号并进行编号，1-1 和 2-2，如下图所示 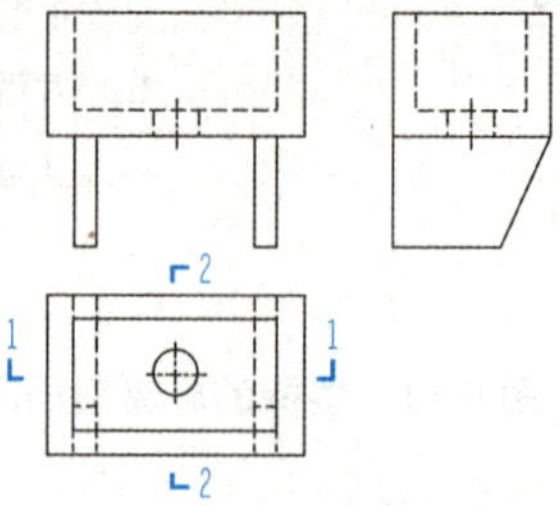 	能够规范画出剖切符号并准确标注
3	画断面被剖开后剩余部分的轮廓线	画正面投影的剖面图时，先按图中图线的长度及位置，画出形体的外轮廓线，再根据剖切平面的位置，画出断面的投影。然后采用同样的方法画出侧面投影的剖面图 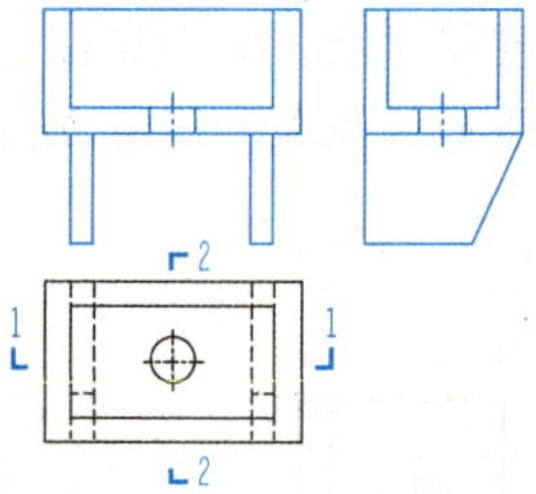	能够熟记剖面图绘制的注意事项和绘制要点
4	绘制建筑材料图例	根据剖切平面的位置，在断面轮廓线内画出建筑材料图例。水槽一般用混凝土建造，故两个剖面图中被剖切平面剖到的部分应画出混凝土图例，如下图所示 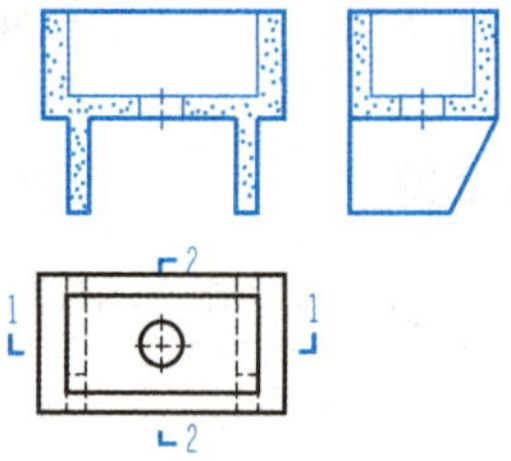	能够熟练应用建筑材料图例
5	加深图线，标注剖面图名称	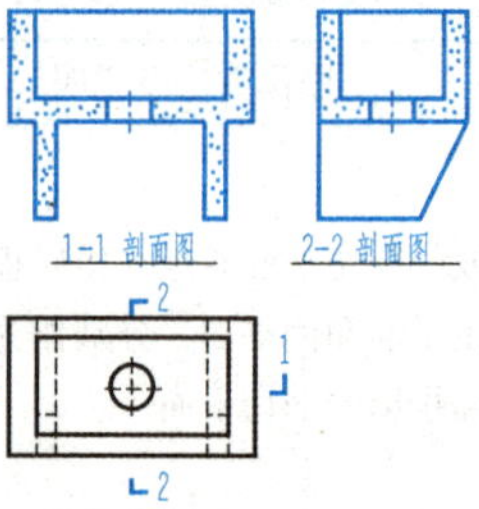	能够规范应用图线字体、尺寸标注等制图标准

三、技能训练与提升

(一)技能训练

(1)根据图 6-13 所示物体的两面投影，想象并画出形体的直观图(轴测投影图)。

(2)根据图 6-14 所示物体的两面投影及剖切符号，画出对应的剖面图。

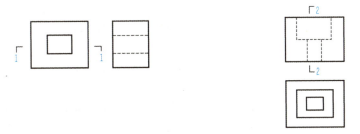

图 6-13　技能训练 1 图

图 6-14　技能训练 2 图

(二)技能提升——选用合适的剖面图

(1)请将图 6-15 所示钢筋混凝土杯形基础的 *V* 面投影改成合适的剖面图。

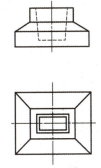

图 6-15　技能提升 1 图

(2)请在图 6-16 所示形体的 *H* 面投影上画出剖切符号，并将 *V* 面投影改成合适的剖面图。

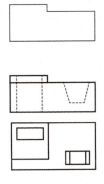

图 6-16　技能提升 2 图

四、学习结果评价

学习结果评价见表6-3。

表6-3　学习结果评价

序号	评价内容	评价标准	评价结果
1	确定剖切平面的位置	能选择适当位置将形体剖切开	是/否
2	剖切符号的标注	能规范标注剖切符号	是/否
3	绘制剖面图	能选用并绘制合适的剖面图	是/否
是否可以进行下一步学习(是/否)			

课后作业

1. 剖面图的剖切符号由剖切位置线和投射方向线组成。剖切位置线用两段____线绘制，长度宜为____mm，剖切线不与图形轮廓线相交或重合。投射方向线画在剖切位置线外端且与剖切位置线____，其长度宜为____mm 的两段粗实线。

2. 绘制剖面图的步骤：（1）_____；（2）_____；（3）_____；（4）_____；（5）_____。

3. 根据建筑形体被剖切平面剖开的程度和方式不同，剖面图可分为_____、_____、_____、_____和_____。

4. 根据图 6-17 所示的直观图，按照所给的投影方向，画出相应的剖面图。

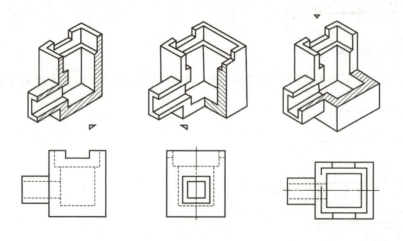

图6-17　课后作业4图

5. 画出图 6-18 所示房屋外墙大门出入口处的 2-2 剖面图。

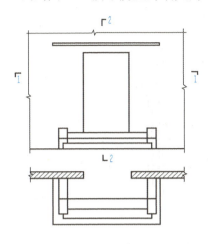

图 6-18　课后作业 5 图

职业能力 A-6-2　掌握断面图的分类及画法

核心概念

　　断面图：假想用一个剖切平面在适当位置将形体剖开，仅画出剖切平面剖到部分的图形，并在断面上画出材料图例，这样所得到的图形称为断面图（图 6-19）。

学习目标

1. 理解断面图与剖面图的区别；
2. 熟悉断面图的种类；
3. 能熟练绘制断面图。

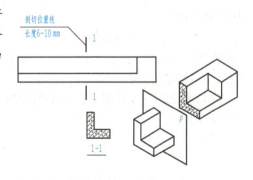

图 6-19　断面图的形成

基本知识

■ 一、断面图的形成 ···

　　[导入练习]　在一些房屋中，经常可以看到钢筋混凝土梁、柱等结构，如图 6-19 所示的梁及图 6-20（a）所示的 I 形柱，这些结构通常比较长，当不同位置处的截面形状相同，或

呈一定规律变化时，在投影图中该怎样表现这些结构构件呢？

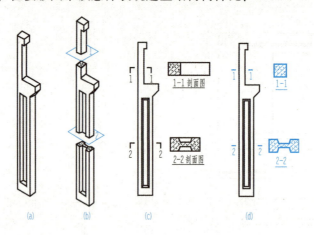

图6-20　Ⅰ形柱的剖面图与断面图
（a）Ⅰ形柱；（b）剖切示意；（c）剖面图；（d）断面图

图6-20(a)所示为Ⅰ形柱的立体示意。假想被剖切面1和2分别截成图6-20(b)所示后，将下半部分形体投影到与剖切面平行的 H 面投影面上，得到图6-20(c)所示的1-1剖面图和2-2剖面图；将截断面投影到与剖切面平行的 H 面投影面上，得到图6-20(d)所示的1-1和2-2两个断面图。

[讨论] 比较图6-20(c)所示的剖面图和图6-20(d)所示的断面图有什么区别？

(1)断面图只画出物体被切断后截断面的图形，而剖面图除要画出截面图形外，还应画出沿投影方向所能看到的其他部分。即剖面图是"体"的投影；断面图是"面"的投影。

(2)断面图与剖面图的剖切符号不同，断面图的剖切符号只有剖切位置线，没有剖视方向线，编号用阿拉伯数字写在该断面的剖视方向的同一侧，如编号在右边表示剖视方向是从左向右投影。

(3)断面图名注写在相应图样的下方，形式为"×-×断面图"，为了简化图样，可省略"断面图"三字即可表示为"×-×"。剖面图名注写在相应图样的下方，但形式为"×-×剖面图"，不可简化注写。

(4)断面图只反映单一剖切平面的断面特征，而剖面图可绘制成半剖、阶梯剖、局部剖和旋转剖。

(5)断面图常用来表达形体中某断面的形状和结构，而剖面图用来表达形体内部形状和结构。

除上述区别外，断面图中图线的线型、图宽、图名注写和材料图例等，均与剖面图相同。

■ 二、断面图的种类

断面图主要用于表达形体断面的形状，在实际应用中，根据断面图所配置的位置不同，断面图可分为移出断面图、重合断面图和中断断面图。

（一）移出断面图

将断面图画在视图之外的适当位置，称为移出断面图。画移出断面图时应注意以下几项：

（1）断面轮廓线用粗实线绘制。

（2）移出断面一般画在剖切位置线的延长线上，并与形体的投影图靠近，以便识读；如图 6-20（d）所示，也可以画在投影图的一端。

（3）作对称物体的移出断面，可以仅画出剖切位置线，物体不对称时除注出剖切位置线外，还需要注出数字以示投影方向。

（4）当物体需作多个断面时，断面图应按顺序排列整齐。

（二）重合断面图

画在视图轮廓线内的断面图，称为重合断面图。重合断面图可以看作将所截得的断面图绕剖切平面的迹线旋转 90°，并绘制在视图轮廓线内，如图 6-21 所示。

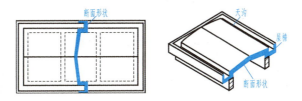

图 6-21　形体的重合断面图

在重合断面图中，断面的轮廓线一般用细实线绘制，当视图中的轮廓线与断面的轮廓线重合时，视图中的轮廓线仍按连续画出，不可间断。由于剖切平面剖切到哪里，重合断面图就画在哪里，因而重合断面图不需要标注剖切符号和编号。

（三）中断断面图

画在投影图中断处的断面图，称为中断断面图。其只适用较长且断面形状对称的物体。中断断面图的轮廓线用粗实线绘制，投影图的中断处用波浪线或折线绘制。中断断面图上不必标注剖切符号，但需要画出材料图例，如图 6-22 所示。

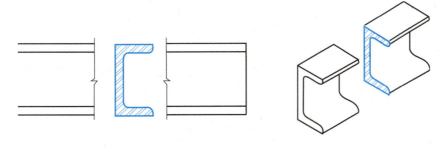

图 6-22　形体的中断断面图

■ 三、断面图的画法

断面图的绘制步骤和方法如下：

（1）看懂投影图，根据剖切平面的位置画出断面的轮廓线；

（2）填绘建筑材料图例；

（3）标注断面图名称。

■ 一、操作条件 ‥‥‥‥‥‥‥‥‥‥‥‥‥‥‥‥‥‥‥‥‥‥‥‥‥‥‥‥‥

根据图 6-23 所示钢筋混凝土梁中的剖切位置，画出这两处的移出断面图。

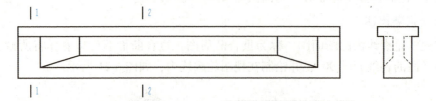

图 6-23　钢筋混凝土梁投影图

分析：

(1)观察图 6-23 中的两个投影图，先忽略右侧立面图中的虚线，想象出该钢筋混凝土梁的外形结构，如图 6-24 所示；然后分析右侧立面图中的虚线，从而可以得出该钢筋混凝土梁的结构形状，结果如图 6-25 所示。

图 6-24　钢筋混凝土梁外形结构

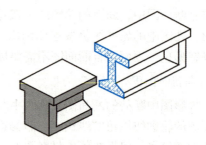

图 6-25　钢筋混凝土梁效果图

(2)根据断面图的绘制步骤和方法画图。

■ 二、操作过程 ‥‥‥‥‥‥‥‥‥‥‥‥‥‥‥‥‥‥‥‥‥‥‥‥‥‥‥‥‥

作图步骤见表6-4。

表 6-4　作图步骤

序号	步骤	操作方法及说明	质量标准
1	画出断面的轮廓线		能够快速确定断面轮廓线

序号	步骤	操作方法及说明	质量标准
2	填绘建筑材料图例		能够熟练应用建筑材料图例
3	标注断面图名称	1-1　　　　2-2	能够正确标注断面图名称

■ 三、技能训练

画出图 6-26 所示钢筋混凝土梁的 1-1、2-2 断面图。

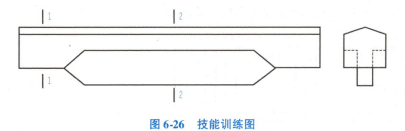

图 6-26　技能训练图

■ 四、学习结果评价

学习结果评价见表 6-5。

表 6-5　学习结果评价

序号	评价内容	评价标准	评价结果
1	剖切符号的标注	能规范标注剖切符号	是/否
2	绘制断面图	能熟练绘制断面图	是/否
是否可以进行下一步学习(是/否)			

课后作业

1. 断面图的剖切符号只有剖切位置线，其投射方向线根据_____确定。

2. 断面图可分为_____、_____和_____。

3. 绘制断面图的步骤如下：

（1）＿＿；

（2）＿＿；

（3）＿＿。

4. 断面图和剖面图的区别如下：

（1）＿＿；

（2）＿＿；

（3）＿＿；

（4）＿＿；

（5）＿＿。

5. 画出图 6-27 所示钢筋混凝土梁的 1-1 断面图和 2-2 剖面图。

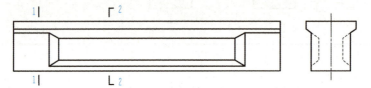

图 6-27　课后作业 5 图

6. 画出图 6-28 所示地下窨井框的 3-3、4-4 断面图。

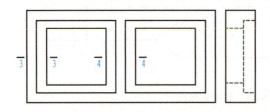

图 6-28　课后作业 6 图

7. 画出图 6-29 所示钢筋混凝土牛腿柱的 5-5、6-6 断面图。

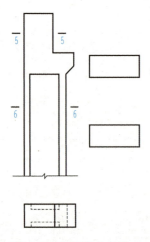

图 6-29　课后作业 7 图

工作任务 B-7　建筑施工图识读

职业能力 B-7-1　施工图的识读方法

核心概念

民用建筑：是指供人们工作、学习、生活、居住等使用的建筑，一般可分为居住建筑（供人们生活起居）和公共建筑（供人们进行各种社会活动）。

工业建筑：是指工业生产用房和为生产服务的附属用房。

农业建筑：是指供农业生产使用的房屋。

房屋施工图：使用正投影的方法把拟建房屋的内外形状和大小、布置，以及各部分的结构、构造、装修、设备等内容，按照建筑制图国家标准的规定详细准确地画出来，并注写尺寸和文字说明的图样称为房屋施工图。它是工程设计阶段的最终成果，也是指导工程施工、监理和计算工程造价的主要依据。

建筑施工图：简称建施，是主要表达建筑物的平面形状、内部布置、外部构造、构造做法、装修做法的图样，一般包括施工图首页、总平面图、各层平面图、不同方位的立面图、必要的剖面图和建筑施工详图等。

结构施工图：简称结施，主要表示建筑的结构类型，结构构件的布置、连接、形状、大小及详细做法的图样，包括基础平面图、基础详图、结构平面图、楼层平面图、楼梯结构图和结构构件详图及其说明书等。

设备施工图：简称设施，主要表示给水、排水、采暖通风、电气照明等设备的布置及安装要求，包括平面布置图和安装图等。

定位轴线：用来确定建筑物主要承重构件位置的基准线。

绝对标高：以国家或地区统一规定的基准面作为零点的标高，其他地点相对于此基准面的高差。

相对标高：把房屋建筑室内底层主要房间地面定为高度的起点所形成的标高。

建筑标高：建筑物及其构配件在装修、抹灰以后表面的相对标高。

结构标高：建筑物及其构配件在没有装修、抹灰以前表面的相对标高。

1. 熟悉房屋的组成;
2. 理解施工图的分类和图纸的编排;
3. 理解建筑施工图的图示特点和施工图的阅读方法;
4. 掌握绘制房屋施工图的规定和要求。

基本知识

一、房屋的分类和组成

(一)房屋的分类

房屋也称建筑物,是供人们在其内进行生产、生活或其他活动的场所。

房屋按其使用性质可分为工业建筑(厂房、仓库等)、农业建筑(农机站、谷仓等)和民用建筑。

工业建筑和农业建筑合称生产性建筑,民用建筑又称非生产性建筑。民用建筑又可分为公共建筑(学校、医院等)和居住建筑(住宅、宿舍等)。

房屋按层数和高度可分为单层建筑、多层建筑、高层建筑和超高层建筑;房屋按规模大小可分为大量性建筑和大型性建筑。

房屋按承重结构所使用的材料可分为砖混结构建筑、钢筋混凝土结构建筑、钢结构建筑和其他结构建筑。

(二)房屋的组成

房屋一般由承重结构(基础、承重墙、柱、梁和楼板等)、围护与分隔结构(外墙、内墙)及附属部件(楼梯、电梯、自动扶梯、门窗、阳台、栏杆、隔断、台阶、坡道、散水、雨篷、花池等)构成(图 7-1)。

二、房屋施工图的分类和图纸的编排

房屋施工图按其内容和作用不同,可分为建筑施工图(包括施工图首页、总平面图、平面图、立面图、剖面图和详图等)、结构施工图(包括基础平面图、基础详图、结构平面图、楼梯平面图、楼梯结构图和结构构件详图及其说明书等)和设备施工图(包括平面布置图

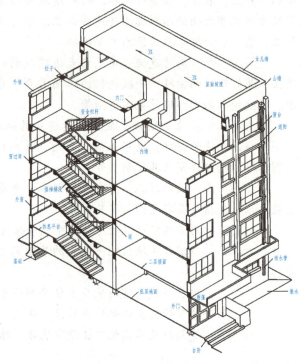

图7-1 民用建筑的构造组成

· 184 ·

和安装图)。

一套完整的房屋建筑工程图在装订时要按专业顺序排列，一般为图纸目录、建筑设计总说明、总平面图、建筑施工图、结构施工图、给水排水施工图、采暖施工图和电气施工图。各专业施工图的编排顺序是全局性的在前，局部性的在后；先施工的在前，后施工的在后；重要的在前，次要的在后。

■ 三、建筑施工图的图示特点

(1)建筑施工图中的图样是依据正投影法原理绘制的。

(2)房屋的平、立、剖面图采用小比例绘制，对无法表达清楚的部分，采用大比例绘制的建筑详图来进行表达。

(3)房屋构、配件及所使用的建筑材料均采用国家标准规定的图例或代号来表示。

(4)为了使建筑施工图中的各图样重点突出、活泼美观，故建筑施工图采用多种线型来绘制。

■ 四、施工图的阅读方法

一套完整的房屋施工图，阅读时应先看图纸目录和设计总说明，再按建筑施工图、结构施工图和设备施工图的顺序阅读。阅读建筑施工图，先看平面图、立面图、剖面图，后看详图。阅读结构施工图，先看基础图、结构平面图，后看构件详图。当然，这些步骤不是孤立的，要经常互相联系并反复进行。

阅读图样时，要先从大的方面看，然后依次阅读细小部分，即先粗看后细看。还应注意按先整体后局部，先文字说明后图样，先图形后尺寸的原则依次进行。同时，还应注意各类图纸之间的联系，弄清楚各专业工种之间的关系等。

■ 五、房屋施工图常用的符号

(一)定位轴线

《房屋建筑制图统一标准》(GB/T 50001—2017)对定位轴线的规定如下：

(1)定位轴线应用 $0.25b$ 线宽的单点长画线绘制，轴线编号应注写在轴线端部的圆内。圆应用 $0.25b$ 线宽的实线绘制，直径为 $8 \sim 10$ mm。定位轴线圆的圆心应在定位轴线的延长线或延长线的折线上。

(2)建筑平面图上定位轴线的编号，宜标注在图样的下方或左侧，或在图样的四面标注。横向编号应用阿拉伯数字，按从左至右顺序编写；竖向编号应用大写英文字母，按从下至上顺序编写，如图 7-2 所示。

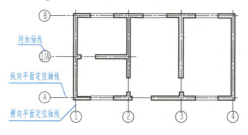

图 7-2　定位轴线的编号顺序

(3)英文字母作为轴线号时，应全部采用大写字母，不应用同一个字母的大小写来区分轴线号。英文字母中的 I、O、Z 不得用作轴线编号，以免与数字 1、0、2 混淆。

(4)组合较复杂的平面图中定位轴线也可采用分区编号(图7-3)。编号的注写形式应为"分区号-该分区编号"，分区号宜采用阿拉伯数字或大写英文字母表示。

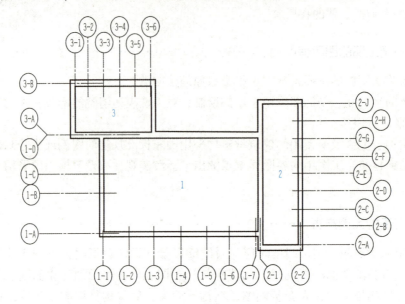

图 7-3　定位轴线的分区编号

(5)对于一些与主要承重构件相联系的次要构件，它的定位轴线一般作为附加定位轴线。附加定位轴线的编号应以分数形式表示，并应符合下列规定：

①两根轴线间的附加轴线，应以分母表示前一根定位轴线的编号，分子表示附加轴线的编号，编号宜用阿拉伯数字顺序编写，如⅟₂表示②号轴线之后附加的第一根轴线；⅗ₓ表示ⓒ号轴线之后附加的第三根轴线。

②①轴线或Ⓐ号轴线之前的附加轴线的分母应以 01 或 0A 表示，如¹⁄₀₁ 表示①号轴线之前附加的第一根轴线；²⁄₀ₐ 表示Ⓐ号轴线之前附加的第二根轴线。

(6)详图上的定位轴线，若该详图同时适用多根定位轴线，则应同时注明各有关轴线的编号，如图7-4 所示。

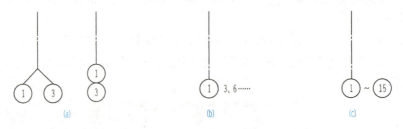

图 7-4　详图的轴线编号

用于两根轴线时；(b)用于三根或三根以上轴线时；(c)用于三根以上连续编号的轴线时

(二)标高

标高是标注建筑物高度方向的一种尺寸形式。

1. 标高的种类

根据工程中应用场合的不同，标高可分为以下四种：

（1）绝对标高：我国把黄海平均海平面定为绝对标高的零点，其他各地以此为基准，相对于黄海的平均海平面的高差即为该地的绝对标高。

（2）相对标高：在施工图上要标出很多部位的高度，如全用绝对标高，不但数字烦琐，而且不易得出所需要的高差，这是很不实用的。因此，除总平面图外，一般均采用相对标高，即把房屋建筑室内底层主要房间地面定为高度的起点所形成的标高。

在总平面图中要标明相对标高与绝对标高的对应关系，即标明与相对标高的零点（±0.000）对应的绝对标高值，以利于用附近水准点来测定拟建工程的底层地面标高，从而确定竖向高度基准。

（3）建筑标高：建筑物及其构配件在装修、抹灰以后表面的相对标高称为建筑标高。如上述的"±0.000"，即底层地面面层施工完成后的标高。

（4）结构标高：建筑物及其构配件在没有装修、抹灰以前表面的相对标高称为结构标高。由于它与结构件的支模或安装位置联系紧密，所以通常标注其底面的结构标高，以利于施工操作，减少不必要的计算差错。结构标高通常标注在结施图上。

2. 标高符号及画法

标高符号应以等腰直角三角形表示。标高符号的画法和标高数字的注写方法如下：

（1）标高符号用细实线按图7-5（a）所示的形式绘制，如标注位置不够，也可按图7-5（b）所示的形式绘制。

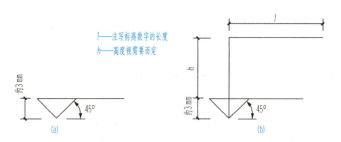

l——注写标高数字的长度
h——高度视需要而定

图7-5　标高符号的画法

（a）用细实线绘制；（b）标注位置不够时的绘制

（2）总平面图室外地坪标高符号，宜用涂黑的三角形表示，具体画法如图7-6所示。

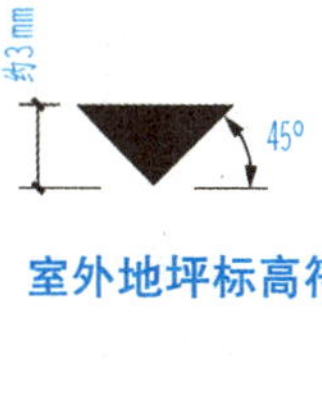

（3）标高符号的尖端应指至被注高度的位置。尖端宜向下，也可向上。标高数字应注写在标高符号的上侧或下侧，如图7-7所示。

图7-6　室外地坪标高符号

（4）标高数字应以米为单位，注写到小数点以后第三位。在总平面图中，可注写到小数点以后第二位。

（5）零点标高应注写成±0.000，正数标高不注"＋"，负数标高应注"－"，如3.000、－0.600。

（6）在图样的同一位置需表示几个不同标高时，标高数字可按图7-8的形式注写。

图7-7 标高符号的指向　　　　**图7-8 同一位置注写多个标高数字**

(三)索引符号与详图符号

1. 索引符号

图样中的某一局部或构件，如需另见详图时，则应以索引符号索引。索引符号是由直径为 8 ~ 10 mm 的圆和水平直径组成，圆及水平直径线宽宜为 0.25b。索引符号编写应符合下列规定：

(1)当索引的详图与被索引的图样在同一张图纸内，应在索引符号的上半圆中用阿拉伯数字注明该详图的编号，并在下半圆中间画一段水平细实线，如图 7-9(a) 所示。

(2)当索引的详图与被索引的图样不在同一张图纸中，应在索引符号的上半圆中用阿拉伯数字注明该详图的编号，在索引符号的下半圆用阿拉伯数字注明该详图所在图纸的编号，如图 7-9(b) 所示。数字较多时，可加文字标注。

(3)当索引的详图采用标准图时，应在索引符号水平直径的延长线上加注该标准图集的编号，如图 7-9(c) 所示。需要标注比例时，应在文字的索引符号右侧或延长线下方，与符号下对齐。

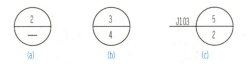

图7-9 索引符号

(a)在同一张图纸中；(b)不在同一张图纸中；(c)采用标准图

(4)当索引符号用于索引剖视详图时，应在被剖切的部位绘制剖切位置线，并以引出线引出索引符号，引出线所在的一侧应为剖视方向，如图 7-10 所示。

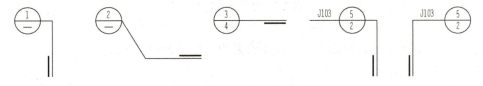

图7-10 用于索引剖面详图的索引符号

2. 详图符号

详图的位置和编号应以详图符号表示。详图符号的圆直径应为 14 mm 的粗实线绘制。详图编号应符合下列规定：

(1)当详图与被索引的图样同在一张图纸内时，应在详图符号内用阿拉伯数字注明详图的编号，如图 7-11(a) 所示。

(2)当详图与被索引的图样不在同一张图纸内时，应用细实线在详图符号内画一水平直径，在上半圆中注明详图编号，在下半圆中注明被索引的图纸的编号，如图 7-11(b) 所示。

图 7-11　详图符号

（a）在同一张图纸中；（b）不在同一张图纸中

（四）引出线

（1）引出线线宽应为 $0.25b$，宜采用水平方向的直线，或与水平方向成 $30°$、$45°$、$60°$、$90°$的直线，并经上述角度再折成水平线。文字说明宜注写在水平线的上方［图 7-12（a）］，也可注写在水平线的端部［图 7-12（b）］。索引详图的引出线应与水平直径线相连接［图 7-12（c）］。

图 7-12　引出线

（a）文字说明在水平线上方；（b）文字说明在水平线端部；（c）与水平直径线相连接

（2）同时引出的几个相同部分的引出线，宜互相平行，如图 7-13（a）所示，也可画成集中于一点的放射线，如图 7-13（b）所示。

图 7-13　共同引出线

（a）平行线；（b）放射线

（3）多层构造或多层管道共用引出线，应通过被引出的各层，并用圆点示意对应各层次。文字说明宜注写在水平线的上方，或注写在水平线的端部，说明的顺序应由上至下，并应与被说明的层次对应一致；如层次为横向排序，则由上至下的说明顺序应与由左至右的层次对应一致，如图 7-14 所示。

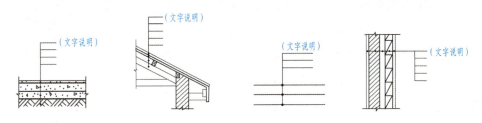

图 7-14　多层引出线

(五)其他符号

(1)对称符号：由对称线和两端的两对平行线组成。对称线应用单点长画线绘制，线宽宜为 $0.25b$；平行线应用细实线绘制，其长度宜为 $6 \sim 10$ mm，每对的间距宜为 $2 \sim 3$ mm；对称线应垂直平分于两对平行线，两端超出平行线宜为 $2 \sim 3$ mm，如图 7-15 所示。

图 7-15　对称符号

(2)指北针：指北针的形状如图 7-16 所示，圆的直径宜为 24 mm，用细实线绘制；指针尾部的宽度宜为 3 mm，指针头部应注"北"或"N"字。如需用较大直径绘制指北针时，指针尾部的宽度宜为直径的 1/8。

(3)风向频率玫瑰图：风向频率玫瑰图简称风玫瑰图，是根据某一地区多年平均统计的各个方向的风向和风速的百分数值，按一定比例绘制的。有箭头的方向为北向。离中心点最远的风向表示全年中该风向的刮风次数最多。图 7-17 所示的风玫瑰图，图中常年以西北风最多，图中实线表示全年风向频率。若在风玫瑰图中除实线外还有虚线，则虚线表示所统计的 6、7、8 三个月的夏季风向频率。

图 7-16　指北针

图 7-17　风玫瑰图

▌技能训练与提升

■ 一、技能训练 ··

1. 图 7-18 所示的风玫瑰图，图中实线表示_____频率，虚线表示所统计的_____个月的_____季风向频率，该图表示常年以_____风最多。

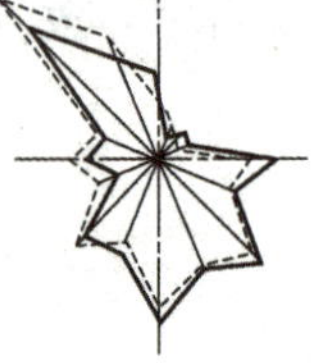

2. 根据图 7-19 所示的底层平面图完成以下问题：

(1)图中横向定位轴线有_____条，编号从_____到_____；纵向定位轴线有_____条，编号从_____到_____。

(2)图中有_____个剖切符号，均为_____剖面图。

(3)图中有_____个标高符号，均为_____(相对、绝对)标高。符号 ± 0.000 和 -1.200 的含义分别是_____、_____。

图 7-18　风玫瑰图

(4)图中  是_____符号。

3. 图 7-20 所示的屋顶平面图中共有_____个索引符号。其中 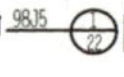 的含义为_____。

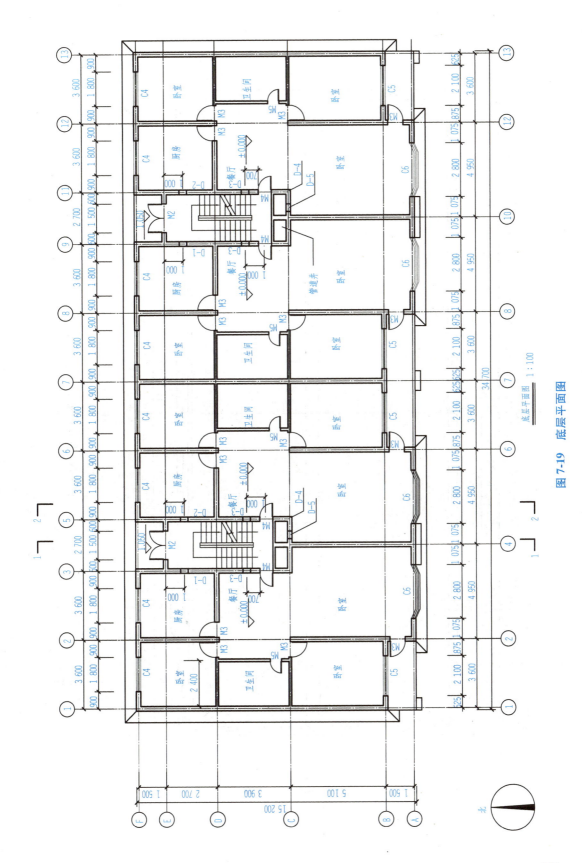

图 7-19 底层平面图

底层平面图 1:100

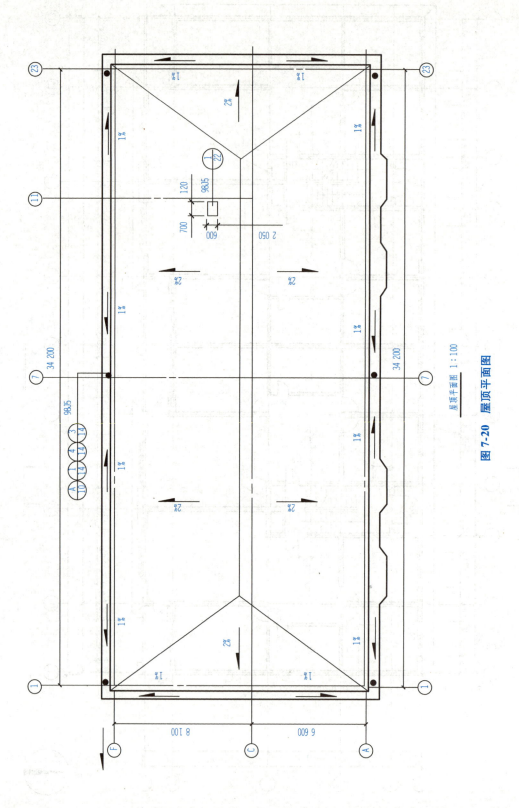

图 7-20 屋顶平面图

屋顶平面图 1:100

二、技能提升——按标准绘制符号

1. 请在图 7-19 所示的底层平面图中选画一根定位轴线。
2. 绘制符号 $\overset{+0.000}{\underline{\bigtriangledown}}$。
3. 请在图 7-20 所示的屋顶平面图中选画一个索引符号。

三、学习结果评价

学习结果评价见表 7-1。

表 7-1　学习结果评价

序号	评价内容	评价标准	评价结果
1	房屋的组成	熟悉房屋的组成	是/否
2	施工图的分类和编排	理解施工图的分类和编排顺序	是/否
3	施工图的图示特点和施工图的阅读方法	理解建筑施工图的图示特点和施工图的阅读方法	是/否
4	绘制房屋施工图的规定	掌握绘制房屋施工图的相关规定	是/否
是否可以进行下一步学习(是/否)			

1. 房屋一般由_____结构、_____结构及_____构成。

2. 房屋施工图，按其内容和作用不同，可分为_____、_____和_____。

3. 一套完整的房屋建筑工程图在装订时要按专业顺序排列，一般为图纸目录、_____、总平面图、_____、_____、_____、采暖施工图和_____。各专业施工图的编排顺序是_____在前，_____在后；_____在前，_____在后；_____在前，_____在后。

4. 阅读图样时，要先从大的方面看，然后再依次阅读细小部分，即先_____看后_____看。还应注意按先_____后_____，先_____后_____，先图形后尺寸的原则依次进行。同时，还应注意各类图纸之间的联系，弄清楚各专业工种之间的关系等。

5. 定位轴线应用_____线绘制，轴线编号应标注在轴线端部的圆内。圆应用____线绘制，直径为____mm。定位轴线圆的圆心应在定位轴线的延长线或延长线的折线上。定位轴线的横向编号应用_____，从左至右顺序编写；竖向编号应用_____，按从下至上顺序编写，其中的_____不得用作轴线编号，以免与数字_____混淆。

6. 根据工程中应用场合的不同，标高可分为_____、_____、_____和_____四种。

7. 除总平面图外，一般均采用_____标高，在总平面图中要标明相对标高与绝对标高的关系。

8. 标高符号以_____表示，标高数字以_____为单位，注写到小数点以后_____位。在总平面图中，可注写到小数点以后_____位。

9. 索引符号是由_____线绘制的直径为____mm 的圆和水平直径组成的。详图符号的圆应以直径为____mm _____线绘制。

10. 引出线应以_____线绘制，宜采用水平方向的直线、与水平方向成_____、45°、_____、90°的直线。文字说明宜注写在水平线的_____，也可注写在水平线的_____。

11. 多层构造引出线，应通过被引出的各层，并用圆点示意对应各层次。文字说明的顺序应_____，并应与被说明的层次对应一致；如层次为横向排序，则由上至下的说明顺序应与_____的层次对应一致。

12. 对称符号由对称线和两端的两对平行线组成。对称线用_____线绘制；平行线用_____线绘制，其长度宜为____mm，每对的间距宜为_____mm；对称线垂直平分于两对平行线，两端超出平行线宜为_____mm。

13. 指北针的圆的直径为____mm，用_____线绘制；指针尾部的宽度为____mm，指针头部应注"北"或"N"字。如需用较大直径绘制指北针时，指针尾部的宽度宜为直径的_____。

职业能力 B-7-2 施工图首页的主要内容

核心概念

施工图首页：是建筑施工图的第一张图样，主要内容包括图纸目录、设计说明、工程做法表和门窗表等。

图纸目录：用表格的形式说明工程由哪几类专业图样组成，各专业图样的名称、页数和图纸顺序等。

设计说明：是对图样中无法表达清楚的内容用文字加以详细的说明，包括工程概况、设计标准、规模等。

工程做法表：是用表格的形式对建筑各部位的具体构造做法加以详细的说明。

门窗表：是用表格的形式对建筑物上所有不同类型门窗的数量及尺寸等信息进行分类统计。

学习目标

1. 了解施工图首页的作用及主要内容；
2. 熟悉施工图的编排顺序；
3. 理解设计说明、工程做法表和门窗表的主要内容。

基本知识

一、图纸目录

图纸目录放在一套图纸的最前面，说明本工程的图纸类别、图号编排、图纸名称和备注等，以方便图纸的查阅。

某住宅楼的施工图图纸目录见表7-2。从表中可以看出，该住宅楼共有建筑施工图12张，结构施工图5张，电气施工图2张。

表7-2　首页图纸目录

图别	图号	图纸名称	备注	图别	图号	图纸名称	备注
建施	01	设计说明、门窗表		建施	07	①~⑩轴立面图	
建施	02	车库平面图		建施	08	⑩~①轴立面图	
建施	03	一~五层平面图		建施	09	侧立面图	
建施	04	六层平面图		建施	10	1-1 剖面图	
建施	05	阁楼层平面图		建施	11	大样图一	
建施	06	屋顶平面图		建施	12	大样图二	

图别	图号	图纸名称	备注	图别	图号	图纸名称	备注
结施	01	基础结构平面布置图		结施	04	柱配筋图	
结施	02	标准层结构平面布置图		电施	01	一层电气平面布置图	
结施	03	屋顶结构平面布置图		电施	02	二层电气平面布置图	

■ 二、设计说明

设计说明主要说明工程的概况和总的要求。其内容包括工程设计依据（如工程地质，水文、气象资料等）、设计标准（建筑标准、结构荷载等级、抗震要求、耐火等级、防水等级等）、建设规模（占地面积、建筑面积等）、工程做法（墙体、地面、楼面、屋面等的做法）及材料要求，见表 7-3。

表 7-3　设计说明

一、设计依据：

1. ××市规划管理局对总平面规划的审批意见。

2. 本工程是依据建设单位确定的方案及设计委托书进行设计的。

3. 国家规范规定及有关文件。

二、平面位置及设计标高：

1. 平面位置详见学生公寓楼平面布置图。

2. 设计标高：6 号楼 ±0.000 相当于绝对标高 23.30 m，7 号楼 ±0.000 相当于绝对标高 22.92 m。

三、本建筑防火等级为一级，本建筑合理使用年限为 50 年，采用砖混结构，按 7 度抗震设防。

四、本建筑屋面防水等级为 Ⅱ 级，建筑高度为 22.9 m，总建筑面积：6 号楼为 4 296 m²，7 号楼为 4 296 m²。

五、在标高 −0.060 m 处设置墙身防潮层，做法为 30 厚 1:2 水泥砂浆内拌 5% 防水剂。

六、卫生间、盥洗间均涂刷防水剂二遍，周边返高 1 200 mm。

七、在内墙阳角处均做 1: 2 水泥砂浆护角，周边返高 1 200 mm。

八、凡需找坡地方，找坡厚度大于 30 mm 时，用 C20 细石混凝土找坡；厚度小于 30 mm 时，用 1:2 水泥砂浆找坡，坡度为 4%。

九、凡外露铁件均涂红丹一遍，银粉油漆两遍，预埋木砖均涂水柏油防腐，所有木门及木构件均采用本色树脂清漆三遍。

十、凡各类设备管道：如穿钢筋混凝土、预制构件、墙身需预留孔洞或预埋套管，不应临时开凿，并密切配合各工种图纸施工，遇有问题请会同本工程设计人员共同商定，不得做任意更改。

十一、电扇：每间宿舍设 ϕ16 电扇钩两个，室内设吸顶式摇头扇两个，位置由建设单位确定。

十二、楼梯：栏杆选用 98ZJ401P6 大样 W，扶手选用 98ZJ401P27 扶手 2。

十三、凡本工程图中未详之处，均严格按国家有关现行规范、规程、规定执行。

■ 三、工程做法表

工程做法表是以表格的形式对建筑物各部位构造、做法、层次、选材、尺寸、施工要求等的详细说明。某住宅楼工程做法一览表见表7-4。

表7-4 建筑装修及工程做法一览表

项目	类别	工程式做法(采用图集)	采用部位	附注
外墙面	涂料外墙面	详98ZJ001P41 外墙22	详见立面	详见立面或者建设单位统一考虑
	面砖外墙面	详98ZJ001P43 外墙12	详见立面	详见立面或者建设单位统一考虑
内墙面	面砖墙面(一)	详98ZJ001P31 外墙10	卫生间、盥洗	满墙
	混合砂浆内墙面(一)	详98ZJ001P30 外墙4	所有内墙	面层涂料为白色胶漆
顶棚	水泥砂浆顶棚	详98ZJ001P47 顶棚4	所有顶棚	面层同内墙面
楼地面	陶瓷地砖卫生间楼面	详98ZJ001P15 楼10	卫生间、盥洗	规格大小 300 mm×300 mm 或者建设单位统一考虑
	陶瓷地砖楼面	详98ZJ001P15 楼10	其余所有楼面	规格大小 600 mm×600 mm 或者建设单位统一考虑
	陶瓷地砖卫生间地面	详98ZJ001P11 楼50	卫生间、盥洗、淋浴	水泥砂浆掺入防水剂 规格大小 300 mm×300 mm
	陶瓷地砖地面	详98ZJ001P6 地9	其余所有楼面	水泥砂浆掺入防水剂 规格大小 600 mm×600 mm
屋面	高聚物改性沥青涂膜防水屋面	详98ZJ001P85 屋20	楼梯间屋面	
	刚性防水和高聚物改性沥青卷材防水屋面	详98ZJ001P78 屋6	其余所有屋面	刚性防水屋面分格缝做法见98ZJ201P25 大样②④⑥
散水	水泥砂浆散水	详98ZJ901P4		散水宽1 200 mm
墙裙	釉面砖墙裙	详98ZJ001P37 裙5	内走廊	墙裙高1 500 mm
踢脚	面砖踢脚(一)	详98ZJ001P24 踢22		
雨篷		详98ZJ901P20 详图2		
楼梯		栏杆选用98Z401P6 大样 W，扶手选用 P27 扶手2		

■ 四、门窗表

门窗表反映门窗的类型、编号、数量、尺寸规格、所在标准图集等相应内容，以备工程施工、结算所需。某住宅楼门窗表见表 7-5。

表 7-5　门窗明细表

编号	洞口尺寸/mm 宽	洞口尺寸/mm 高	数量	采用图集	采用图号	备注
M—1	1 000	2 100	236	GJM305—1021	98ZJ681	
M—2	800	2 100	238	GJM308—0821	98ZJ681	镀板门
M—3	1 920	2 600	236	铝合金门		铝合金组合隔断见详图
M—4	2 400	2 600	2	铝合金门	定做	
M—5	1 500	2 700	14	铝合金门	定做	
FM—1	1 500	2 700	12	乙级防火门		
C—1	1 920	1 700	136	厂家定制		塑钢推拉窗，窗台高 900 mm
C—1a	1 740	1 700	88	厂家定制		塑钢推拉窗，窗台高 900 mm
C—2	600	1 400	236	厂家定制		塑钢推拉窗，窗台高 900 mm
C—3	1 800	1 700	26	厂家定制		塑钢推拉窗，窗台高 900 mm
C—4	1 500	1 700	2	厂家定制		塑钢推拉窗，窗台高 900 mm

技能训练与提升

一、技能训练

根据表 7-6 所示的图纸目录，回答下列问题：

(1)该工程施工图按专业顺序排列，编排顺序是_____图_____张、_____图_____张、_____图_____张。

(2)设备施工图的编排顺序是_____图_____张、_____图_____张、_____图_____张。

(3)各专业施工图的编排顺序是_____在前，_____在后；_____在前，_____在后；_____在前，_____在后。

(4)阅读图样时，要先从大的方面看，然后依次阅读细小部分，即先_____看后_____看。还应注意按先_____后_____，先_____后_____，先图形后尺寸的原则依次进行。同时，还应注意各类图纸之间的联系，弄清楚各专业工种之间的关系等。

表 7-6　图纸目录

序号	图样内容	图纸编号	备注	序号	图样内容	图纸编号	备注
1	设计说明、门窗表、工程做法表	建施1		7	南立面图	建施7	
2	总平面图	建施2		8	北立面图	建施8	
3	一层平面图	建施3		9	侧立面图、剖面图	建施9	
4	二～六层平面图	建施4		10	楼梯详图	建施10	
5	地下室平面图	建施5		11	外墙详图	建施11	
6	屋顶平面图	建施6		12	单元平面图	建施12	

序号	图样内容	图纸编号	备注	序号	图样内容	图纸编号	备注
13	结构设计说明	结施1		25	一层采暖平面图	暖施2	
14	基础图	结施2		26	楼层采暖平面图	暖施3	
15	楼层结构平面图	结施3		27	顶层采暖平面图	暖施4	
16	屋顶结构平面图	结施4		28	地下室采暖平面图	暖施5	
17	楼梯结构图	结施5		29	采暖系统图	暖施6	
18	雨篷配筋图	结施6		30	一层照明平面图	电施1	
19	给水排水设计说明	水施1		31	楼层照明平面图	电施1	
20	一层给水排水平面图	水施2		32	供电系统图	电施1	
21	楼层给水排水平面图	水施3		33	一层弱电平面图	电施1	
22	给水系统图	水施4		34	楼层弱电平面图	电施1	
23	排水系统图	水施5		35	弱电系统图	电施1	
24	采暖设计说明	暖施1					

二、技能提升

请为学校的教学楼编制一张门窗表（表7-7）。

表7-7　门窗表

类别	编号	洞口尺寸/mm		数量	备注（注明门窗位置）
		宽	高		
门					
窗					

三、学习结果评价

学习结果评价见表7-8。

表 7-8　学习结果评价

序号	评价内容	评价标准	评价结果
1	施工图首页的作用及主要内容	了解施工图首页的作用及主要内容	是/否
2	施工图的编排顺序	熟悉施工图的编排顺序	是/否
3	设计说明、工程做法表和门窗表的主要内容	理解设计说明、工程做法表和门窗表的主要内容	是/否
是否可以进行下一步学习(是/否)			

课后作业

请为自家住宅楼编制一张门窗表(表 7-9)。

表 7-9　门窗表

类别	编号	洞口尺寸/mm		数量	备注(注明门窗位置)
		宽	高		
门					
窗					

职业能力 B-7-3　总平面图

核心概念

总平面图：是将拟建工程四周一定范围内的新建、拟建、原有和拆除的建筑物、构筑物连同其周围的地形、地物状况，用水平投影方法和相应的图例所画出的图样。

学习目标

1. 熟悉建筑总平面图的形成及作用；
2. 理解建筑总平面图的图示特点；
3. 掌握建筑总平面图的图示内容。

基本知识

一、建筑总平面图的形成及作用

建筑总平面图是假设在新建建筑所在基地一定范围内的正上方向下投射所得到的水平投影图。其用来表明建筑工程总体布局，新建和原有建筑的位置、朝向、道路、室外附属设施、绿化布置及地形、地貌等情况的图纸，是新建房屋及其他设施的施工定位、土方施工、施工总平面设计及设计水、暖、电、燃气等管线总平面图的依据。

二、建筑总平面图的图示特点

(一) 比例

由于表示的建筑场地范围较大，建筑总平面图通常采用较小的比例画出，如 1∶500、1∶1 000、1∶2 000 等。

(二) 图线

新建建筑物外形用粗实线表示，原有建筑物外形用细实线表示，拆除建筑物外形用带叉号的细实线表示，拟建建筑物外形用虚线表示。

(三) 图例

建筑总平面图通常用较小的比例绘制，因此图中有较多的图例，具体见表7-10、表7-11。

表 7-10　总平面图图例

名称	图例	备注
新建建筑物	$X=$ $Y=$ ① 12/FT2D $H=59.00$ m	新建建筑物以粗实线表示与室外地坪相接处 ±0.000 外墙定位轮廓线。建筑物一般以 ±0.000 高度处的外墙定位轴线交叉点坐标定位。轴线用细实线表示，并标明轴线号。根据不同设计阶段标注建筑编号，地上、地下层数，建筑高度，建筑出入口位置(两种表示方法均可，但同一图纸采用一种表示方法)。地下建筑物以粗虚线表示其轮廓。建筑上部(±0.000 以上)外挑建筑用细实线表示。建筑物上部连廊用细虚线表示并标注位置
原有建筑物		用细实线表示
计划扩建的预留地或建筑物		用中粗虚线表示
拆除的建筑物		用带叉号的细实线表示
铺砌场地		—
烟囱		实线为烟囱下部直径，虚线为基础，必要时可注写烟囱高度和上、下口直径
建筑物下面的通道		—
围墙及大门		—
坐标	$X=105.00$ $Y=425.00$ $A=105.00$ $B=425.00$	1. 表示地形测量坐标系； 2. 表示自设坐标系，坐标数字平行于建筑标注
填挖边坡		—
室内标高	$\dfrac{151.00}{(\pm 0.00)}$	数字平行于建筑物书写
室外标高	▼143.00	室外标高也可采用等高线

表 7-11　绿化图例

名称	图例	名称	图例	名称	图例
常绿针叶乔木	 	落叶针叶乔木	 	常绿阔叶乔木	 
落叶阔叶乔木	 	常绿阔叶灌木	 	落叶阔叶灌木	 
竹丛	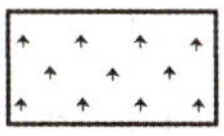 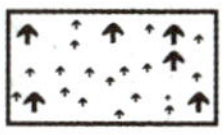	花卉	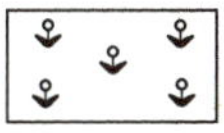	草坪	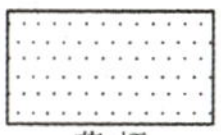 草坪 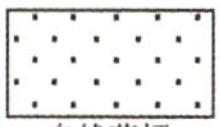 自然草坪 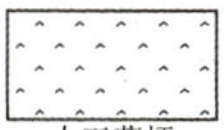 人工草坪
整形绿篱		植草砖			

（四）尺寸

在建筑总平面图中的尺寸标注宜以米为单位。新建房屋的室内外应标注绝对标高。绝对标高的零点是我国青岛附近黄海海平面的平均高度，其他各地标高都是以它为基准测量而得的。建筑总平面图中所标注标高为绝对标高。标高用标高符号加数字表示。标高符号用细实线绘制。

三、建筑总平面图的图示内容

（1）建筑物附近的地形地物，如等高线、道路、水沟、河流、池塘、土坡等；

（2）新建建筑物的位置、范围及定位尺寸、室内外标高；

（3）相邻原有建筑物、拆除建筑物及拟建建筑物的位置或范围；

（4）建筑用地范围内的绿化、公园等及管道布置；

（5）指北针或风向频率玫瑰图；

（6）图名、比例和图例。

技能训练与提升

一、技能训练

（一）读图

图 7-21 所示为某学校的总平面图，图样是按 1 : 500 的比例绘制的。它表明在学校的北面围墙内，要新建 1 幢 5 层教师公寓。

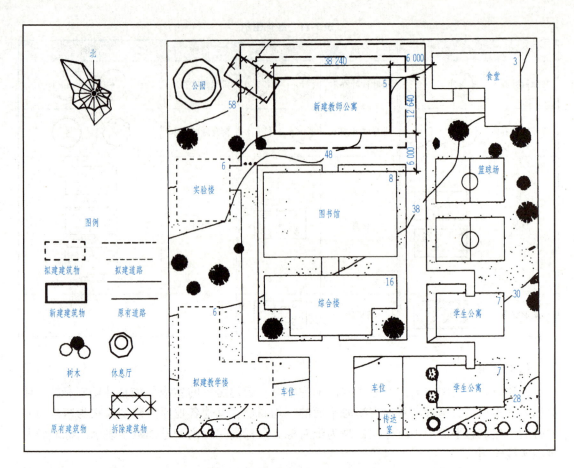

图7-21　建筑总平面图实例　1:500

1. 新建教师公寓周围的环境情况

从图7-21中可以看出，该学校的地势是自西北向东南倾斜，西北角山坡上有一处休息用的公园(休息厅)。学校的东南角有两栋七层的学生公寓，学生公寓后面有两个篮球场，学校的东北角是三层的食堂，学校的西南角是一栋六层的拟建教学楼，后面是计划修建的六层的实验楼，虚线部分表示扩建用地；学校的中心是八层的图书馆，南面是十六层的综合楼，学校的最南面是大门，车库在两侧，新建教师公寓在北面，西北角有一即将拆除的建筑物。

2. 新建教师公寓的位置、范围和朝向

新建教师公寓呈矩形，南北朝向，左右对称，东西向总长为 38.24 m，南北向总宽为 12.64 m。新建教师公寓的南面距图书馆为 6.00 m，东面距食堂为 6.00 m。

(二)总平面图中的坐标

在城镇建设中，新建建筑或新建建筑所在地域的平面位置，应由城镇建设主管部门，如规划局批准决定。城镇建设主管部门在地形图上用红线圈定使用土地的地点和范围大小，并注明尺寸，作为新建建筑或新建建筑所在地域的界线，这就是规划红线。在设计和施工中不能超越此建筑红线。

对于小型工程，一般依据原有建筑、围墙、道路等永久固定设施来确定其位置，并标注出定位尺寸，以 m(米)为单位。对于大中型工程，为确保定位放线正确，通常用坐标网

来确定其平面位置。坐标网格应以细实线表示，一般画成 100 m×100 m 或 50 m×50 m 的方格网。常用的坐标有两种形式：一种是测量坐标网，即在地形图上画成交叉十字线，坐标代号宜用"X、Y"表示，即竖轴（南北方向）为 X，横轴（东西方向）为 Y；另一种是建筑坐标网，画成网格通线，坐标代号宜用"A、B"表示，即竖轴为 A，横轴为 B。建筑坐标网的"0"点定在本建筑区域内的某一点。新建建筑按测量坐标网或建筑坐标网来确定其平面位置。放线时应根据现场已有点的坐标，用仪器来测量出新建建筑的坐标。对单体建筑或平面形状简单的建筑通常取两个对角点作为定位点，对体形庞大或平面形状复杂的建筑则至少要取四个点作为定位点（图 7-22）。

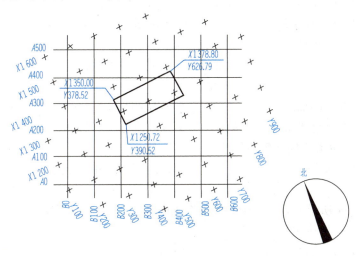

图 7-22　坐标网及其定位

■ 二、技能提升

1. 抄绘图 7-21 所示的总平面图。

2. 解析图 7-21 中的风向频率玫瑰图，并回答以下问题：

图中实线表示_____频率，虚线表示所统计的_____个月的_____季风向频率，该学校常年以_____风最多，_____季中，_____风最为频繁。

3. 在图 7-21 所示总平面图中，如何判断地势走向？

■ 三、学习结果评价

学习结果评价见表 7-12。

表 7-12　学习结果评价

序号	评价内容	评价标准	评价结果
1	建筑总平面图的形成与作用	熟悉建筑总平面图的形成与作用	是/否
2	建筑总平面图的图示特点	理解建筑总平面图的图示特点	是/否
3	建筑总平面图的图示内容	掌握建筑总平面图的图示内容	是/否
是否可以进行下一步学习（是/否）			

1. 将新建建筑物四周一定范围内的原有和拆除的建筑物、构筑物连同其周围的地形地物状况，用水平投影方法和相应的图例所画出的图样，称为_____。

2. （判断）总平面图表示出新建房屋的平面形状、位置、朝向及与周围地形地物的关系等。总平面图是新建房屋定位、施工放线、土方施工及有关专业管线布置和施工总平面布置的依据。（　　）

3. 总平面图上标注的尺寸，一律以_____为单位。

4. 在总平面图中应画出_____或_____来表示建筑物的朝向。从图7-23可知该地区常年多为_____风。

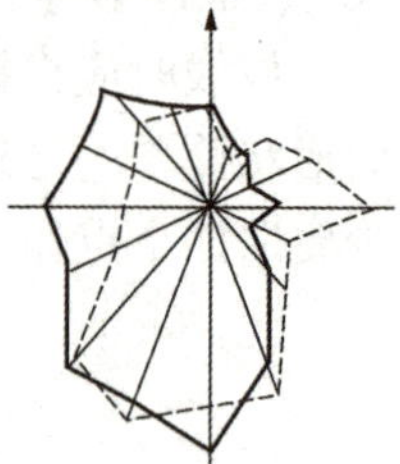

5. 总平面图中常用_____表示建筑物、道路等的位置。常采用的方法有_____坐标网和_____坐标网。

图7-23　风向频率玫瑰图

6. _____方向的轴线为 X，_____方向的轴线为 Y，这样的坐标称为测量坐标网。

7. 建筑坐标网是沿建筑物主墙方向用细实线画成方格网通线，横墙方向（竖向）的轴线标注为_____，纵墙方向的轴线标注为_____。

8. 风向频率玫瑰图中实线表示_____的风向频率，虚线表示_____（6、7、8月）的风向频率。

9. 识读图7-24所示的总平面图并回答以下问题：

（1）地形由南向北越来越_____。

（2）从地势来看，右下角坡_____，左上角坡_____。

（3）图中画有_____，作为房屋定位放线的基准。

（4）_____、_____、_____、_____是新建工程，_____、_____、_____等为原有建筑，_____为拆除建筑。

（5）B、K栋与围墙间的距离为_____m。

（6）A栋有_____层，与C栋的间距为_____m，并以它对角线上的两个点的施工坐标来定位。

（7）室内首层地坪标高为_____m，室外地坪标高为_____m，室内外高差为_____m。

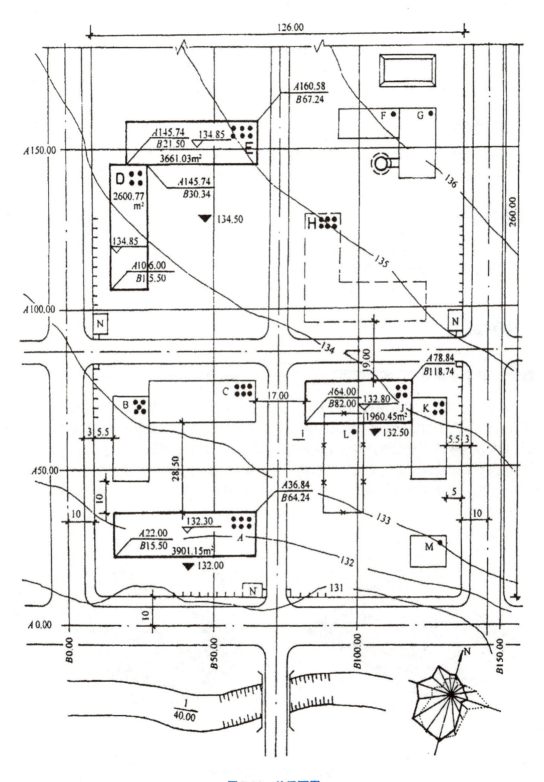

图7-24 总平面图

职业能力 B-7-4　建筑平面图

核心概念

建筑平面图：是假设用一个水平的剖切平面，沿房屋各层门窗洞口处将房屋切开，移去剖切平面以上部分，向下投射所作的水平剖面图，简称平面图。

学习目标

1. 熟悉建筑平面图的形成及作用；
2. 理解建筑平面图的图示特点；
3. 掌握建筑平面图的图示内容。

基本知识

■ 一、建筑平面图的形成及作用

如图 7-25 所示，沿各层的门窗洞口（通常离本层楼、地面约为 1.2 m，在上行的第一个梯段内）的水平剖切面，将建筑剖开成若干段，并将其直接用正投影法投射到 H 面的剖面图，即本建筑相应层平面图。各层平面图只是相应"段"的水平投影。

建筑平面图反映了建筑物的平面形状、大小和房间布置，墙或柱的位置、材料和厚度，门窗的位置、尺寸和开启方向，以及其他建筑构配件的设置情况。其是施工图中最基本、最重要的图样之一，也是施工放线、砌墙、安装门窗、预留孔洞、室内装修及编制预算、备料的重要依据。

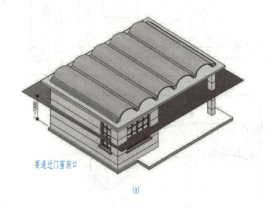
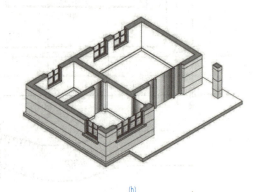

(a)　　　　　　　　　　　　　(b)

图 7-25　建筑平面图形成原理
（a）剖切；（b）移除上半部分并投影

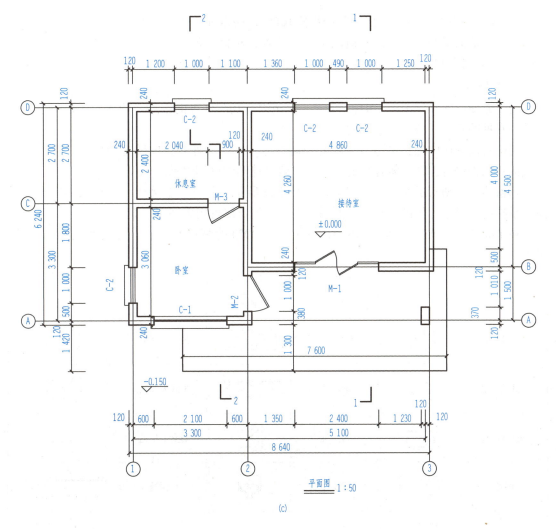

图 7-25　建筑平面图形成原理(续)

(c) 成图

■ 二、建筑平面图的图示特点 ···································

1. 图名

一栋多层房屋通常应画出各层的建筑平面图，并在每个图的下方注明相应的图名和比例。若中间各层房间的布置都相同，可用一个平面图表示，称为标准层平面图，但至少应画出三个平面图，即底层平面图、标准层平面图、顶层平面图。

2. 图线

(1)定位轴线用细单点长画线表示。

(2)在建筑平面图中，凡被剖切到的墙、柱断面轮廓用粗实线(b)表示(墙、柱轮廓线都不包括粉刷层厚度)，钢筋混凝土柱可涂黑。

(3)没有被剖切到，但投射时仍能见到的轮廓线，如墙身、窗台、楼梯段等用中实线(0.5b)表示，门的开启线也用中实线(0.5b)表示。

(4)其余的如尺寸线、引出线等用细实线(0.25b)表示。凡在地面以下、剖切平面以上的，如底层地面下的暖气沟，楼地面下的电缆槽，顶棚下的吊柜、搁板、爬人孔，还有悬窗(高窗)等，用细虚线表示。

3. 图例

为了方便绘图和读图，"国标"规定了一些构造及配件等的图例。表6-1、表7-13是平面图中常见的建筑材料图例及构配件图例。

门窗立面图例中的斜线是门窗扇的开启符号，实线为外开，虚线为内开，开启方向线交点的一侧为铰链，即安装合页的一侧，一般设计图中可不表示。

门窗的剖面图所示左为外、右为内，平面图所示下为外、上为内。若单层固定窗、悬窗、推拉窗等以小比例绘图时，平面图、剖面图的窗线可用单细实线表示。

在平面图上门扇可绘制成90°或60°(45°、30°)的特殊抖线，开启弧线是否绘制均可以。

表7-13　卫生设备及水池图例

名称	图例	名称	图例	名称	图例
立式洗脸盆		带沥水板的洗涤盆		蹲式大便器	
台式洗脸盆		盥洗槽		坐式大便器	
挂式洗脸盆		污水池		妇女卫生盆	
浴盆		立式小便器		小便槽	
化验盆、洗涤盆		壁挂式小便器		淋浴喷头	

■ 三、建筑平面图的图示内容 ···

(一)定位轴线

如图7-26所示，在建筑平面图中应画有定位轴线，用它们来确定墙、柱、梁等承重构件的位置和房间的大小，并作为标注定位尺寸的基线。注意I、O、Z不得作为轴线编号，避免与1、0、2混淆。

如图7-27所示，分数形式表示的是附加定位轴线，分子为附加定位轴线编号，分母为前一定位轴线编号。①或Ⓐ轴前的

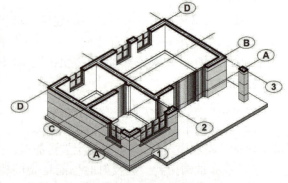

图7-26　定位轴线立体图

附加定位轴线分母为 ⑩ 或 ⑩ 。

另外，较复杂的平面图的定位轴线可采用分区编号，即分区号-该区编号的形式，如图 7-28 所示。

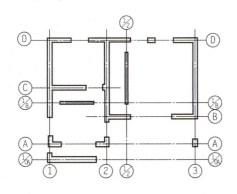

图 7-27　定位轴线平面图

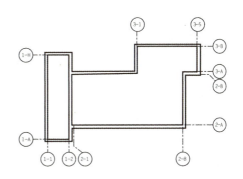

图 7-28　分区表示定位轴线

(二) 朝向和平面布置

根据底层平面图上的指北针可以知道建筑物的朝向。我国建筑的一般朝向是坐北朝南（上北下南）。

建筑平面图还可以反映出建筑物的平面形状和室内各个房间的布置、用途，还有走道、门窗、楼梯、爬人孔等的平面位置、数量、尺寸，以及墙、柱等承重构件的组成和材料等情况。

除此之外，在底层平面图中还能看到建筑物的出入口、室外台阶、散水、明沟、雨水管、花坛等的布置及尺寸。在二层平面图中能看到底层出入口的雨篷等。

(三) 尺寸标注

在建筑平面图中的尺寸标注有外部尺寸和内部尺寸两种。通过尺寸的标注，可反映出建筑物房间的开间、进深、门窗以及各种设备的大小和位置。

外部尺寸一般均标注三道。靠墙第一道尺寸是细部尺寸，即建筑物构配件的详细尺寸，如门窗洞口及中间墙的尺寸，标注这道尺寸时，应与轴线联系起来；中间一道是定位尺寸，即轴线尺寸，也是房屋的开间（两条相邻横轴线间的距离）或进深（两条相邻纵轴线间的距离）尺寸；最外一道是外包总尺寸，即建筑物的总长和总宽尺寸；此外，对室外的台阶、散水、明沟等处可另外标注局部尺寸。

内部尺寸一般标注室内门窗洞口、墙厚、柱、砖垛和固定设备，如大便器、盥洗池、吊柜等的大小、位置，以及墙、柱与轴线间的尺寸等。

(四) 标高

在建筑平面图中，对于建筑物的各组成部分，如地面、楼面、楼梯平台、室外台阶、走道、阳台等处，由于它们的竖向高度不同，一般应分别标注标高。建筑平面图中的标高一般是相对标高，标高基准面 ±0.000 为本建筑物的底层室内地面。在不同标高的地面分界处，应画出分界线。

楼地面有坡度时，常通过单面箭头并加注坡度数字表示。

(五)门窗的位置和编号

在建筑平面图中，反映了门窗的位置、洞口宽度和数量及其与轴线的关系。为了便于识读，门的名称代号用 M 表示，窗的名称代号用 C 表示，并要加以编号。编号可用阿拉伯数字顺序编写，如 M1、M2…和 C1、C2…，也可直接采用标准图上的编号。用两条平行的细实线表示窗框及窗扇的位置。一套图纸中一般有门窗汇总表，它反映了门窗的规格、型号、数量和所选用的标准图集。

需要注意的是，门窗虽然用图例表示，但门窗洞口的大小及其形式都应按投影关系画出。如窗洞有凸出的窗台时，应在窗的图例上画出窗台的投影。门窗平面图例按实际情况绘制。至于门窗的具体构造，则要看门窗的构造详图。

(六)剖切符号和索引符号

在底层平面图上标注有剖切符号，它表明剖切平面的剖切位置、投射方向和编号，以便与建筑剖面图对照查阅。

在建筑平面图中还标注有不少详图索引符号，可以根据所给的详图索引符号到其他图纸上去查阅另用详图表示的构配件和节点或套用的标准图集。

(七)楼梯的布置

在建筑平面图中反映了楼梯的数量和布置情况，关于楼梯的具体内容另有楼梯详图表示。

(八)室内的装修做法

在建筑平面图中，对室内楼地面、墙面、隔断等的材料做法一般直接用文字标明，较复杂的常采用明细表或材料做法表表示，也可另用详图表示。

(九)各种设备的布置

建筑物内的各种设备如电表箱、消火栓、吊柜、通风道、烟道等，卫生设备如浴缸、洗脸盆、大便器等的位置、尺寸、规格、型号等在建筑平面图中都有表示，它与专业设备施工图相配合可供施工使用。

(十)屋顶平面图

在屋顶平面图中反映了屋面处的水箱、屋面出入口、烟囱、女儿墙及屋面变形缝等设施的布置情况和尺寸，以及屋面的排水分区、排水方向、排水坡度、檐沟、泛水、雨水口等的位置、尺寸、材料与构造情况。

(十一)图名、比例和图例

图名、比例参见建筑制图规范相关内容；相关图例参见表 6-1 及表 7-13。

技能训练与提升

■ 一、技能训练

1. 建筑平面图的绘制方法和步骤

(1)绘制墙柱的定位轴线，如图 7-29(a)所示；

(2)绘制墙线和门窗，如图 7-29(b)所示；

(3)绘制台阶、窗台、楼梯并注写文字，如图 7-29(c)所示；

(4)绘制尺寸线、标高符号，在检查无误后，按要求加深各种直线并标注尺寸数字，书写文字说明，如图 7-29(d)所示。

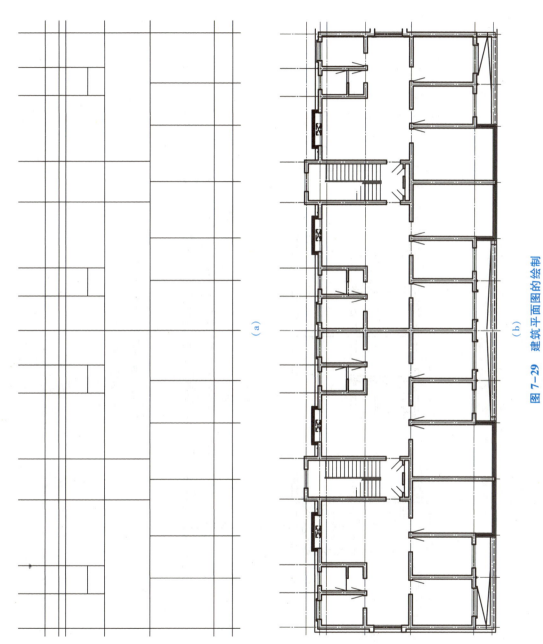

(a)

(b)

图 7-29 建筑平面图的绘制
(a) 绘制墙柱的定位轴线;(b) 绘制墙线和门窗

图7-29　建筑平面图的绘制（续）

（c）绘制台阶、窗台、楼梯并注写文字

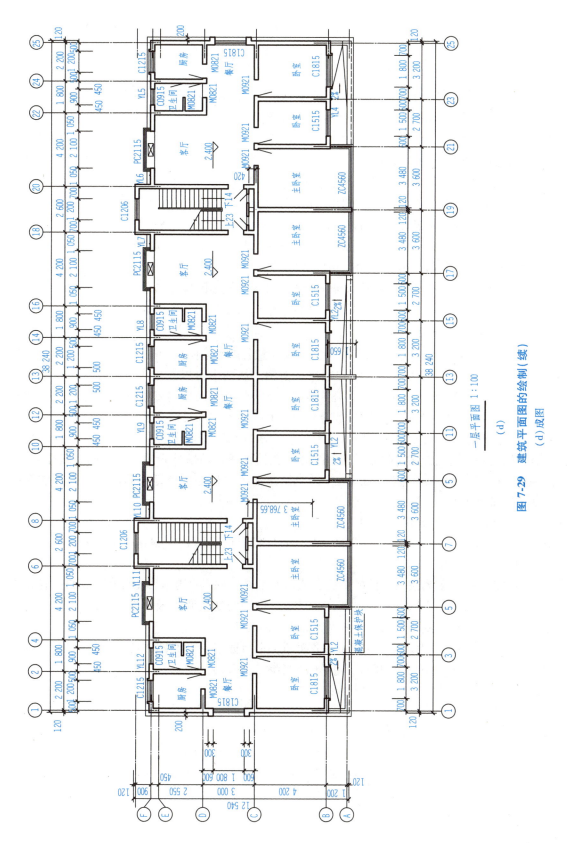

一层平面图 1:100

(d)

图7-29 建筑平面图的绘制(续)
(d)成图

· 215 ·

2. 试识读图 7-29(d)

图 7-29(d)所示为某住宅楼的一层平面图。从图中可以看出，该层共有四户，每梯两户，每户的房间组成及大小都是一样的，三间卧室为南向，具有良好的朝向，厨房与卫生间置于北向，每户设置一处空调隔板及空调冷凝水管。南向面⑧轴线设有四处混凝土保护块，还画出储藏室屋顶，一层平面图可以看到储藏室屋顶的排水方向。该层室内主要房间的地面标高为 2.400 m，外部有三道尺寸，表示了住宅的总宽、总长、轴线间距离及窗的宽度。

3. 建筑平面图的识读技能

一幢建筑物有多个平面图，应逐层识读，注意各层的联系和区别。识读步骤如下：

(1)看图名、比例及有关文字说明，了解剖切位置。

(2)了解建筑物的朝向、纵横定位轴线及编号，并查看索引符号。

(3)分析总体情况：包括建筑物的平面形状、总长、总宽、各房间的位置和用途，了解各层楼地面及室外地坪、其他平台、板面的标高。

(4)了解门窗的布置、数量及型号，构配件及各种设施的位置与尺寸。

(5)分析定位轴线，了解房屋开间、进深、细部尺寸和墙柱的位置及尺寸。

4. 各层建筑平面图实例

以图 7-29 所示的住宅楼其余各层为例，请注意各层平面图的细微差别。

(1)图 7-30 所示为该住宅楼的储藏室平面图。从图中可以看出，住宅楼有两个单元，横向定位轴线共有 25 条，纵向定位轴线共有 7 条，住宅楼的四周外侧有宽度为 900 mm 的散水。该层共有 12 间车库，车库门是卷帘门，出口处的散水兼作坡道，有 8 间储藏室，储藏室门是内开的，还有 4 间水表间，住宅楼的给水排水管道及水表在此通过，在两楼梯间各有一处暖井，暖气管道在此通过，每处暖井在楼梯间设两扇外开防火门。储藏室地面标高为 0.000，室外地面标高为 −0.100，说明储藏室地面相比室外地面高出 100 mm(注意：剖切位置线也在本图上)。

(2)图 7-31 所示为该住宅楼的二层平面图。它与一层平面图(图 7-29)相比，画出了楼道出入口雨篷板，还画出了装饰梁的位置，而且每户设置两处空调隔板和空调冷凝水管，其余均没有较大区别。

(3)图 7-32 所示为该住宅楼的三层、四层平面图。它与一层平面图相比，没有画出装饰梁，因为在二层平面图已表示清楚，而且每户设置两处空调隔板和空调冷凝水管，其余均没有较大区别(注意：图 7-32 可称为标准层平面图)。

(4)图 7-33 所示为该住宅楼的五层平面图。它与标准层平面图相比是复式结构，客厅和卧室有三级踏步，同时楼梯间只有向下的踏步，没有向上的踏步，而且每户设置两处空调隔板和空调冷凝水管，其余均没有较大区别。

(5)图 7-34 所示为该住宅楼的阁楼层平面图。从图中可以看出，每户设有一处五楼通往阁楼的楼梯口，每户阁楼有一间卫生间和三间储藏室，储藏室和卫生间设计有窗户，每户都有一个露台，为阁楼层的住户使用；露台的排水坡度为 1%，四周有安全栏杆。

(6)图 7-35 所示为该住宅楼的屋顶平面图。从图中可以看出，该屋顶为双坡屋面，沿纵墙方向设有天沟，天沟的排水坡度为 1%；在南北向天沟内各设置了四根和八根落水管；楼梯间屋面坡度为 2%，并有排水管道。

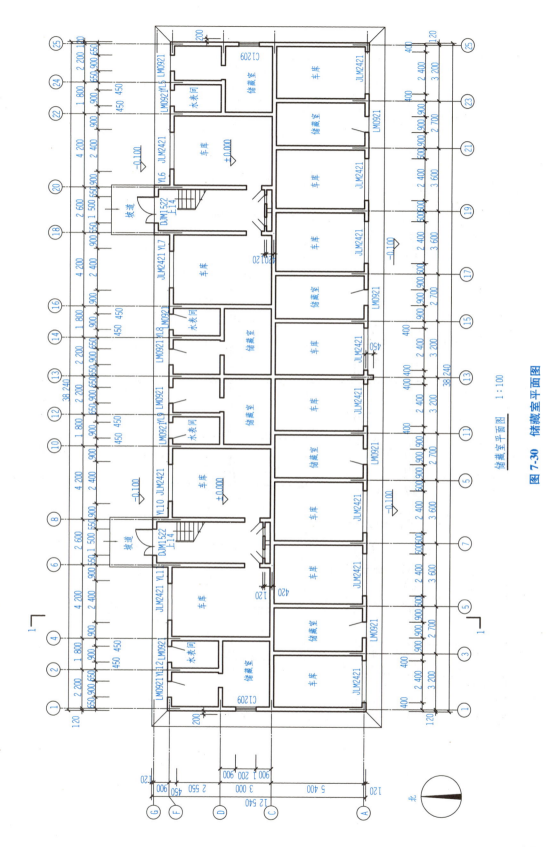

储藏室平面图 1:100

图 7-30 储藏室平面图

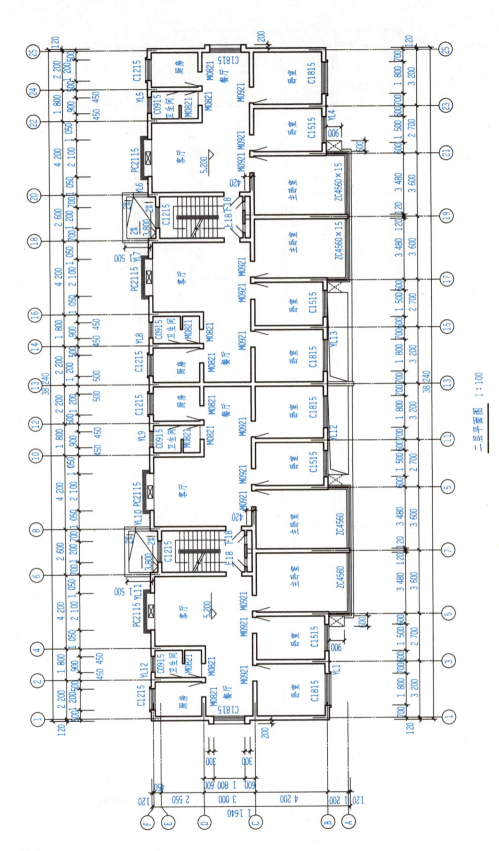

二层平面图 1:100

图 7-31 二层平面图

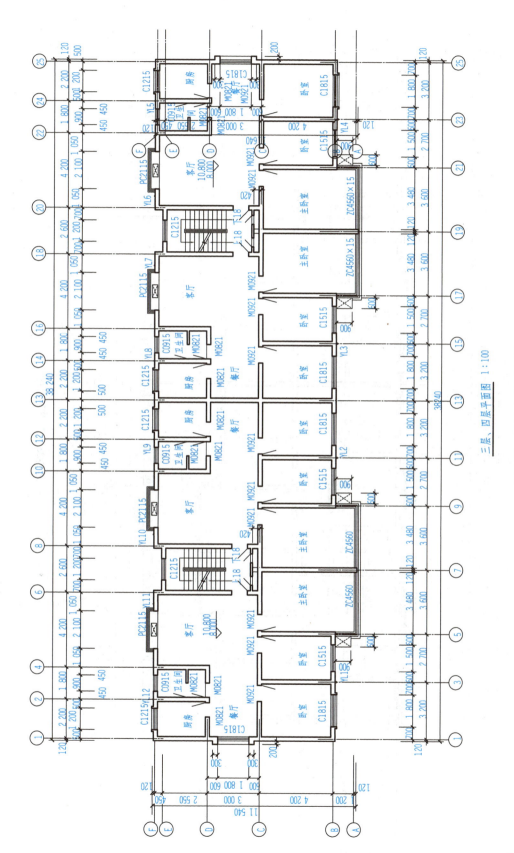

图 7-32 三层、四层平面图

三层、四层平面图 1:100

· 219 ·

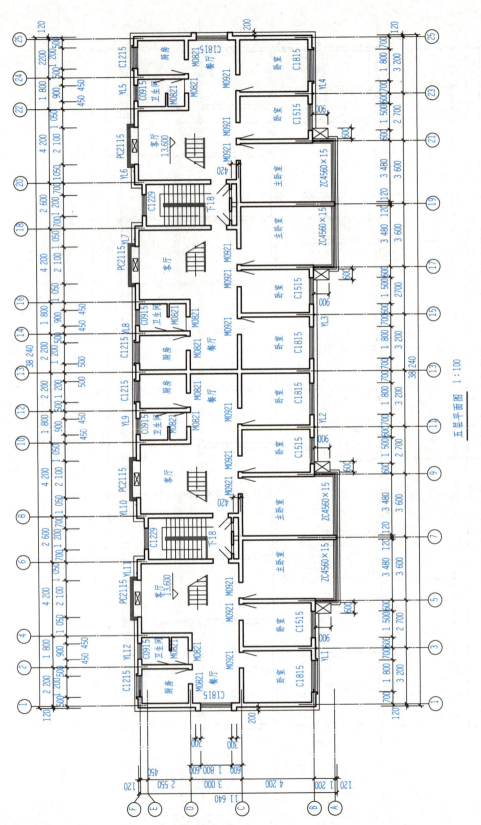

五层平面图 1:100

图 7-33 五层平面图

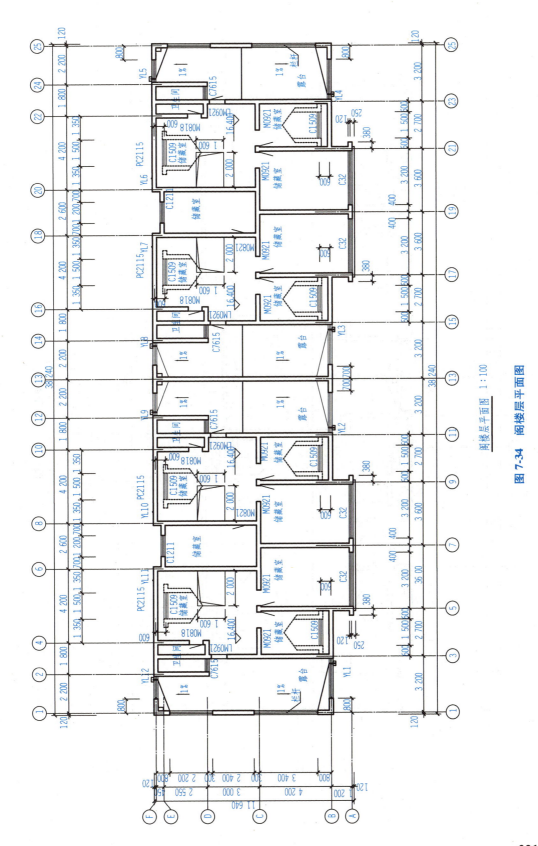

阁楼层平面图 1:100

图 7-34 阁楼层平面图

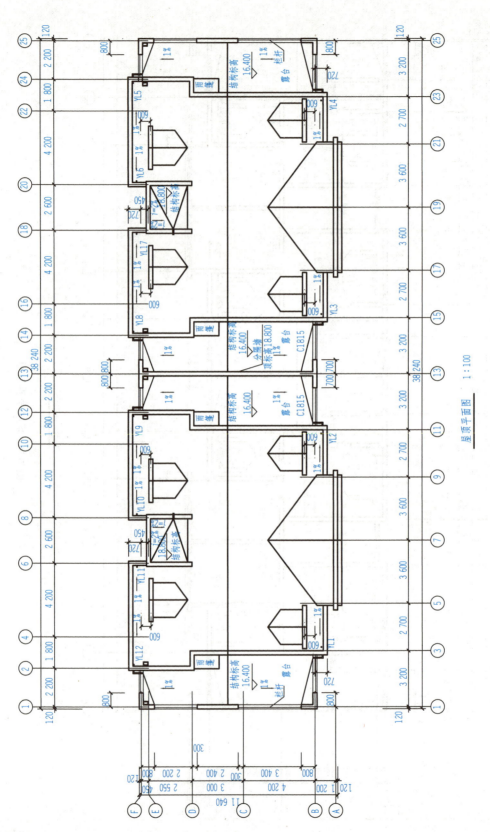

屋顶平面图 1:100

图7-35 屋顶平面图

1. 抄绘图 7-29(d)所示的建筑平面图。

2. 识读图 7-29(d)并回答教师的课堂提问。

■ 三、学习结果评价 ••••••••••••••••••••••••••••••••••

学习结果评价见表 7-14。

表 7-14   学习结果评价

序号	评价内容	评价标准	评价结果
1	建筑平面图的形成与作用	熟悉建筑平面图的形成与作用	是/否
2	建筑平面图的图示特点	理解建筑平面图的图示特点	是/否
3	建筑平面图的图示内容	掌握建筑平面图的图示内容	是/否
是否可以进行下一步学习(是/否)			

课后作业

1. 识读图 7-36 并回答下列问题。

(1)(判断)该建筑中的 D-1、D-2(D 表示洞)距离 Ⓔ 轴线为 1 000 mm。(   )

(2)(判断)南卧的开间为 3 600 mm,进深为 6 600 mm。(   )

(3)该建筑室内外高度相差(   )m。

    A. 1. 05   B. 0. 15   C. 1. 2   D. 无法确定

(4)Ⓕ 轴线上的窗编号是(   )。

    A. C3   B. C4   C. C5   D. C6

(5)图中剖切符号分别是在(   )轴线间的 1-1 剖切符号和 2-2 剖切符号。剖面图类型均为全剖面图,剖视方向向左。

    A. ④~⑤   B. ④~⑥   C. ③~⑤   D. ④~⑥

(6)图中剖切符号对应的剖面图类型为(   ),剖视方向向左。

    A. 阶梯剖面图   B. 局部剖面图   C. 半剖面图   D. 全剖面图

2. 回答下列问题。

(1)建筑施工图主要表示房屋的建筑设计内容,下列不属于建筑施工图表示范围的是(   )。

    A. 房屋的总体布局   B. 房屋的内外形状

    C. 房屋内部的平面布局   D. 房屋承重构件的布置

(2)在建筑施工图中,标高单位为(   )。

    A. 米   B. 分米   C. 厘米   D. 毫米

（3）楼层建筑平面图表达的主要内容包括(　　)。

    A. 平面形状及内部布置　　　　　　B. 梁柱等构件的代号

    C. 楼板的布置及配筋　　　　　　　D. 外部造型及材料

（4）在土木工程施工图中，尺寸线应采用(　　)。

    A. 点画线　　　　　B. 细实线　　　　　C. 中实线　　　　　D. 虚线

（5）房屋施工图按专业分工不同，可分为(　　)。

    A. 建筑施工图、结构施工图、总平面图

    B. 配筋图、模板图

    C. 建筑施工图、结构施工图、设备施工图

    D. 建筑施工图、水电施工图、设备施工图

（6）图样中的汉字应写成(　　)。

    A. 仿宋体　　　　B. 长仿宋体　　　　C. 宋体　　　　D. 新宋体

（7）总平面图中标高数字保留(　　)位小数。

    A. 一　　　　　　B. 二　　　　　　C. 三　　　　　　D. 四

（8）建筑平面图是(　　)。

    A. 水平全剖面图　B. 垂直全剖面图　C. 水平半剖面图　D. 垂直半剖面图

（9）图样上平行排列的尺寸线的间距宜为(　　)mm。

    A. 4 ~ 8　　　　　B. 6 ~ 10　　　　　C. 7 ~ 10　　　　　D. 8 ~ 12

（10）标注坡度时，在坡度数字下应加注坡度符号，坡度符号的箭头一般应指向(　　)。

    A. 下坡　　　　　B. 上坡　　　　　C. 前方　　　　　D. 后方

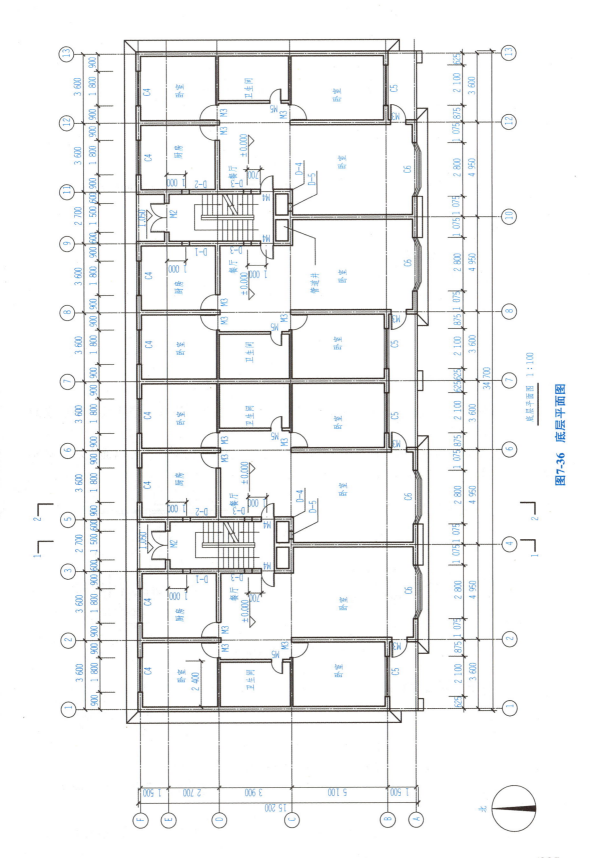

图7-36 底层平面图

职业能力 B-7-5　建筑立面图

核心概念

建筑立面图：是将建筑物外立面向与其平行的投影面进行投射所得到的投影图。

学习目标

1. 熟悉建筑立面图的形成及作用；
2. 理解建筑立面图的图示特点；
3. 掌握建筑立面图的图示内容。

基本知识

一、建筑立面图的形成及作用

建筑立面图主要是用来表达建筑物的外形艺术效果。在施工图中，它主要反映房屋的外貌和立面装修的做法。

建筑立面图应包括建筑的外轮廓线和室外地坪线、勒脚、构配件、外墙面做法及必要的尺寸与标高等，如图 7-37 所示。

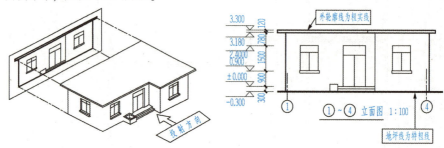

图 7-37　建筑立面图的形成

二、建筑立面图的图示特点

(一)图名

如图 7-38 所示，建筑立面图的命名方法有以下三种：

(1)当房屋为正朝向时，可按朝向命名为东(南、西、北)立面图；

(2)当房屋朝向不正时，可按投影(或按立面的主次)命名为正立面图、背立面图、左侧立面图、右侧立面图；

(3)当房屋朝向不正时，也可按轴线编号命名为①～⑦立面图、⑦～①立面图、Ⓐ～

Ⓕ立面图、Ⓕ ~ Ⓐ立面图。

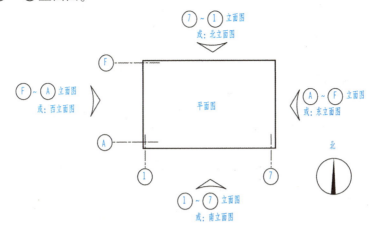

图 7-38　建筑立面图的命名规则

(二)图线

(1)房屋两端的轴线用细单点长画线绘制。

(2)室外地坪线用特粗实线绘制。

(3)房屋立面的最外轮廓线用粗实线绘制。

(4)在外轮廓线之内的凹进或凸出墙面的轮廓线，用中实线绘制，如窗台、门窗洞口、檐口、阳台、雨篷、柱、台阶等构配件的轮廓线；门窗扇、栏杆、雨水管和墙面分格线等均用细实线绘制。

(三)图例

建筑立面图的常用图例详见表 7-15。

表 7-15　建筑立面图图例

名称	图例	名称	图例	名称	图例
单层内开平开窗		单层推拉窗		百叶窗	
双层内外开平开窗		上推窗		中悬窗	

名称	图例	名称	图例	名称	图例
墙体		墙预留洞	宽×高或φ 层(顶或中心)标高	在原有的洞旁扩大的洞	
隔断		墙预留槽	宽×高×深或φ 层(顶或中心)标高		
栏杆				在原有墙或楼板上全部填塞的洞	
楼梯		烟道			
		通风道		在原有墙或楼板上局部填塞的洞	
坡道	长坡道	新建的墙和窗		空门洞	
	门口坡道	改建时保留的原有墙和窗		单扇门(包括平开或单面弹簧)	
平面高差	××	应拆除的墙		对开折叠门	
检查孔					
孔洞		在原有墙或楼板上新开的洞		提升门	
坑槽					
推拉门		单扇内外开双层门(包括平开或单面弹簧)		单层固定窗	
墙外单扇推拉门		双扇内外开双层门(包括平开或单面弹簧)		单层外开上悬窗	
墙外双扇推拉门		转门		单层中悬窗	

名称	图例	名称	图例	名称	图例
墙中单扇推拉门		自动门		单层内开下悬窗	
墙中双扇推拉门		折叠上翻门		立转窗	
单扇双面弹簧门		竖向卷帘门		单层外开平开窗	
双扇双面弹簧门		横向卷帘门			

（四）比例

建筑立面图通常采用与建筑平面图相同的比例。

■ 三、建筑立面图的图示内容

（1）地坪线：建筑物与地面的接触面。

（2）定位轴线：建筑物两端或分段的定位轴线及编号（建筑立面图一般只画出建筑立面两端的定位轴线及其编号，以便与建筑平面图对照来确定立面的观看方向）。

（3）最外轮廓线：表示建筑物立面最高和最宽的轮廓线。

（4）其他轮廓线：在外轮廓线之内的凹进或凸出墙面的轮廓线，如窗台、门窗洞口、檐口、阳台、雨篷、柱、台阶等构配件的轮廓线，门窗扇、栏杆、雨水管和墙面分格线等。构配件可简化只画出轮廓线，用图例表示。建筑立面图除能反映门窗的位置、高度、数量、立面形式外，还能反映门窗的开启方向：细实线表示外开，细虚线表示内开。

（5）尺寸：外墙的门窗洞口应标注尺寸与标高（宽×高×深及关系尺寸）。在建筑立面图中一般不标注高度尺寸，也可标注三道尺寸。里面尺寸为门窗洞高、窗下墙高、室内外地面高差等；中间尺寸为层高尺寸；外面尺寸为总高度尺寸。

标高标注在室内外地面、台阶、勒脚、各层的窗台和窗顶、雨篷、阳台、檐口等处。标高均为建筑标高（图7-39）。

（6）外墙面装修及一些构配件与设施等的装修做法，在

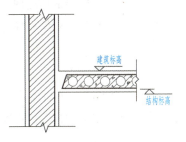

图7-39 建筑标高与结构标高

立面图中常用引出线做文字说明，具体做法需查阅设计(施工)说明或相应的标准图集。

(7)各部分构造、装饰节点详图的索引符号。

(8)图名、比例。

技能训练与提升

一、技能训练

1. 建筑立面图的识读技能

(1)读立面图的名称和比例，可与平面图对照以明确立面图表达的是房屋哪个方向的立面；

(2)分析立面图图形外轮廓，了解建筑物的立面形状；

(3)读标高，了解建筑物的总高，室外地坪、门窗洞口、挑檐等有关部位的标高；

(4)参照平面图及门窗表，综合分析外墙上门窗的种类、形式、数量和位置；

(5)了解立面图上的细部构造，如台阶、雨篷、阳台等；

(6)识读立面图上的文字说明和符号，了解外装修材料和做法，了解索引符号的标注及其部位，以便配合相应的详图识读。

2. 建筑立面图的绘制方法和步骤

(1)画出定位轴线、室外地坪线、楼板线、檐口、屋脊高度线、建筑物外的轮廓线，如图7-40(a)所示；

(2)由平面图定出门窗洞口、阳台及窗台的位置，如图7-40(b)所示；

(3)画门窗分隔、材料符号，露台栏杆等细部，如图7-40(c)所示；

(4)加深图线，标注尺寸和轴线编号及文字说明，如图7-40(d)所示。

3. 试识读图7-40(d)

图7-40(d)所示为住宅楼的正立面图，共五层住户，房屋负一层为储藏室(车库)，顶层住户拥有阁楼层，住宅楼采用坡屋顶，各层左右对称，坡屋面上设置了阁楼窗，外轮廓线所包围的范围显示出这幢房屋的总长和总高。

从图上的文字说明，可了解到房屋外墙面装修的做法。本例房屋负一层墙面刷灰色高级涂料，1~4层墙面刷咖啡色高级涂料，5层及阁楼层墙面采用淡灰色高级涂料，屋面是蓝灰色水泥瓦等。还有一些构件在图中标注出索引符号。

二、技能提升

1. 抄绘图7-40(d)所示建筑立面图。

2. 识读图7-40(d)并回答教师的课堂提问。

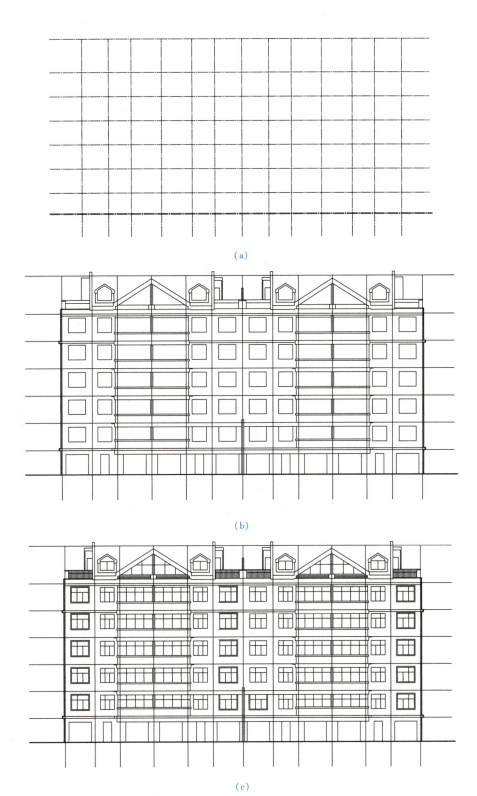

(a)

(b)

(c)

图7-40 建筑立面图的绘制

(a)画定位轴线、室外地坪线、楼板线、檐口、屋脊高度线、建筑物外的轮廓线;

(b)定门窗洞口、阳台及窗台位置;(c)画细部

①~㉕立面图 1:100

(d)

图7-40 建筑立面图的绘制(续)

(d) 成图

灰色高级涂料

结构标高 20.302

18.000

蓝灰色水泥瓦

17.550

17.800

咖啡色高级涂料

浅灰色高级涂料

17.300
16.400
13.600
10.800
8.000
5.200
2.400
±0.000
-0.100

400
400
400
400
400
300

800
2 800
2 800
2 800
2 800
2 400
100

1 500
1 500
1 500
1 500
900
2 100

900
900
900
900
900

学习结果评价见表7-16。

表7-16 学习结果评价

序号	评价内容	评价标准	评价结果
1	建筑立面图的形成与作用	熟悉建筑立面图的形成与作用	是/否
2	建筑立面图的图示特点	理解建筑立面图的图示特点	是/否
3	建筑立面图的图示内容	掌握建筑立面图的图示内容	是/否
是否可以进行下一步学习(是/否)			

课后作业

1. 识读图7-41并回答下列问题。

(1)该建筑为( )层,屋面为平屋面。

    A. 6　　　　　　B. 7　　　　　　C. 5　　　　　　D. 8

(2)地下室窗台标高为( )m。

    A. 0. 7　　　　　B. 0. 3　　　　　C. 0. 4　　　　　D. 0. 9

(3)该建筑的总高为( )m。

    A. 17. 7　　　　B. 18. 5　　　　C. 18. 9　　　　D. 19. 7

(4)(判断)建筑以白色涂料为主。( )

(5)建筑立面图主要表明( )。

    A. 建筑物外立面的形状　　　　B. 屋顶的外形

    C. 建筑的平面布局　　　　　　D. 外墙面装修做法

    E. 门窗的分布

(6)建筑立面图常用的比例为( )

    A. 1：5；1：10　B. 1：10；1：20　C. 1：50；1：100　D. 1：300；1：500

2. 回答下列问题。

(1)建筑立面图的命名方式有( )。

    A. 朝向　　　　B. 主次　　　　C. 楼梯间位置　　D. 门窗位置

    E. 首尾轴线

(2)在建筑立面图中,( )用中实线表示。

    A. 门窗洞口　　B. 阳台　　　　C. 雨篷　　　　D. 台阶

    E. 勒脚

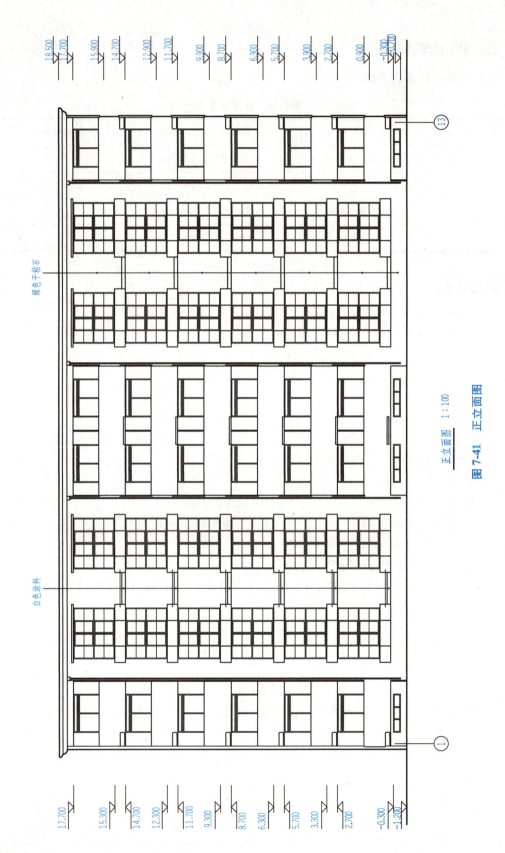

正立面图 1:100

图 7-41　正立面图

3. 识读图 7-42 并回答下列问题。

(1) 阳台侧面装修做法：＿＿＿＿＿＿＿＿＿＿＿＿＿＿＿＿。

(2) 立面图的外形轮廓线用＿＿＿＿线表示，室外地坪线用＿＿＿＿线表示。

(3) 室外地坪标高为＿＿＿＿，女儿墙压顶面处的标高为＿＿＿＿。

(4) 房屋的总高度为＿＿＿m。

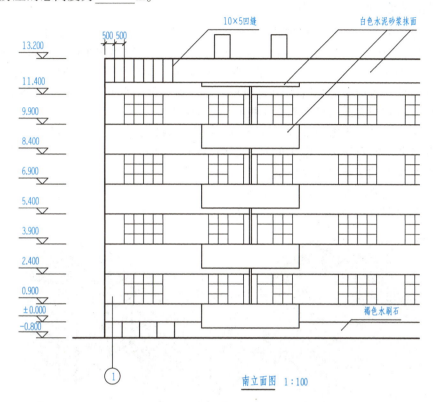

图 7-42　南立面图

职业能力 B-7-6　建筑剖面图

核心概念

建筑剖面图：是假设用一个垂直的剖切平面剖切房屋，移去剖面前面的部分，对剩余部分作投影所得到的投影图。

学习目标

1. 熟悉建筑剖面图的形成及作用；

2. 理解建筑剖面图的图示特点；

3. 掌握建筑剖面图的图示内容。

基本知识

■ 一、建筑剖面图的形成及作用 ··

在建筑平面图中，仅能了解到建筑物平面布置的情况及建筑物构配件等的平面位置，而建筑物的内部竖向空间及构配件在竖向上的高度、形状等则要在建筑剖面图上表示。

如图 7-43 所示，建筑剖面图是房屋的竖直剖视图，也就是用一个或多个假想的平行于正立投影面或侧立投影面的竖直剖切面剖开房屋，移去剖切平面某一侧的形体部分，将留下的形体部分按剖视方向向投影面作正投影所得的图样。

剖切平面应选择在房屋内部构造复杂而又反映其特征且具有代表性的部位，并应尽量通过门窗洞口和楼梯间剖切，常用的有全剖面图和阶梯剖面图。剖面图的数量应根据房屋的具体情况和施工的实际需要来决定。

建筑剖面图主要用来表达房屋内部垂直方向的结构形式、沿高度方向分层情况、各层构造做法、门窗洞口高、层高及建筑总高等。

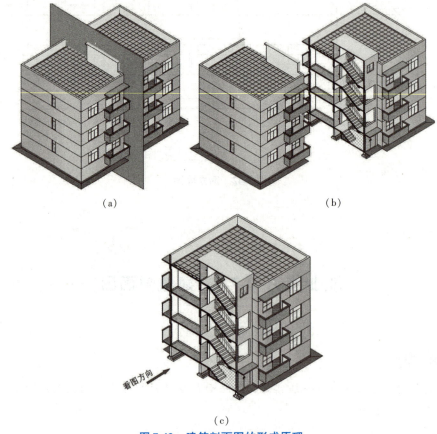

(a)　　　　　　　　　　　　　　　　　(b)

(c)

图 7-43　建筑剖面图的形成原理

(a)剖切；(b)移除某侧部分；(c)投影

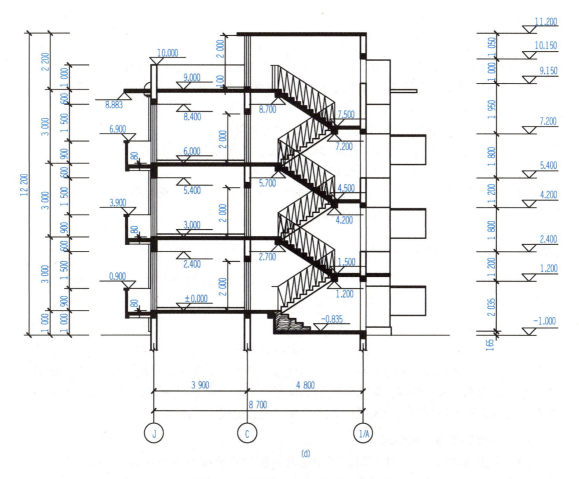

图7-43 建筑剖面图的形成原理(续)

(d)成图

■ 二、建筑剖面图的图示特点 ···

(一)图名

建筑剖面图的图名一般与它们的剖切符号的编号名称相同,如1-1剖面图、Ⅰ-Ⅰ剖面图、A-A剖面图等,表示剖面图的剖切位置和投射方向的剖切符号与编号一般在底层平面图上。

(二)图线

(1)凡被剖切面所剖切到的主要构件,如墙体、楼地面、屋面等结构部分,与平面图及立面图一样,均用粗实线表示;

(2)次要构件或构造,如门窗洞口、楼梯栏杆扶手等,以及未被剖切到的主要构造的轮廓线等用线宽0.5b的中实线绘制;

(3)其余可见部分,如门窗扇及其分格线、雨水管等细小的建筑构配件与装修面层线,一律用线宽0.25b的细实线绘制;

(4)室内外地坪用加粗线(1.4b)绘制。

(三)画法与图例

(1)习惯上,剖面图不画出基础的大放脚,墙的断面只要画到地坪线以下适当的地方,画断开线断开即可,断开线以下的部分将由房屋结构施工图的基础图表明。

(2)为了方便绘图和读图,房屋的立面图和剖面图宜绘制在同一水平线上,图内相互有关的尺寸及标高宜标注在同一竖直线上。1:100～1:200 比例的剖面图不画抹灰层,但宜画楼地面的面层线,以便准确地表示出完整的尺寸及标高。

(3)有时在剖视方向上还可以看到室外局部立面,如果其他立面图没有表示过,则可以用细实线画出该局部立面,否则可简化或不表示。

(4)剖面图中所使用的图例,与前文平面图、立面图的相同。简化砖墙涂红,实心钢筋混凝土构造,如圈梁、过梁、楼梯段等涂黑。

■ 三、建筑剖面图的图示内容

建筑剖面图表达了房屋内部垂直方向的高度、楼层分层及简要的结构形式和构造方式。建筑剖面图是施工,如砌筑墙体、铺设楼板、内部装修等的重要依据。

(一)定位轴线

定位轴线表示承重的墙、柱等的位置。对定位轴线编号,其方法与平面图相同,沿水平方向剖切的,依次序用阿拉伯数字标注;沿竖直方向剖切的,则依次序用大写英文字母标注。

建筑剖面图一般只画出两端的轴线及其编号,并标注其轴线间的距离,以便与平面图对照;有时也画出被剖切到的墙或柱的定位轴线及其轴线间的距离。

(二)内部构造和结构形式

内部构造和结构形式在建筑剖面图中反映了新建建筑物内部的分层、分隔情况,以及从地面到屋顶的结构形式和构造内容,如被剖切到的和没有被剖切到的,但投影时仍能看见的室内外地面、台阶、散水、明沟、楼板层、屋顶、吊顶、内外墙、门窗、过梁、圈梁、楼梯段、楼梯平台等的位置、构造和相互关系。地面以下的基础一般不画出。

(三)室内设备和装修

建筑剖面图表示了室内家具、卫生设备等的配置情况。室内的墙面、楼地面、吊顶等室内装修的做法和建筑平面图一样,一般直接用构造引出线加以文字标明,或用明细表、材料做法表表示,也可以另用详图表示。

(四)尺寸标注和标高

在建筑剖面图中一般要标注高度尺寸。标注的外墙高度一般也有三道尺寸线,与建筑立面图相同。

(1)洞口尺寸:包括外墙门窗洞口、女儿墙或檐口高度及其定位尺寸。

(2)楼层间尺寸:即楼层层高尺寸,含地下层在内。

(3)建筑总高度:指由室外地面至檐口或女儿墙顶的高度。屋顶上的水箱间、电梯机房和楼梯出口小间等局部升起的高度可不计入总高度,可另行标注。当室外地面有变化时,应以剖面所在位置的室外地面标高为准。

另外,建筑剖面图中也应标注室内的局部尺寸,如室内墙上的门窗洞口高度、窗台高度等。

标高应标注在室内外地面、各层楼面、楼梯平台面、阳台面等处。

(五)节点构造的详图索引符号

在建筑剖面图中，对于需要另用详图说明的部位或构配件，都要加索引符号，以便到其他图纸上去查阅或套用标准图集。

(六)比例

建筑剖面图的比例应与建筑平面图、建筑立面图一致。

▌▌ 技能训练与提升

■ 一、技能训练

建筑剖面图与建筑平面图、建筑立面图是建筑施工图的基本图纸，它们所表达的内容既有明确分工，又有紧密的联系，在识图过程中应将建筑平面图、建筑立面图和建筑剖面图联系起来才能读懂图纸。

1. 建筑剖面图的识读技能

(1)阅读图名和比例，并查阅底层平面图上的剖面图剖切符号，明确剖面图的剖切位置和投射方向。

(2)分析建筑物内部的空间组合与布局，了解建筑物的分层情况。

(3)了解建筑物的结构与构造形式，墙、柱等之间的相互关系及建筑材料和做法。

(4)阅读标高和尺寸，了解建筑物的层高和楼地面的标高及其他部位的标高和有关尺寸。

(5)了解屋面的排水方式。

(6)了解索引详图所在的位置及编号。

2. 建筑剖面图的绘制方法和步骤

(1)画室内外地坪线、最外墙(柱)身的轴线和各楼板的高度，如图7-44(a)所示。

(2)画墙厚、门窗洞口及可见的主要轮廓线，如图7-44(b)所示。

(3)画门窗、楼板及屋面等细部，如图7-44(c)所示。

(4)加深图线，并标注尺寸数字、书写文字说明，如图7-44(d)所示。

3. 试识读图7-44(d)

图7-44(d)所示为某房屋的1-1剖面图。

对照储藏室平面图可知，1-1剖面图是剖切平面位置通过④~⑤轴线间的门和窗，剖切后向左进行投影而得到的横向剖面图，图中表达了房屋竖直方向的分隔和构造，以及屋顶的结构形式和房屋室内外地坪以上各部位被剖切到的建筑构配件，如室内外地面、楼地面、内外墙及门窗、梁等。

(1)垂直方向。从图中可以看出，此建筑物共六层，底层是车库(层高为2.400 m)，一~五层是住户层(层高都为2.800 m)，阁楼层高有低有高，最低处为0.900 m，建筑总高度为17.300 m，室内外高差为0.100 m。

从右边的外部尺寸还可以看出，各层窗台至楼地面高度为0.900 m，窗洞口高度为1.500 m，楼梯口高度为2.800 m。

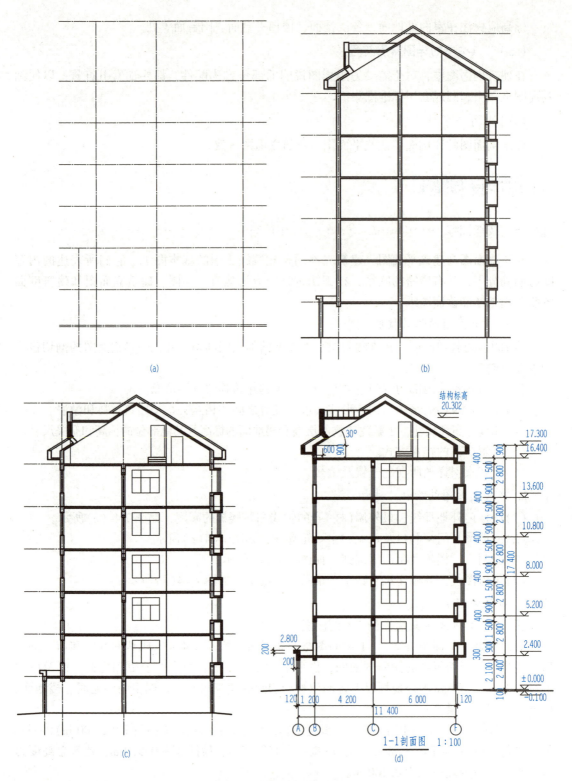

图7-44　建筑剖面图的绘制

(a)画轴线及楼面线；(b)画墙厚等主要轮廓线；

(c)画门窗、楼板及屋面等细部；(d)加深图线，并标注尺寸数字、书写文字说明

图7-44中还表达了坡屋顶及天沟的形式。

由于本剖面图比例为1:100，故构件断面除钢筋混凝土梁、板涂黑表示外，墙及其他构件不再加画材料图例。

(2)水平方向。在图中常标注剖切到的墙、柱及剖面图两端的轴线编号及轴线间距，并在图的下方注写图名和比例。

(3)其他标注。由于剖面图比例较小，某些部位如勒脚、窗台、窗顶、过梁、檐口等节点，不能详细表达，可在剖面图上的该部位处画上详图索引标志，另用详图来表示其细部构造尺寸。另外，楼地面及墙体的内外装修，可用文字说明。

■ 二、技能提升

1. 抄绘图7-43(d)所示的建筑剖面图。
2. 识读图7-44(d)并回答教师的课堂提问。

■ 三、学习结果评价

学习结果评价见表7-17。

表7-17　学习结果评价

序号	评价内容	评价标准	评价结果
1	建筑剖面图的形成与作用	熟悉建筑剖面图的形成与作用	是/否
2	建筑剖面图的图示特点	理解建筑剖面图的图示特点	是/否
3	建筑剖面图的图示内容	掌握建筑剖面图的图示内容	是/否
是否可以进行下一步学习(是/否)			

课后作业

1. 回答下列问题。

(1)反映建筑内部的结构构造、垂直方向的分层情况、各层楼地面、屋顶的构造等情况的是(　　)。

　　A. 剖面图　　　　B. 平面图　　　　C. 立面图　　　　D. 详图

(2)在建筑剖面图中，垂直分段尺寸一般分三道。其中中间一道是(　　)尺寸。

　　A. 开间　　　　B. 进深　　　　C. 轴间　　　　D. 层高

(3)在建筑剖面图中，垂直分段尺寸一般分三道，分别是(　　)尺寸。

　　A. 开间　　　B. 总高　　　C. 轴间　　　D. 层高　　　E. 细部高度

(4)在建筑剖面图上，楼梯平台处应注明(　　)。

　　A. 结构标高　　B. 建筑标高　　C. 绝对标高　　D. 相对标高　　E. 装饰标高

(5)剖切位置线的长度为(　　)。

　　A. 6～10 mm　　B. 4～6 mm　　C. 5～8 mm　　D. 3～6 mm

(6)图样上尺寸标注时，尺寸起止符号一般为中粗短斜线，其倾斜方向应与尺寸界线成（　　）45°，其长度为 2 ~ 3 mm。

    A. 顺时针　　　　　B. 逆时针　　　　　C. 任意　　　　　D. 以上皆不对

(7)标高数字应以(　　)为单位，总平面图中注写到小数点后(　　)位。

    A. 毫米　　　　　B. 厘米　　　　　C. 米　　　　　D. 2　　　　　E. 3

2. 识读图 7-45、图 7-46 所示的施工图并回答下列问题。

(1)本住宅楼总长为____mm，总宽为____mm。

(2)本住宅楼中最小的卧室的进深为____mm，开间为____mm。

(3)本住宅楼中最大的卧室的室内面积为_____m²。

(4)大卧室中钢窗的宽度为____mm，高度为____mm(写洞口尺寸)。

(5)卧室的地面标高为_____m，卫生间的地面标高为_____m。

(6)进入楼梯间和卧室的台阶级数分别是_____级和_____级。

(7)小卧室的门和厨房的窗的型号分别是_____和_____。

(8)M43 和 M74 的高度分别是_____m 和_____m。

(9)该住宅楼的总高度为_____m，楼层层高为_____m。

(10)该住宅楼的屋面排水坡度为_____%，大卧室中窗台离地面高为____mm。

(11)为了解Ⓐ轴墙体的窗台细部构造应查阅建施_____页中的_____号详图。

(12)宽度为 900 mm 的钢窗的型号是_____，此种型号的钢窗在底层共有_____个。

(13)本住宅楼外墙厚度为_____mm，过厅与卫生间之间的隔墙厚度为_____mm。

(14)从一楼地面走到二楼楼面一共要走_____级梯级，本楼梯是按_____时针方向上楼的(填"顺"或"逆")。

(15)本住宅楼的厨房和卫生间的布置在朝_____的方向(填方向)，楼梯间入口处的空门洞宽度为____mm，门洞高度为____mm。

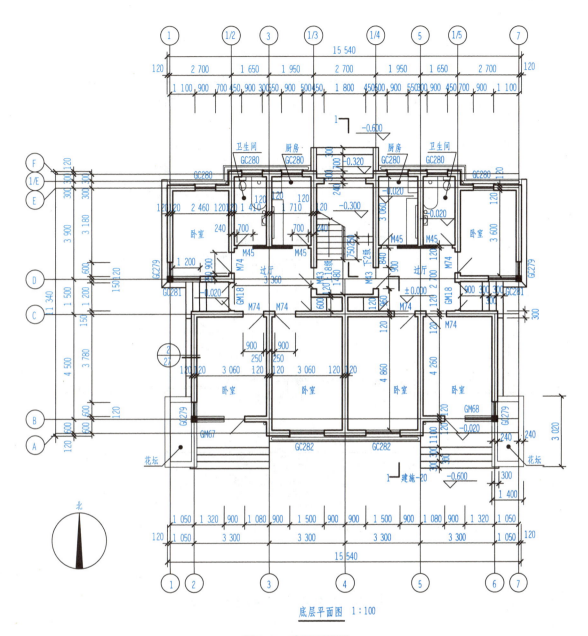

底层平面图　1:100

图 7-45　底层平面图

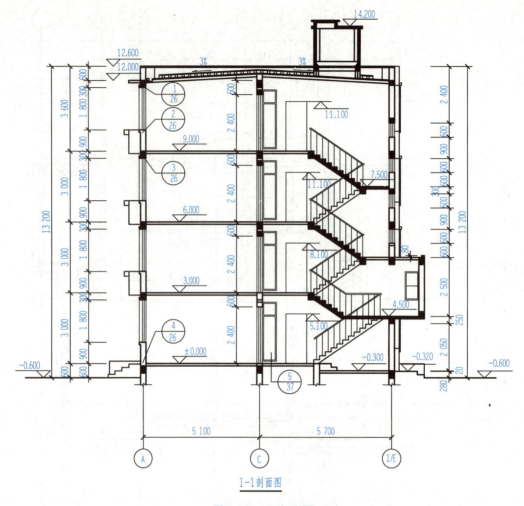

图 7-46　1-1 剖面图

职业能力 B-7-7　建筑详图

核心概念

建筑详图：是用相对较大的比例，如 1:50、1:20、1:10、1:5 等另外放大画出的建筑物的细部构造的详细图样。

学习目标

1. 熟悉建筑详图的形成及作用；

2. 理解建筑详图的图示特点；

3. 掌握建筑详图的分类及各自图示内容。

基本知识

■ 一、建筑详图的形成及作用 ···

建筑平面图、立面图和剖面图虽然能够表达建筑物的外部形状、平面布置、内部构造和主要尺寸，但由于比例较小，许多细部构造、尺寸、材料和做法等内容无法表达清楚，为了满足施工要求，还必须使用较大比例画出建筑详图。建筑详图是建筑平面图、立面图和剖面图的补充，也是建筑施工图的重要组成部分。

建筑详图可分为 构造节点详图 和 构配件详图 两类。凡表达建筑物某一局部构造、尺寸和材料的详图称为构造节点详图，如檐口、窗台、勒脚、明沟等；凡表明构配件本身构造的详图称为构件详图或配件详图，如门、窗、楼梯、花格、雨水管等。

对于套用标准或通用图的构造节点和建筑构配件，只需要注明所套用图集的名称、型号或页次（索引符号），可不必另画详图。

对于构造节点详图，除要在建筑平面图、立面图、剖面图上的有关部位标注出索引符号外，还应在详图上标注出详图符号或名称，以便对照查阅。而对于构配件详图，可不标注索引符号，只在详图上写明该构配件的名称或型号即可。

建筑详图的图示方法可用平面详图、立面详图、剖面详图或断面详图。详图中还可以索引出比例更大的详图。

此部分我们学习几种常见的详图，包括外墙详图、楼梯详图、门窗详图。除此之外，室内外一些附属构配件也可以绘制详图，如室外台阶、花池、散水、明沟、阳台、厕所、壁柜等。

■ 二、建筑详图的图示特点 ···

（一）详图符号与索引符号

在建筑平面图、立面图和剖面图中，凡需要绘制详图的部位均应画上索引符号，而在所画出的详图上应注明相应的详图符号。

详图符号与索引符号必须对应一致，以便看图时查找相互有关的图纸。

索引符号、详图符号及构造引出线、标高等详图常见标识的具体用法详见前述相关内容，此处不再赘述。

（二）详图的图示方法

详图的数量根据细部构造和构配件的复杂程度，按清晰表达的要求来确定，例如，墙身节点图只需要一个剖面详图来表达；楼梯间宜用几个平面详图和一个剖面详图、几个节点详图表达；门窗则常用立面详图和若干个剖面或断面详图表达。

若需要表达构配件外形或局部构造的立体图时，可按轴测图绘制。详图的数量与房屋的复杂程度及平面图、立面图、剖面图的内容及比例有关。

（三）建筑详图的种类

在一套施工图中，建筑详图的种类视建筑工程的体量大小及难易程度来决定。常用的详图有外墙身详图、楼梯间详图、卫生间详图、厨房详图、门窗详图、阳台详图、雨篷详图。

由于各地区都编有标准图集，故在实际工程中，有的详图可直接查阅标准图集。

(四)图线

被剖切到的抹灰层和楼地面的面层线用中实线绘制。对比较简单的详图，可只采用线宽为 b 和 $0.25b$ 的两种图线。其他用法与建筑平面图、立面图、剖面图相同。

■ 三、建筑详图的分类及各自图示内容 ·····························

(一)外墙墙身构造详图

外墙详图实际上是建筑剖面图中外墙墙身的局部放大图。它主要表达了建筑物的屋面、檐口、楼面、地面的构造及其与墙体的连接，还表明女儿墙、门窗顶、窗台、圈梁、过梁、勒脚、散水、明沟等节点的尺寸、材料、做法等构造情况。其是砌墙、室内外装修、门窗立口等施工和编制预算的重要依据。

外墙剖面详图一般采用较大比例(如 1 : 20)绘制，为节省图幅，通常采用折断画法，往往在窗中间处断开，成为几个节点详图的组合。如果多层房屋中各层的构造相同时，可只画底层、顶层和一个中间层的节点。基础部分不画，用折断线断开。

有时也可不画整个墙身的详图，而是将各个节点详图分别单独绘制，这时的各个节点详图应按顺序依次排在同一张图纸上，以便读图。

外墙剖面详图上标注尺寸和标高，与建筑剖面图基本相同，线型也与剖面图相同，剖到的轮廓线用粗实线画出。因为采用了较大的比例，墙身还应用细实线画出粉刷线，并在断面轮廓线内画上规定的材料图例。

(二)楼梯详图

楼梯详图主要表示楼梯的类型、结构形式、各部位尺寸及踏步、栏杆的装修做法。楼梯详图是楼梯施工、放样的重要依据。楼梯详图一般包括楼梯平面图、剖面图及踏步、栏杆、扶手等节点详图。楼梯平面图和剖面图的比例一般为 1 : 50；节点详图的常用比例有 1 : 10、1 : 5、1 : 2 等。

一般楼梯的建施图和结施图应分别绘制，较简单的楼梯有时合并绘制，编入建施图，或者编入结施图均可。楼梯间详图应尽量安排在同一张图纸上，以便阅读。

1. 楼梯平面图

楼梯平面图实际上是建筑平面图中楼梯间的局部放大图，通常用一层平面图、中间层(或标准层)平面图和顶层平面图来表示。

一层平面图的剖切位置在第一跑楼梯段上。因此，在一层平面图中只有半个梯段，并标注"上"字的长箭头，梯段断开处画 45°折断线。有的楼梯还有通道或小楼梯间及向下的两级踏步；中间层平面图的剖切位置在某楼层向上的楼梯段上，所以在中间层平面图上既有向上的梯段(注有"上"字的长箭头)，又有向下的梯段(注有"下"字的长箭头)，在向上梯段断开处画 45°折断线；顶层平面图的剖切位置在顶层楼层地面一定高度处，没有剖切到楼梯段，因而，在顶层平面图中只有向下的梯段，其平面图中没有折断线。

各层楼梯平面图宜上下对齐(或左右对齐)，这样既便于阅读又便于尺寸标注和省略重复尺寸。

梯段长度尺寸标为

$$(踏步数-1)\times 踏面宽 = 梯段长$$

楼梯平面图主要表现以下内容：

(1)楼梯在建筑平面图中的位置及有关轴线的布置。

(2)楼梯间、楼梯段、楼梯井和休息平台等的平面形式和尺寸，楼梯踏步的宽度和踏步数。

(3)楼梯上行或下行的方向，一般用带有箭头的细实线表示，箭头表示上下方向，箭尾标注上、下字样及踏步数。

(4)楼梯间各楼层平面、楼梯平台面的标高。

(5)一层楼梯平台下的空间处理，是过道还是小房间。

(6)楼梯间墙、柱、门窗的平面位置及尺寸。

(7)栏杆(板)、扶手、护窗栏杆、楼梯间窗或花格等的位置。

(8)底层平面图上楼梯剖面图的剖切符号。

2. 楼梯剖面图

楼梯剖面图是按楼梯底层平面图中的剖切位置及剖视方向画出的垂直剖面图。凡是被剖到的楼梯段及楼地面、楼梯平台用粗实线绘制，并画出材料图例或涂黑，没有被剖到的楼梯段用中实线或细实线画出轮廓线。

在多层建筑中，楼梯剖面图可以只画出底层、中间层和顶层的剖面图，中间用折断线断开，将各中间层的楼面、楼梯平台面的标高数字在所画的中间层相应地标注，并加括号。

在楼梯剖面图中，被剖到梯段的踏步级数可直接看到，未被剖到梯段的踏步级数及因被栏板遮挡或因梯段为暗步梁板式等原因而不可见时，可用虚线表示，也可直接从其高度尺寸上看出该梯段的步级数。

楼梯剖面图主要表现以下内容：

(1)楼梯间墙身的定位轴线及编号、轴线间的尺寸。

(2)楼梯的类型及其结构形式、楼梯的梯段数及踏步数。

(3)楼梯段、休息平台、栏杆(板)、扶手等的构造情况和用料情况。

(4)踏步的宽度和高度及栏杆(板)的高度。

(5)楼梯的竖向尺寸、进深方向的尺寸和有关标高。

(6)踏步、栏杆(板)、扶手等细部的详图索引符号。

3. 楼梯节点详图

楼梯节点详图一般包括楼梯段的起步节点、转弯节点和止步节点的详图，楼梯踏步、栏杆或栏板、扶手等详图。楼梯节点详图一般均以较大的比例画出，以表明它们的断面形式、细部尺寸、材料、构件连接及面层装修做法等。

(三)门窗详图

门在建筑中的主要功能是交通、分隔、防盗，兼作通风、采光；窗的主要作用是通风、采光。门窗的主要组成结构如图7-47所示。

在建筑施工图中，如果采用标准图时，则只需在门窗统计表中注明该详图所在标准图集中的编号，不必另画详图。如果没有标准图时，或采用非标准门窗，则一定要画出门窗详图。

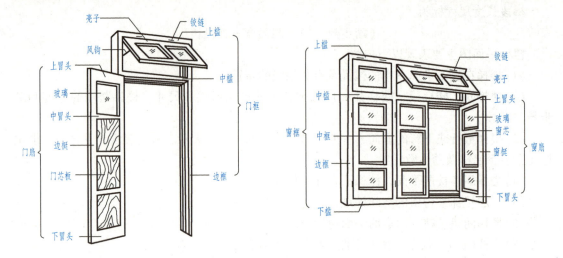

图7-47　门窗的构造组成

门窗详图是表示门窗的外形、尺寸、开启方式和方向、构造、用料等情况的图纸。门窗详图一般由立面图、节点详图、五金配件、文字说明等组成，如图7-48所示。

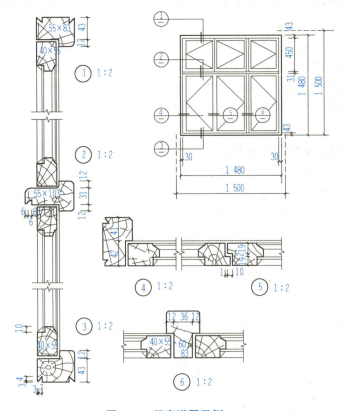

图7-48　门窗详图示例

1. 门窗立面图

门窗立面图是其外立面的投影图，它主要表明门窗的外形、尺寸、开启方式和方向，节点详图的索引标志等内容。门窗立面图上的开启方向用相交细斜线表示，两斜线的交点即安装门窗扇铰链的一侧，斜线为实线表示外开，虚线表示内开。

门窗立面图主要表示以下内容：

(1)门窗的立面形状、骨架形式和材料。

(2)门窗的主要尺寸。立面图上通常注有三道外尺寸，最外一道为门窗洞口尺寸，也是建筑平面图、立面图、剖面图上标注的洞口尺寸，中间一道为门窗框的尺寸和灰缝尺寸，最里面一道为门窗扇尺寸。

(3)门窗的开启形式是内开、外开还是其他形式。

(4)门窗节点详图的剖切位置和索引符号。

2. 门窗节点详图

门窗节点详图为门窗的局部剖(断)面图，是表明门窗中各构件的断面形状、尺寸及有关组合等节点的构造图纸。

门窗节点详图主要表示以下内容：

(1)节点详图在立面图中的位置。

(2)门窗框和门窗扇的断面形状、尺寸、材料及互相的构造关系，门窗框与墙体的相对位置和连接方式，有关的五金零件等。

技能训练与提升

一、技能训练

(一)外墙墙身构造详图

1. 读图实例

图 7-49 所示为南立面墙身详图，比例为 1:20。它表明了南立面墙身的构造。下面以檐口节点和窗洞口节点为例进行识读。

图中，檐口节点主要表达顶层窗过梁、遮阳或雨篷、屋顶(根据实际情况画出其构造与构配件，如屋面梁、屋面板、室内顶棚、天沟、雨水管、架空隔热层、女儿墙及其压顶)等的构造和做法。

该屋面的承重层是钢筋混凝土板，按 30°来砌坡，上面有防水卷材层和保温层，以用来防水和隔热。具体做法可由构造引出线进行引出并标注文字，也可用索引符号进行索引，另行绘制详图。女儿墙高为 500 mm，由材料图例可知是钢筋混凝土材料。

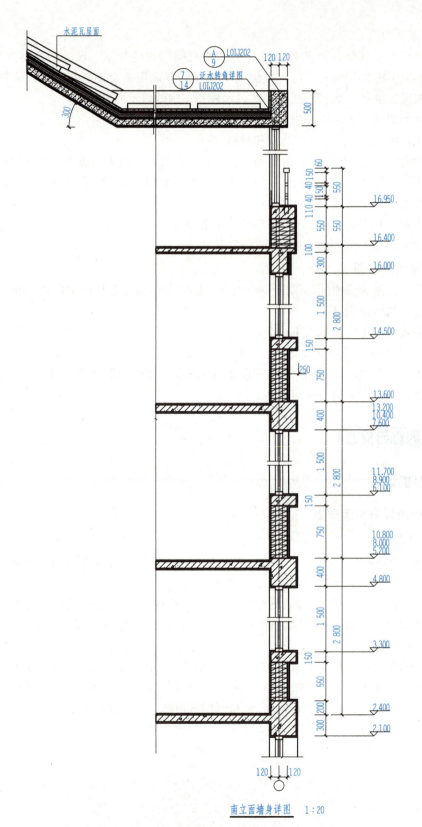

南立面墙身详图 1:20

图7-49 南立面墙身详图实例

窗台节点主要表达窗台的构造及内外墙面的做法。

该房屋窗台的材料为钢筋混凝土，外表面出挑尺寸为 250 – 120 = 130（mm），厚度为 150 mm。

窗顶节点主要表达窗顶过梁处的构造，内、外墙面的做法，以及楼板层的构造情况。

该房屋窗顶过梁为矩形，出挑尺寸为 250 – 120 = 130（mm），厚度为 400 mm，楼板是钢筋混凝土材料现浇板。墙体厚度为240 mm，各层窗洞口均为 1 500 mm 高。

2. 绘制方法和步骤

（1）画出外墙定位轴线。

（2）画出室内外地坪线、楼面线、屋面线及墙身轮廓线。

（3）画出门窗位置、楼板和屋面板的厚度、室内外地坪构造。

（4）画出门窗细部，如门窗过梁，内外窗台等。

（5）加深图线或上墨，注写尺寸、标高和文字说明等。

（二）楼梯详图

1. 楼梯平面图读图实例

图 7-50 所示为某住宅的楼梯平面图。各层楼梯平面图都应标注出该楼梯间的轴线。从楼梯平面图中所标注的尺寸，可以了解楼梯间的开间和进深尺寸，还可以了解楼地面和平台面的标高及楼梯各组成部分的详细尺寸。

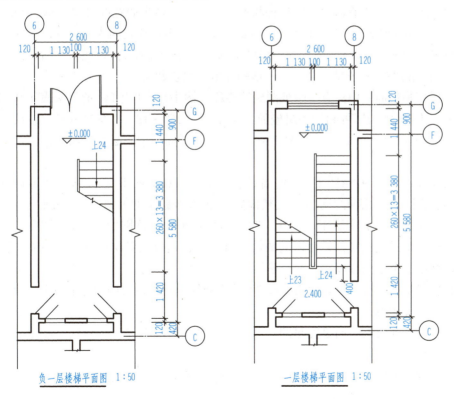

图 7-50 楼梯平面图实例

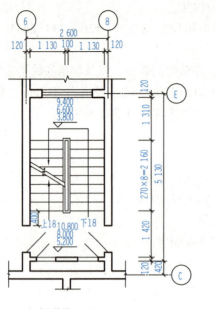

标准层楼梯平面图 1:50

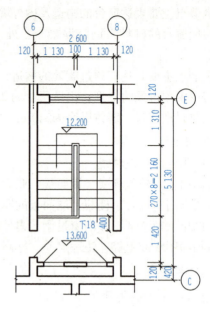

顶层楼梯平面图 1:50

图7-50　楼梯平面图实例(续)

从图7-50中还可以看出，中间层梯段的长度是8个踏步的宽度之和，即270×8=2 160 (mm)，而中间层梯段的踏步级数是9(18/2)，为什么呢？这是因为每一梯段最高一级的踏面与休息平台面或楼面重合(将最高一级踏面做平台面或楼面)，因此，平面图中每一梯段画出的踏面(格)数，总比踏步数少一，即踏面数=踏步数−1。

负一层楼梯平面图中只有一个被剖到的梯段。图中注有"上14"的箭头表示从储藏室层楼面向上走14级踏步即可到达一层楼面，梯段长为260×13=3 380(mm)，表明每一踏步宽为260 mm，共有13+1=14(级)踏步。在负一层平面图中，必须注明楼梯剖面图的剖切符号等。

一层楼梯平面图中注有"下14"的箭头表示从一层楼面向下走14级踏步即可到达储藏室层楼面，"上23"的箭头表示从一层楼面向上走23级踏步即可到达二层楼面。

标准层楼梯平面图表示了二、三、四层的楼梯平面，该图中没有再画出雨篷的投影，其标高的标注形式应注意，括号内的数值为替换值，是以上各层的标高。另外，标准层平面图中的踏面，上下两梯段都画成完整的。

上行梯段中间画有一条与踢面线成30°的折断线。折断线两侧的上下指引线箭头是相对的，绘制时需要留意。

顶层楼梯平面图的踏面是完整的。只有下行，故梯段上没有折断线。楼面临空的一侧装有水平栏杆。

顶层楼梯平面图中楼梯的两个梯段均为完整的梯段，只注有"下18"。

2. 楼梯平面图的绘制方法与步骤

(1)确定楼梯间的轴线位置，如图7-51(a)所示。

(2)画墙身厚度、门窗洞口位置，如图7-51(b)所示。

（3）画出梯段长度、平台宽度、梯段宽度、梯井宽度，并根据踏面数和宽度，用几何作图中等分平行线的方法等分梯段长度，画出踏步，如图7-51（c）所示。

（4）画箭头，加深图线，标注标高、尺寸、轴线编号、图名、比例等，如图7-51（d）所示。

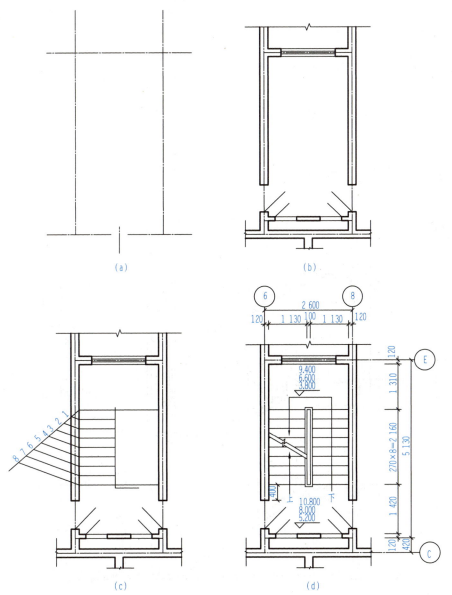

图7-51　楼梯平面图的绘制

（a）确定楼梯间的轴线位置；（b）画墙身厚度、门窗洞口位置；
（c）画各部分长度、宽度等，画出踏度；（d）画箭头，加深图线

3. 楼梯剖面图读图实例

如图7-52所示，楼梯剖面图中应标注出楼梯间的进深尺寸和轴线编号，地面、平台面、楼面等的标高，梯段、栏杆（或栏板）的高度尺寸［《民用建筑设计统一标准》（GB 50352—2019）规定：楼梯扶手高度应自踏步前缘量至扶手顶面的垂直距离，其高度不得小于900 mm］。

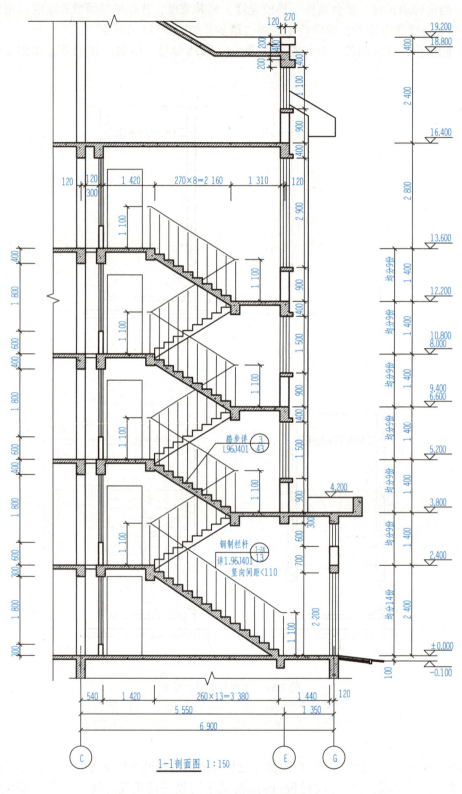

踏步详
L96J401 ③/43

钢制栏杆
详1.96J401 T-24/13
竖向间距<110

1—1剖面图 1:150

图7-52 楼梯剖面图实例

其中梯段的高度尺寸与踢面高和踏步数合并书写，如图 7-52 中 1 400 均分 9 份，表示有 9 个踢面，每个踢面高度为 1 400/9 = 155.6(mm)，梯段高度为 1 400 mm。踏步的组成如图 7-53 所示。

此外，还应标注出楼梯间外墙上门窗洞口、雨篷的尺寸与标高。

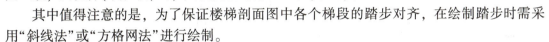

图 7-53　踏步的组成

4. 楼梯剖面图的绘制方法与步骤

绘制楼梯剖面图时，注意图形比例应与楼梯平面图一致；画栏杆(或栏板)时，其坡度应与梯段一致(平行)。

其中值得注意的是，为了保证楼梯剖面图中各个梯段的踏步对齐，在绘制踏步时需采用"斜线法"或"方格网法"进行绘制。

(1)确定楼梯间的轴线位置，画出楼地面、平台面高度线，确定各梯段的起止点位置，如图 7-54(a)所示。

(2)画墙身、墙体中的窗位置及各层楼板面，如图 7-54(b)所示。

(3)画楼梯踏步，注意竖直(水平)辅助线的绘制要保证平齐且尽量轻绘，切勿用力，以免擦除时留下痕迹，如图 7-54(c)所示。

(4)画细部，如门、梁、栏杆、散水等，如图 7-54(d)所示。

(5)加深图线，擦除辅助线，标注轴线编号、尺寸、标高、索引符号、图名、比例等，如图 7-54(e)所示。

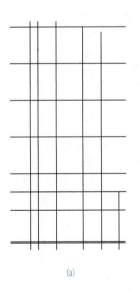

(a)

(b)

图 7-54　楼梯剖面图的绘制

(a)确定楼梯间的轴线位置，画楼地面、平台面高度线，确定各梯段的起止点位置；
(b)画墙身，墙体中的窗位置及各层楼板面

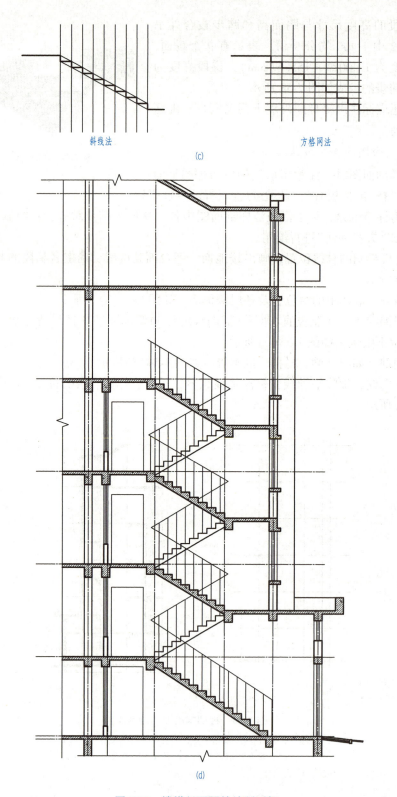

斜线法 方格网法

(c)

(d)

图 7-54　楼梯剖面图的绘制(续)

(c)画楼梯踏步，轻绘并保证辅助线平齐；(d)画细部

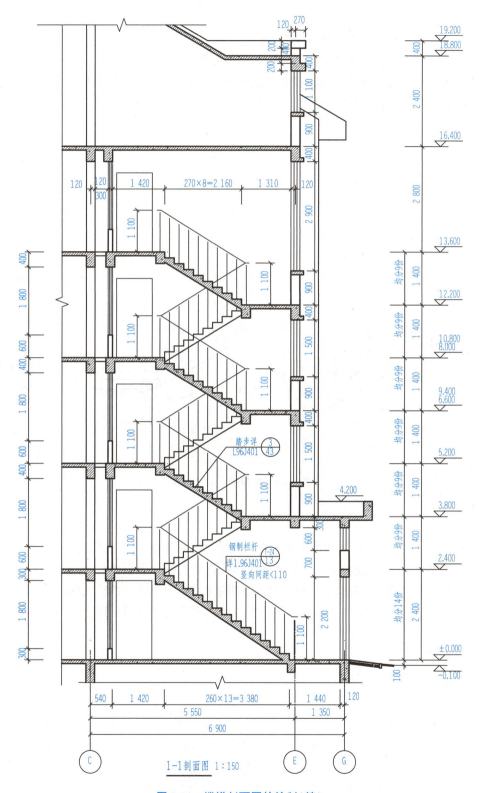

图 7-54 楼梯剖面图的绘制 (续)
(e) 加深图线，擦除辅助线，标注各种尺寸数据等

5. 楼梯节点详图读图实例

为方便查阅，楼梯节点详图一般绘制在一张图纸上。

如图 7-55 所示，详图①为起步节点平面图，比例为 1:20；详图②为两梯段中间转弯节点详图，比例为 1:10；详图③为起步节点剖面图，比例为 1:10；详图④为踏步及其装修详图，比例为 1:5；详图⑤为扶手详图，比例为 1:2。

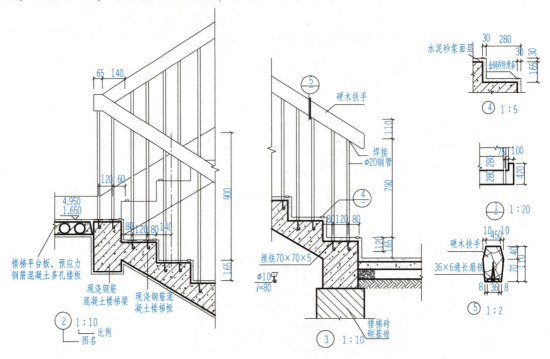

图 7-55　楼梯节点详图实例

■ 二、技能提升

1. 识读图 7-49 所示墙身详图后回答教师的课堂提问并课后抄绘此图。
2. 识读图 7-50 所示楼梯平面图后回答教师的课堂提问并课后抄绘此图。
3. 识读图 7-52 所示楼梯剖面图后回答教师的课堂提问并课后抄绘此图。
4. 识读图 7-55 所示楼梯节点详图后回答教师的课堂提问并课后抄绘此图。

■ 三、学习结果评价

学习结果评价见表 7-18。

表 7-18　学习结果评价

序号	评价内容	评价标准	评价结果
1	建筑详图的形成与作用	熟悉建筑详图的形成与作用	是/否
2	建筑详图的图示特点	理解建筑详图的图示特点	是/否
3	建筑详图的分类和图示内容	掌握建筑详图的分类和图示内容	是/否
是否可以进行下一步学习（是/否）			

1. 回答下列问题。

(1)建筑施工图中汉字的高度应不小于(   )mm。

    A. 2.5   B. 1.8   C. 3.5   D. 1.5

(2)英文字母、阿拉伯数字与罗马数字写成斜体字时,其斜度应是从字的底线逆时针向上倾斜(   )。

    A. 75°   B. 60°   C. 45°   D. 30°

(3)(   )主要用来确定新建房屋的位置、朝向以及周边环境关系。

    A. 建筑平面图   B. 建筑立面图

    C. 建筑总平面图   D. 功能分区图

(4)在一张建筑施工图中,如有索引符号,其分子为4的含义为(   )。

    A. 图纸的图幅为4号   B. 详图所在的图纸编号为4

    C. 被索引的图纸编号为4   D. 详图的编号为4

(5)标注坡度时,箭头应指向(   )方向。

    A. 上坡   B. 下坡   C. 前方   D. 根据需要确定

(6)详图符号的圆应以直径为(   )mm粗实线绘制。

    A. 8   B. 10   C. 12   D. 14

(7)多层构造说明如层次为横向排序,则由上至下的说明顺序应与(   )的层次相互一致。

    A. 右至左   B. 上至下   C. 前至后   D. 左至右

(8)反映房屋各部位的高度、外貌和装修要求的是(   )。

    A. 剖面图   B. 平面图   C. 立面图   D. 详图

(9)建筑详图常用的比例有(   )。

    A. 1∶50、1∶20、1∶10   B. 1∶150、1∶100、1∶50

    C. 1∶200、1∶100、1∶50   D. 1∶500、1∶200、1∶100

(10)引出线应以细实线绘制,宜采用水平方向的直线及与水平方向成(   )的直线。

    A. 30°   B. 45°   C. 60°   D. 75°   E. 90°

(11)建筑施工图中,尺寸的组成除尺寸线外还有(   )。

    A. 尺寸界线   B. 起止符号   C. 尺寸数字   D. 尺寸箭头   E. 尺寸单位

(12)详图符号的圆应以直径为(   )mm的(   )线绘制。

    A. 10   B. 14   C. 8   D. 粗实   E. 细实

(13)阅读图样时,(   )。

    A. 先粗看后细看   B. 先局部后整体   C. 先整体后局部

    D. 先文字说明后图样   E. 先尺寸后图形

(14)建筑详图常用的比例有(   )等。

    A. 1∶50   B. 1∶20   C. 1∶10   D. 1∶5   E. 1∶100

(15)楼梯详图是由(   )构成的。

    A. 楼梯平面图   B. 楼梯立面图   C. 楼梯剖面图

D. 楼梯说明　　　　　　　　　　E. 节点详图

（16）若详图与被索引的图样在同一张图纸内，正确的详图符号是（　　）。

A.  $\frac{5}{-}$　　　　B.  $\frac{-}{5}$　　　　C.  $\frac{5}{5}$　　　　D.  5

（17）建筑剖面图中，为了清楚地表达建筑细部的材料及构造层次，常在这些部位绘制建筑详图。一般推荐详图的比例应大于（　　）。

A. 1:50　　　　B. 1:60　　　　C. 1:100　　　　D. 1:200

（18）在外墙墙身构造详图中，表示屋面、楼面的材料及做法时，常用的标注方法是（　　）。

A. 波浪线　　　B. 移出放大　　　C. 分层剖切　　　D. 多层构造引出线

（19）绘制建筑施工图的顺序一般是（　　）。

A. 平面图—立面图—剖面图—详图　　　　B. 立面图—平面图—剖面图—详图

C. 平面图—剖面图—立面图—详图　　　　D. 剖面图—立面图—平面图—详图

（20）详图符号 $\frac{5}{2}$ 中圆圈内的 2 表示（　　）。

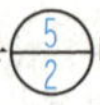

A. 详图的编号　　　　　　　　　B. 被索引的图纸的编号

C. 详图所在的图纸编号　　　　　D. 详图所在的定位轴线编号

2. 识读图 7-56 并回答下列问题。

（1）楼梯间位于（　　）的范围内。

A. ⓒ、ⓔ轴线　　　　B. ⓒ、ⓕ轴线

C. ③、⑤轴线　　　　D. ③、④轴线

E. ④、⑤轴线

（2）该楼梯间的进深为（　　）mm。

A. 8 100　　　　　　　B. 6 600

C. 7 140　　　　　　　D. 5 640

（3）该楼梯为双跑式楼梯，每个梯段有（　　）个踏步。

A. 8　　　　　　　　　B. 9

C. 10　　　　　　　　D. 11

（4）楼梯休息平台宽度为（　　）mm。

A. 1 500　　　　　　　B. 3 000

C. 2 880　　　　　　　D. 1 380

（5）图中 2% 指的是（　　）的坡度。

A. 室外坡道　　　　　B. 楼梯间

C. 雨篷　　　　　　　D. 休息

（6）楼层平台的起步尺寸为（　　）mm。

A. 540　　　　　　　　B. 1 440

C. 2 300　　　　　　　D. 1 500

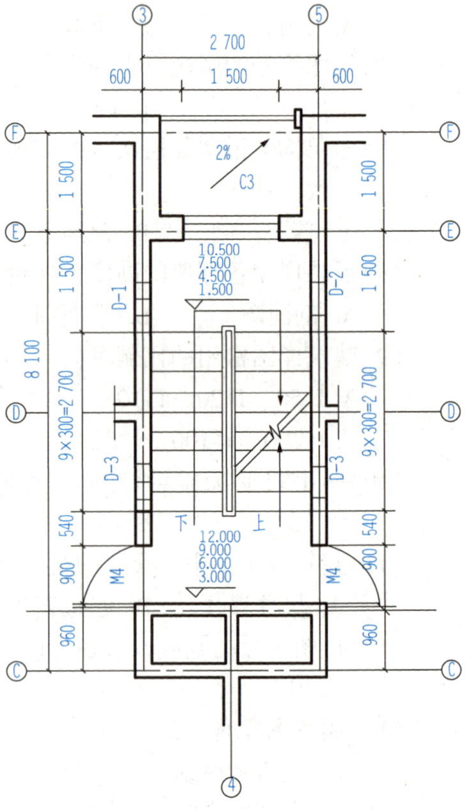

标准层平面图 1:50

图 7-56　标准层平面图

工作任务 B-8　结构施工图识读

职业能力 B-8-1　结构施工图的表示方法

核心概念

结构施工图是根据房屋建筑中的承重构件进行结构设计后绘制而成的图样。结构设计时，根据建筑要求选择结构类型，并进行合理布置，再通过力学计算确定构件的断面形状、大小、材料及构造等，并将设计结果绘制成图样，以指导施工，这种图样有时简称为"结施"。结构施工图与建筑施工图一样，是施工的依据，主要用于放灰线、挖基槽、基础施工、支承模板、配钢筋、浇灌混凝土等施工过程，也用于计算工程量、编制预算和施工进度计划。

学习目标

1. 了解结构施工图的组成；
2. 了解结构施工图平面整体表示法；
3. 会正确表达结构施工图的钢筋。

基本知识

■ 一、结构施工图的组成

（一）结构设计说明

结构设计说明包括抗震设计与防火要求，地基与基础、地下室、钢筋混凝土各种构件、砖砌体、后浇带与施工缝等部分选用的材料类型、规格、强度等级，施工注意事项等。

（二）结构平面图

结构平面图包括基础、梁、板、柱、剪力墙等结构的平面图。

（三）结构详图

结构详图包括基础、梁、板、柱结构详图，楼梯结构详图，屋架结构详图和其他详图等。

■ 二、常用构件代号

在结构施工图中，基本构件如板、梁、柱等，为了图样表达简明扼要，便于清楚区分构件，便于施工、制表、查阅，有必要以代号或符号来进行表示。目前，《建筑结构制图标准》（GB/T 50105—2010）给出的常用构件代号，均以构件名称的汉语拼音的第一个字母来表示，见表8-1。

表8-1　常用构件代号

序号	名称	代号	序号	名称	代号	序号	名称	代号
1	板	B	19	圈梁	QL	37	承台	CT
2	屋面板	WB	20	过梁	GL	38	设备基础	SJ
3	空心板	KB	21	连系梁	LL	39	桩	ZH
4	槽形板	CB	22	基础梁	JL	40	挡土墙	DQ
5	折板	ZB	23	楼梯梁	TL	41	地沟	DG
6	密肋板	MB	24	框架梁	KL	42	柱间支撑	ZC
7	楼梯板	TB	25	框支梁	KZL	43	垂直支撑	CC
8	盖板或沟盖板	GB	26	屋面框架梁	WKL	44	水平支撑	SC
9	挡雨板或檐口板	YB	27	檩条	LT	45	梯	T
10	起重机安全走道板	DB	28	屋架	WJ	46	雨篷	YP
11	墙板	QB	29	托架	TJ	47	阳台	YT
12	天沟板	TGB	30	天窗架	CJ	48	梁垫	LD
13	梁	L	31	框架	KJ	49	预埋件	M –
14	屋面梁	WL	32	刚架	GJ	50	天窗端壁	TD
15	起重机梁	DL	33	支架	ZJ	51	钢筋网	W
16	单轨吊	DDL	34	柱	Z	52	钢筋骨架	G
17	轨道连接	DGL	35	框架柱	KZ	53	基础	J
18	车挡	CD	36	构造柱	GZ	54	暗柱	AZ

■ 三、结构施工图平面整体表示方法

建筑结构施工图平面整体表示方法（简称平法），对混凝土结构施工图的传统设计表达方法做了重大改革，它是将结构构件的尺寸和配筋，按照平面整体表示方法的制图规则，直接将各类构件表达在结构平面布置图上，再与标准构造详图配合，即构成一套新型完整的结构设计图纸，避免了传统的将各个构件逐个绘制配筋详图的烦琐方法，大大地减少了传统设计中大量的重复表达内容，变离散的表达方式为集中表达方式，并将内容以可重复使用的通用标准图的方式固定下来。目前已有国家建筑标准设计图集《混凝土结构施工图平面整体表示方法制图规则和构造详图》（22G101）可直接采用。

四、钢筋混凝土构件

钢筋混凝土构件由钢筋和混凝土两种材料组合而成。混凝土由水、水泥、砂子、石子按一定比例拌和硬化而成。混凝土抗压强度高，混凝土的强度等级可分为 C7.5、C10、C15、C20、C25、C30、C35、C40、C45、C50、C55、C60、C65、C70、C75、C80 共 16 个等级，数字越大，表示混凝土的抗压强度越高。

混凝土的抗拉强度比抗压强度低得多，一般仅为抗压强度的 1/10～1/20，而钢筋不但具有良好的抗拉强度，而且与混凝土有良好的粘合力，其热膨胀系数与混凝土相近，因此，两者常结合组成钢筋混凝土构件。图 8-1 所示的两端支承和一端支承在砖墙上的钢筋混凝土梁，将所需的纵向钢筋均匀地放置在梁的底部和顶部与混凝土浇筑在一起，梁在均布荷载的作用下产生弯曲变形。

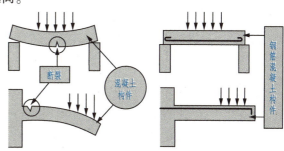

图 8-1　钢筋混凝土梁受力示意

五、钢筋的分类

(1) 受力钢筋：通过力学计算配置的钢筋，主要起受力的作用。通常，受力钢筋直径大，可直可弯，承受拉应力(正筋)或承受压应力(负筋)。

(2) 箍筋：承受扭力、剪力，并固定纵向受力钢筋，可以防止纵筋被压曲及约束混凝土的横向变形。箍筋直径通常小于 10 mm，可分为单肢箍、双肢箍、四肢箍等几种。

(3) 架立筋：用于固定梁内箍筋的位置，与箍筋、纵向受力筋共同组成钢筋骨架承受外力。架立筋的直径通常较小、强度低。

(4) 分布筋：一般用于板内，垂直于受力筋布置，既固定受力筋，使受力筋受荷载更均匀，也防止混凝土收缩开裂。

(5) 构造筋：根据构件的构造或施工要求而配置的构造钢筋，如拉结筋、吊筋等。架立筋和分布筋也属于构造筋。

具体配筋如图 8-2 所示。

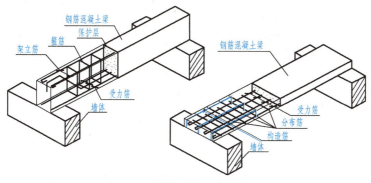

图 8-2　钢筋混凝土构件设置

■ 六、结构施工图钢筋的图示方法 ···

（1）图线：钢筋立面轮廓为粗线，横断面为黑圆点（构件轮廓为细线），如图8-3所示。

（2）钢筋的标注方法：应说明钢筋的数量、代号、直径、间距、编号及所在位置。如图8-4所示，内容：4号钢筋为20根直径12 mm、间距150 mm的HRB300级钢筋。

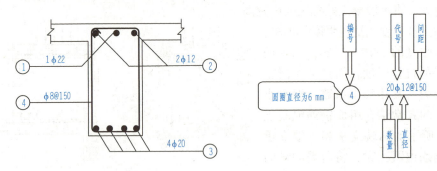

图 8-3　梁的钢筋图示方法　　　　　　　　图 8-4　钢筋的标注方法

（3）常用钢筋代号见表8-2。

表 8-2　常用钢筋代号

名称	图例或符号
HPB300 级钢筋	ϕ
HRB400 级钢筋	Φ
RRB400 级钢筋	Φ^R

（4）一般钢筋常用图例见表8-3。

表 8-3　一般钢筋常用图例

名称	图例	名称	图例
钢筋横断面	●	无弯钩的钢筋搭接	
无弯钩的钢筋端部	重叠短钢筋端部用45°短线表示	带半圆弯钩的钢筋搭接	
带半圆形弯钩的钢筋搭接		带直钩的钢筋搭接	
带直钩的钢筋搭接		套管接头	
带丝扣的钢筋端部		接触对焊的钢筋接头	

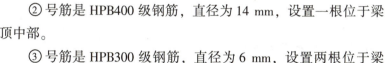

能力训练

■ 一、问题情境

根据截面图(图8-5),描述梁截面钢筋的配筋情况。

(1)梁截面尺寸:该梁截面为等矩形截面,梁高为250 mm,梁宽为150 mm。

(2)配筋情况:

① 号筋是 HPB300 级钢筋,直径为 12 mm,设置两根位于梁的底部,在箍筋的角部。

② 号筋是 HPB400 级钢筋,直径为 14 mm,设置一根位于梁顶中部。

③ 号筋是 HPB300 级钢筋,直径为 6 mm,设置两根位于梁顶,在箍筋的角部。

④ 号筋是 HPB300 级钢筋,为箍筋,直径为 6 mm,每 150 mm 放置一根。

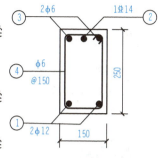

图 8-5　截面图

■ 二、学习结果评价

学习结果评价见表8-4。

表8-4　学习结果评价

序号	评价内容	评价标准	评价结果
1	结构施工图的组成	了解结构施工图的组成	是/否
2	结构施工图平面整体表示方法	了解结构施工图平面整体表示方法	是/否
3	结构施工图的钢筋表达	会正确表达结构施工图的钢筋	是/否
是否可以进行下一步学习(是/否)			

课后作业

完成图 8-6 所示梁截面配筋的描述。

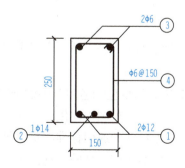

图 8-6　梁截面

职业能力 B-8-2　结构施工图的识读

核心概念

结构施工图通常包括结构设计总说明（对于较小的房屋一般不必单独编写）、基础平面图及基础详图、楼层结构平面图、屋面结构平面图及结构构件（如梁、板、柱、楼梯、屋架等）详图。

学习目标

1. 掌握基础、梁、柱结构施工图的表示方法；
2. 掌握结构施工图识读的正确方法。

基本知识

一、结构施工图的识读方法

（1）读图纸目录，同时按图纸目录检查图纸是否齐全，图纸编号与图名是否符合。

（2）读结构总说明，了解工程概况、设计依据、主要材料要求、标准图或通用图的使用、构造要求及施工注意事项等。

（3）读基础图。

（4）读结构平面图及结构详图，了解各种尺寸、构件的布置、配筋情况、楼梯情况等。

（5）看结构设计说明要求的标准图集。

在整个读图过程中，要将结构施工图与建筑施工图、水暖电施工图结合起来，看有无矛盾的地方，构造上能否施工等，同时，还要边看边记下关键的内容，如轴线尺寸、开间尺寸、层高、主要梁柱截面尺寸和配筋及不同部位混凝土强度等级等。

二、标准图集的阅读

为加快设计、施工进度，提高质量，降低成本，施工图中经常直接采用标准图集。

（一）标准图集的分类

我国编制的标准图集，按其编制的单位和适用范围的情况可分为以下三类：

（1）经国家批准的标准图集，供全国范围内使用。

（2）经各省、市、自治区等地方批准的通用标准图集，供本地区使用。

（3）各设计单位编制的图集，供本单位设计的工程使用。

全国通用的标准图集，通常采用代号"G"，或"结"表示结构标准构件类图集，用"J"或"建"表示建筑标准配件类图集。

(二)标准图集的查阅方法

(1)根据施工图中注明的标准图集名称、编号及编制单位,查找相应的图集。

(2)阅读标准图集的总说明,了解编制该图集的设计依据、使用范围、施工要求及注意事项等。

(3)了解该图集编号和表示方法,一般标准图集都用代号表示,代号表明构件、配件的类别、规格及大小。

(4)根据图集目录及构件、配件代号在该图集内查找所需详图。

■ 三、梁平法施工图的主要内容和识读步骤 ··········

(一)梁平法施工图的主要内容

1. 平面注写

平面注写方式是指在梁平面布置图上,分别在不同编号的梁中各选择一根梁,在其上注写截面尺寸和配筋具体数值的方式来表达梁平法施工图,如图8-7所示。

平面注写包括集中标注和原位标注。集中标注表达梁的通用数值,即梁多数跨都相同的数值;原位标注表达梁的特殊数值,即梁个别截面与其不同的数值。当集中标注中的某项数值不适用梁的某部位时,则将该项数值原位标注,施工时,原位标注取值优先。既有效减少了表达上的重复,又保证了数值的唯一性。

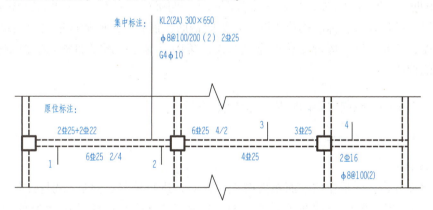

图8-7 梁平法施工图示例

2. 截面注写

截面注写方式是指在分标准层绘制的梁平面布置图上,分别在不同编号的梁中各选择一根梁用剖面号引出配筋图,并在其上注写截面尺寸和配筋具体数值的方式来表达梁平法施工图(图8-8)。

对所有梁进行编号,从相同编号的梁中选择一根梁,先将单边截面剖切符号及编号画在该梁上,再将截面配筋详图画在本图或其他图上。当某梁的顶面标高与该结构层的楼面标高不同时,还应在其梁编号后注写梁顶面高差(注写规定同前)。截面配筋详图上注写截面尺寸 $b×h$、上部筋、下部筋、侧面构造筋或受扭筋及箍筋的具体数值时,其表达形式与平面注写方式相同。

截面注写方式既可以单独使用，也可以与平面注写相结合使用。当梁平面整体配筋图中局部区域的梁布置过密或表达异形截面梁的尺寸、配筋时，用截面注写比较方便。

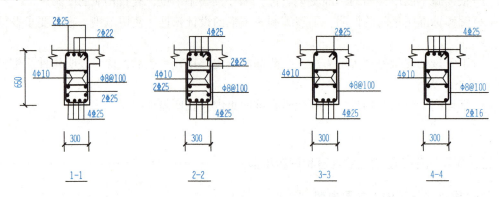

图 8-8　梁截面注写示例

(二)梁平法施工图的识读步骤

(1)查看图名、比例。

(2)校核轴线编号及其间距尺寸，要求必须与建筑施工图、剪力墙施工图、柱施工图保持一致。

(3)与建筑施工图配合，明确梁的编号、数量和布置。

(4)阅读结构设计说明或有关说明，明确梁的混凝土强度等级及其他要求。

(5)根据梁的编号，查阅图中标注或截面标注，明确梁的截面尺寸、配筋和标高。再根据抗震等级、设计要求和标准构造详图确定纵向钢筋、箍筋和吊筋的构造要求(如纵向钢筋的锚固长度、切断位置、弯折要求和连接方式、搭接长度等;箍筋加密区的范围;附加箍筋、吊筋的构造)。

■ 四、柱平法施工图的主要内容和识读步骤 ⋯⋯⋯⋯⋯⋯⋯⋯⋯⋯⋯⋯⋯⋯⋯⋯

(一)柱平法施工图的主要内容

1. 列表注写

列表注写方式，就是在柱平面布置图上，先对柱进行编号，然后分别在同一编号的柱中各选择一个(当柱截面与轴线关系不同时，需选几个)截面标注几何参数代号(b_1、b_2、h_1、h_2)，在柱表中注写柱号、柱段起止标高、几何尺寸与配筋具体数值，并配以各种柱截面形状及其箍筋类型图的方式，来表达柱平面整体配筋(图 8-9)。一般情况下，一张图纸便可以将本工程所有柱的设计内容(构造要求除外)一次性表达清楚。

如图 8-9 所示，列表注写方式绘制的柱平法施工图包括以下三部分具体内容：

(1)结构层楼面标高、结构层高及相应结构层号。此项内容可以用表格或其他方法注明，用来表达所有柱沿高度方向的数据，方便设计和施工人员查找、修改。图中层号为 2 的楼层，其结构层楼面标高为 4.47 m，层高为 4.2 m。

(2)柱平面布置图。在柱平面布置图上，分别在不同编号的柱中各选择一个(或几个)截面，标注柱的几何参数代号：b_1、b_2、h_1、h_2，用以表示柱截面形状及与轴线关系。

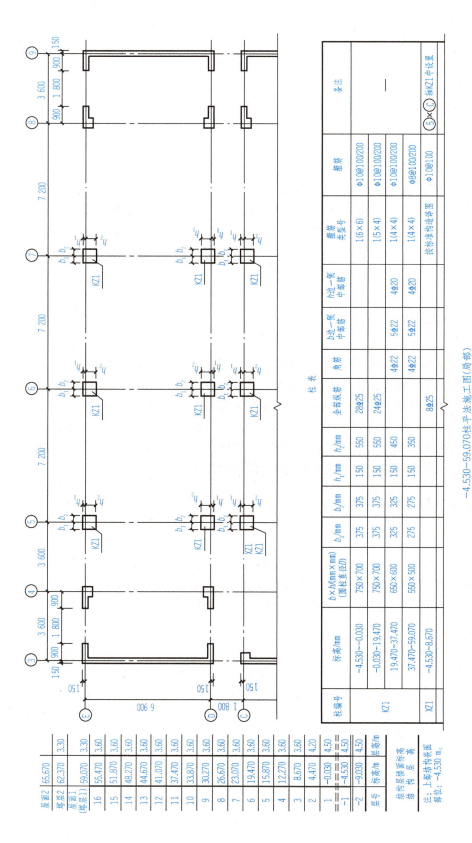

柱表

柱编号	标高/mm	b×h/(mm×mm) (圆柱直径D)	b_1/mm	b_2/mm	h_1/mm	h_2/mm	全部纵筋	角筋	b边一侧中部筋	h边一侧中部筋	箍筋类型号	箍筋	备注
KZ1	−4.530~−0.030	750×700	375	375	150	550	28Φ25				1(6×6)	Φ10@100/200	
	−0.030~19.470	750×700	375	375	150	550	24Φ25				1(5×4)	Φ10@100/200	
	19.470~37.470	650×600	325	325	150	450		4Φ22	5Φ22	4Φ20	1(4×4)	Φ10@100/200	
	37.470~59.070	550×500	275	275	150	350		4Φ22	5Φ22	4Φ20	1(4×4)	Φ8@100/200	—
XZ1	−4.530~8.670						8Φ25				按标准构造详图	Φ10@100	⑤×Ⓒ相KZ1中设置

−4.530~59.070柱平法施工图(局部)

图8-9 柱平法列表注写示例

	层号	结构层楼面标高 标高/m	层高/m
屋面2		65.670	3.30
塔层2		62.370	3.30
屋面1 (塔层1)	16	59.070	3.60
	15	55.470	3.60
	14	51.870	3.60
	13	48.270	3.60
	12	44.670	3.60
	11	41.070	3.60
	10	37.470	3.60
	9	33.870	3.60
	8	30.270	3.60
	7	26.670	3.60
	6	23.070	3.60
	5	19.470	3.60
	4	15.870	3.60
	3	12.270	4.20
	2	8.670	4.20
	1	4.470	4.50
	−1	−0.030	4.50
	−2	−4.530	4.50
		−9.030	
层号	结构层楼面标高	层高/m	

注:上部结构嵌固部位:−4.530 m。

· 269 ·

（3）柱表。柱表内容包含六部分，即柱编号、各段柱的起止标高、柱截面尺寸 $b \times h$ 及与轴线关系的几何参数、柱纵筋、箍筋种类型号及箍筋肢数、柱箍筋。

2. 截面注写

截面注写方式，是在标准层绘制的柱平面布置图上，分别在同一编号的柱中选择一个截面，以直接注写截面尺寸和配筋具体数值的方式来表达柱平法施工图（图 8-10）。首先对除芯柱外所有柱截面进行编号，然后从相同编号的柱中选择一个截面，按另一种比例在原位放大绘制柱截面配筋图，并在各配筋图上注写柱截面尺寸 b、h（对于圆柱改为圆柱直径 d）与轴线关系 b_1、b_2 和 h_1、h_2 的具体数值（$b = b_1 + b_2$，$h = h_1 + h_2$，圆柱时 $d = b_1 + b_2 = h_1 + h_2$）。当纵筋采用两种直径时，须再注写断面各边中部纵筋的具体数值（对于采用对称配筋的矩形截面柱，可仅在一侧注写中部纵筋，对称边省略不注）。当在某些框架柱的一定高度范围内，在其内部的中心位置设置芯柱时，其标注方式详见国家标准图集《混凝土结构施工图平面整体表示方法制图规则和构造详图（现浇混凝土框架、剪力墙、梁、板）》（22G101-1）有关规定。

（二）柱平法施工图的识读步骤

（1）查看图名、比例。

（2）校核轴线编号及其间距尺寸，要求必须与建筑施工图、基础平面图保持一致。

（3）与建筑施工图配合，明确各柱的编号、数量和位置。

（4）阅读结构设计总说明或有关说明，明确柱的混凝土强度等级。

（5）根据各柱的编号，查阅图中截面标注或柱表，明确柱的标高、截面尺寸、配筋情况，再根据抗震等级、设计要求和标准构造详图确定纵向钢筋和箍筋的构造要求（如纵向钢筋连接的方式、位置和搭接长度、弯折要求；箍筋加密区的范围）。

■ 五、基础平法施工图的主要内容

（一）基础平法施工图的形成

假想用一水平剖切面沿建筑物底层室内地面将整栋建筑物剖开，移去截面以上的建筑物和基础回填土后作水平投影，就得到基础平面图。

基础平面图主要表示基础的平面布置及墙、柱与轴线的关系，为施工放线、开挖基槽或基坑和砌筑基础提供依据。

（二）基础平面图的内容

基础平面图主要表示基础墙、柱、留洞及构件布置等平面位置关系。其包括以下内容：

（1）图名和比例，基础平面图的比例应与建筑平面图相同。常用比例为 1:100、1:200。

（2）基础平面图应标注出与建筑平面图相一致的定位轴线及其编号和轴线之间的尺寸。

（3）基础平面图应反映基础墙、柱、基础底面的形状、大小及基础与轴线的尺寸关系。

（4）基础梁的布置与代号，不同形式的基础梁用代号 JL1、JL2 等表示。

（5）基础的编号、基础断面的剖切位置和编号。

（6）施工说明用文字，说明地基承载力及材料强度等级等。

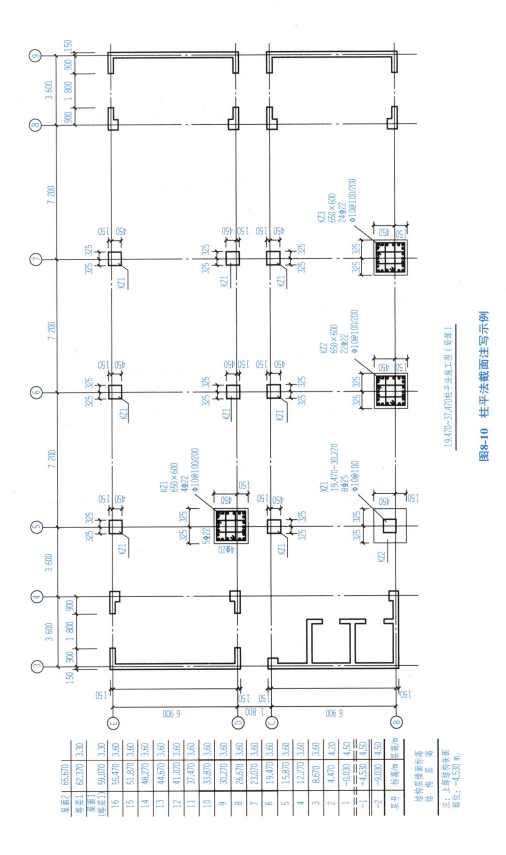

19.470~37.470柱平法施工图（局部）

图8-10 柱平法截面注写示例

屋面2	65.670	3.30
塔层1	62.370	3.30
屋面1 (塔层1)	59.070	3.60
16	55.470	3.60
15	51.870	3.60
14	48.270	3.60
13	44.670	3.60
12	41.070	3.60
11	37.470	3.60
10	33.870	3.60
9	30.270	3.60
8	26.670	3.60
7	23.070	3.60
6	19.470	3.60
5	15.870	3.60
4	12.270	3.60
3	8.670	3.60
2	4.470	4.20
1	-0.030	4.50
-1	-4.530	4.50
-2	-9.030	4.50
层号	标高/m	层高/m

结构层楼面标高
结构层高

注：上部结构嵌固
部位：-4.530 m。

(三)基础详图的特点与内容

(1)不同构造的基础应分别画出其详图。当基础构造相同，而仅部分尺寸不同时，也可以用一个详图表示，但需要标注出不同部分的尺寸。基础断面图的边线一般用粗实线画出，断面内应画出材料图例；若是钢筋混凝土基础，则只画出配筋情况，不画出材料图例。

(2)图名与比例。

(3)轴线及其编号。

(4)基础的详细尺寸，基础墙的厚度，基础的宽、高，垫层的厚度等。

(5)室内外地面标高及基础底面标高。

(6)基础及垫层的材料、强度等级、配筋规格及布置。

(7)防潮层、圈梁的做法和位置。

(8)施工说明等。

■ 六、学习结果评价

学习结果评价见表8-5。

表8-5　学习结果评价

序号	评价内容	评价标准	评价结果
1	基础、梁、柱结构施工图的表示方法	掌握基础、梁、柱结构施工图的表示方法	是/否
2	结构施工图的识读方法	掌握结构施工图的正确识读方法	是/否
是否可以进行下一步学习(是/否)			

▌ 课后作业

抄绘图8-8～图8-11。

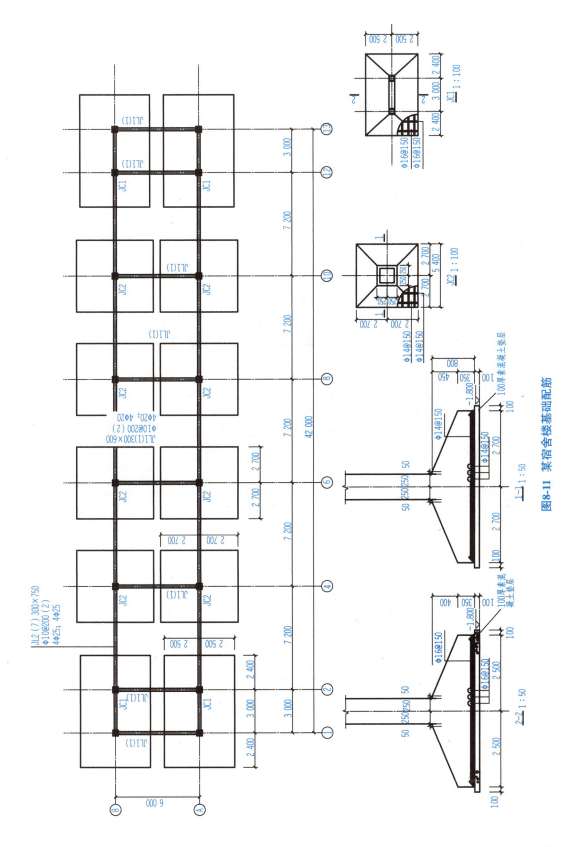

图8-11 某宿舍楼基础配筋

工作任务 C-9　AutoCAD 基本命令

职业能力 C-9-1　直线命令

基本知识

直线是各种图形中最基本的图形元素，在 AutoCAD 中启用"直线"命令有以下四种方法：

(1)执行"绘图"→"直线"命令；

(2)单击"绘图"工具栏中的"直线"按钮；

(3)在"默认"选项卡中单击"绘图"选项板中的"直线"按钮；

(4)输入命令：L(LINE)。

操作步骤

以图 9-1 所示的图形为例。

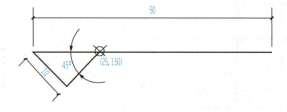

图 9-1　直线练习

绘制步骤如下：

命令：Line ↙

指定第一点：25，150 ↙

指定下一点或[放弃(U)]：@10＜225↙

指定下一点或[放弃(U)]：@10＜135 ↙

指定下一点或[闭合(C)/放弃(U)]：@50，0↙

指定下一点或[闭合(C)/放弃(U)]：↙

职业能力 C-9-2　多段线命令

基本知识

使用多段线命令绘制的图形是一个整体，在绘制过程中，既可以随意设置线宽，也可以用多段线编辑命令对多段线进行编辑。在 AutoCAD 中启用"多段线"命令有以下四种方法：

(1)执行"绘图"→"多段线"命令；

(2)单击"绘图"工具栏中的"多段线"按钮；

(3)在"常用"选项卡中的"绘图"选项板中单击"多段线"按钮；

(4)输入命令：PL(PLINE)。

操作步骤

以图 9-2 所示的图形为例。

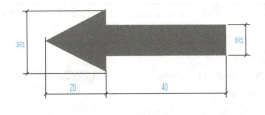

图 9-2　多段线练习

绘制步骤如下：

命令：PL ↙

指定起点：↙

当前线宽为 0.0000 ↙

指定下一个点或[圆弧(A)/半宽(H)/长度(L)/放弃(U)/宽度(W)]：w↙

指定起点宽度 <0.0000>：↙

指定端点宽度 <0.0000>：20 ↙

指定下一个点或[圆弧(A)/半宽(H)/长度(L)/放弃(U)/宽度(W)]：20 ↙

指定下一点或[圆弧(A)/闭合(C)/半宽(H)/长度(L)/放弃(U)/宽度(W)]：w↙

指定起点宽度 <20.0000>：10 ↙

指定端点宽度 <10.0000>：10 ↙

指定下一点或[圆弧(A)/闭合(C)/半宽(H)/长度(L)/放弃(U)/宽度(W)]：40 ↙

指定下一点或[圆弧(A)/闭合(C)/半宽(H)/长度(L)/放弃(U)/宽度(W)]：↙

职业能力 C-9-3　多线命令

基本知识

多线是指多条相互平行的直线，在绘图过程中可以调整和编辑平行直线间的距离、直线的数量、线条的颜色和线型等属性。在 AutoCAD 中启用"多线"命令有以下两种方法：

（1）执行"绘图"→"多线"命令；

（2）输入命令：ML(MLINE)。

操作步骤

例如绘制图 9-3 所示的图形，首先设置多线样式，命令是 MLSTYLE，在弹出的对话框中选择"新建"，样式名输入"窗"，其他设置如图 9-4 所示。

图 9-3　多线练习

绘制墙体部分的命令如下：

指定起点或[对正(J)/比例(S)/样式(ST)]：ST✓

输入多线样式名或[?]：STANDARD✓

当前设置：对正 = 无，比例 =240.00，样式 =STANDARD✓

指定起点或[对正(J)/比例(S)/样式(ST)]：S✓

输入多线比例 <240.00 >：240✓

指定起点或[对正(J)/比例(S)/样式(ST)]：指定下一点：1470✓

指定下一点或[放弃(U)]：✓

绘制窗户部分的命令如下：

命令：MLINE✓

当前设置：对正 = 无，比例 =240.00，样式 =STANDARD✓

指定起点或[对正(J)/比例(S)/样式(ST)]：ST✓

输入多线样式名或[?]：窗户

当前设置：对正 = 无，比例 =240.00，样式 = 窗户✓

指定起点或[对正(J)/比例(S)/样式(ST)]：

指定下一点：✓

指定下一点或[放弃(U)]：✓

图 9-4　多线样式设置

职业能力 C-9-4 填充命令

基本知识

在绘图时，有时需要在指定的封闭区域内绘制断面符号、材料图例或填充某种图案，用来表示实体断面、材质或区分物体的表面等，这样的操作称为图案填充。在 AutoCAD 中启用"图案填充"命令有以下三种方法：

(1)输入命令：BH；

(2)执行"绘图"→"图案填充"命令；

(3)单击"绘图"工具栏中的"图案填充"按钮。

操作步骤

以图 9-5 所示的房屋模型填充砖形图案为例。

(1)输入命令：BH，执行"填充"命令。

(2)在图案填充选项卡的"类型和图案"选项组中，"类型"选择"预定义"，"图案"选择"BRICK"，如图 9-6 所示。

(3)在"角度和比例"选项组中，把"角度"设置为 0，"比例"设置为 10。

(4)在"边界"选项组中，单击"拾取点"按钮，在要填充的里面单击一点来选择填充区域，单击"预览"按钮可以预览填充效果。

可以通过调整"比例"值来更改填充图案的疏密程度，通过"角度"值来更改填充图案的倾斜角度。

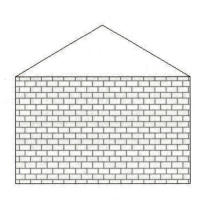

图 9-5　图案填充练习

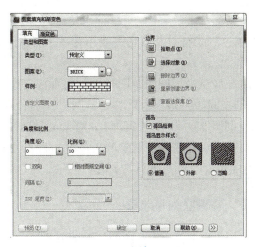

图 9-6　图案填充设置

工作任务 C-10　建筑平面图的绘制

■ 一、平面图的用途

建筑平面图能够反映出房屋的平面形状、大小和位置，以及门窗的尺寸和位置等。它是用一个假想的水平剖切面沿着建筑物各层门、窗洞口处位置将房屋切开，移去剖切平面以上部分，将余下部分向下投影得到的水平剖视图。

■ 二、平面图的主要内容

(1)图名、比例；

(2)表示墙、柱、内外门窗的位置及编号，房间的名称或编号，轴线编号；

(3)标注出室内外的有关尺寸及室内楼、地面的标高；

(4)楼梯的位置及楼梯的上下行方向；

(5)阳台等的位置及尺寸；

(6)剖面图的剖切符号及编号；

(7)在底层平面图附近位置绘制出指北针，一般取上北下南。

■ 三、平面图的绘制要求

(1)平面图上的线型一般有粗实线、中粗实线和细实线三种。其中，墙体、柱子等断面的轮廓线、剖切符号及图名底线用粗实线绘制，门扇的开启线用中粗实线绘制；其余部分均用细实线绘制。

(2)在底层平面图中，图样周围要标注三道尺寸，第一道反映建筑物总长或总宽；第二道反映轴线间距；第三道反映门窗洞口大小和位置。

(3)剖切位置线的长度宜为6~10 mm，投射方向线长度应短于剖切位置线，宜为4~6 mm。

(4)指北针用来指明建筑物的朝向，圆的直径宜为24 mm，用细实线绘制，指针尾部的宽度宜为3 mm，指针头部应标示"北"或"N"。

■ 四、平面图的绘制步骤

以图10-1为例，平面图的绘制步骤如下。

1. 设置绘图环境

(1)用 Limits 和 Zoom 命令设置和显示绘图界限为 42 000 mm × 29 700 mm，并将其显示在屏幕内。

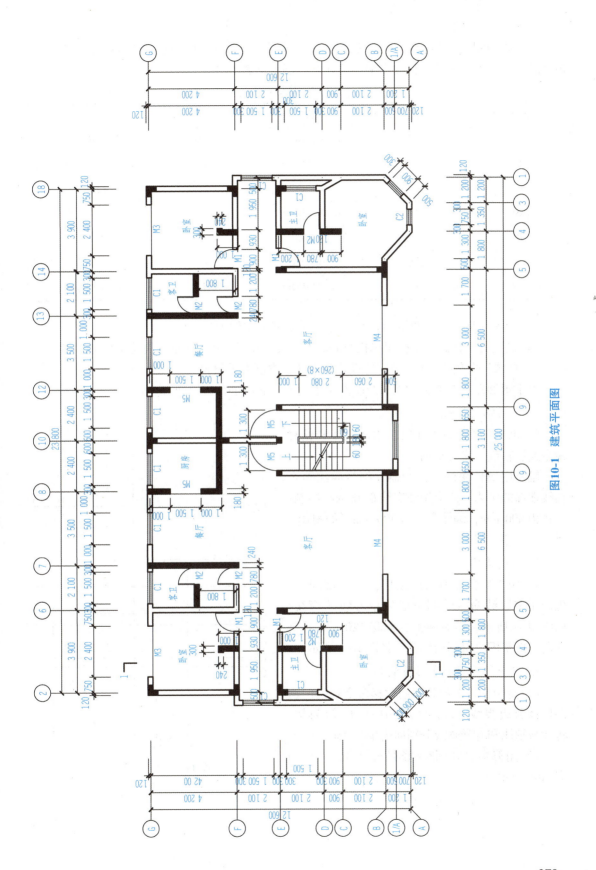

图10-1 建筑平面图

（2）定义图层及其属性。输入图层（Layer）命令，系统弹出"图层特性管理器"对话框，新建墙体、门窗、轴线、标注、文字等几个图层，见表10-1。

表10-1　图层设置

新建图层名	颜色	线型	线宽	适用对象
01	白色	CONTINUOUS	0.70b	柱、墙轮廓线等
02	青色	CONTINUOUS	0.50b	次要轮廓线等
03	洋红	CONTINUOUS	0.35b	门窗等
04	绿色	CONTINUOUS	0.18b	尺寸标注等
05	红色	CENTER	0.18b	轴线等
06	黄色	HIDDEN	0.35b	虚线等
07	白色	CONTINUOUS	默认	文字注写等

（3）设置线型比例。调用 Ltscale 命令，设置线型比例为30。

（4）设置文字样式。执行菜单栏"格式"→"文字样式"命令或输入快捷键"ST"，系统弹出"文字样式"对话框，将文字字体设置为宋体，宽度因子设置为0.7。

由于图形左右对称，可以只绘制左半边图形，然后进行镜像即可。

2. 绘制轴网和轴号

将"05"图层置为当前层，用多段线和偏移命令绘制轴线，布置轴网。

轴号用属性块的方法绘制，编号应注写在轴线端部的圆内，圆应用细实线0.18 mm绘制，直径为800 mm，编号字高为400 mm，如图10-2所示。

3. 绘制墙体

将"01"图层置为当前图层，绘制墙线时，先使用多段线命令绘制出墙体中心线轮廓线，如图10-3所示。然后两侧各偏移120 mm并进行简单修整即可得到墙体线，如图10-4所示。

4. 挖除门窗洞口和门窗绘制

（1）定位门、窗洞口，用偏移命令定位门窗洞口修剪边界线。以图10-5中的M3门为例，将②号轴线和⑥号轴线分别向内偏移750 mm。

（2）用修剪（TR）命令修剪出门窗洞口，如图10-6所示。

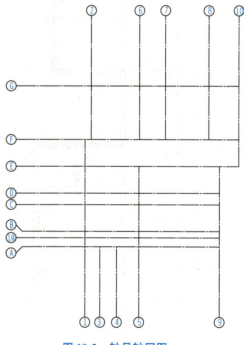

图10-2　轴号轴网图

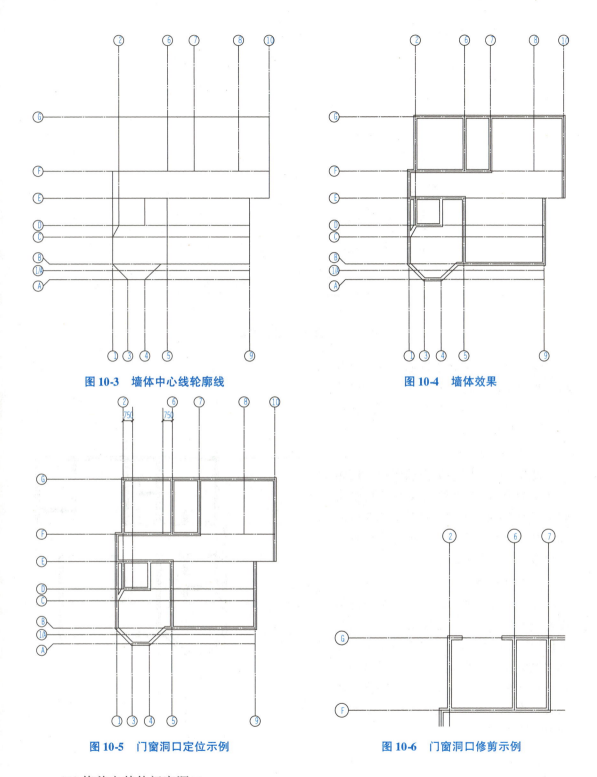

图 10-3　墙体中心线轮廓线

图 10-4　墙体效果

图 10-5　门窗洞口定位示例

图 10-6　门窗洞口修剪示例

(3)修剪出其他门窗洞口。

(4)用多线命令绘制窗户，画圆并用修剪命令绘制门。

输入命令 MLSTYLE 并按 Enter 键，系统弹出"多线样式"对话框，单击"新建"按钮，创建名为"窗户"的多线样式，设置如图 10-7 所示。

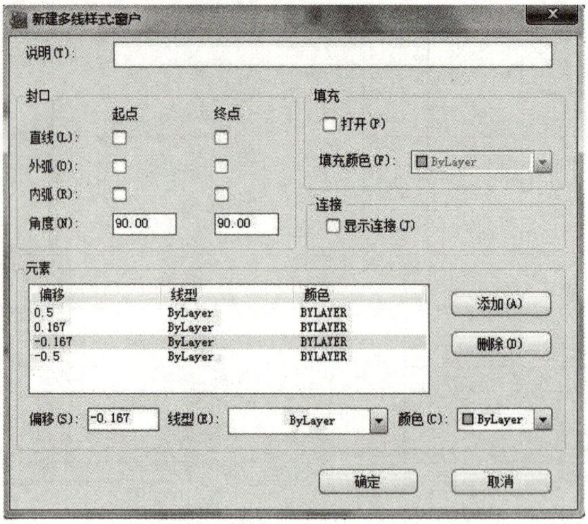

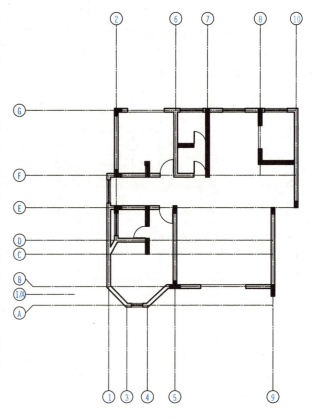

图 10-7 "窗户"多线样式设置

绘制窗户，在命令行输入 ML 命令后，按命令提示将"对正"选项改为"无(Z)"，"比例"改为 240，"样式"选择"窗户"，然后绘图，如图 10-8 所示。

5. 文字注写

设置"文字"图层为当前图层，用多行文字命令 MTEXT 注写文字，其中房间字高为 5 mm，其余字高均为 3.5 mm。标高符号端部是高为 3 mm 的等腰直角三角形，线宽为 0.25b。

6. 尺寸标注

标注之前先进行设置，将全局比例设置为 100，其余参数根据建筑制图标准设置。用线性标注、连续标注和快速标注先标注外部两道尺寸及内部尺寸，进行必要的调整，防止尺寸数字重叠或与其他图线、文字重叠。标注效果如图 10-9所示。

图 10-8 门窗绘制——通过画圆并用修剪命令绘制门

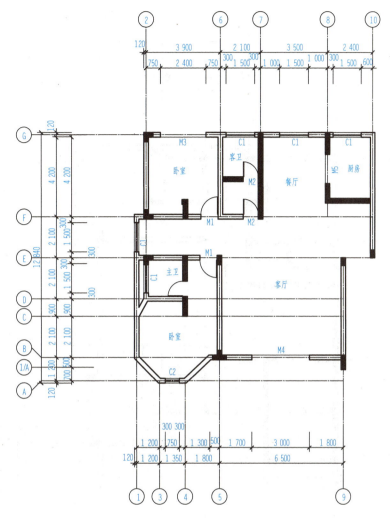

图 10-9　标注效果

7. 绘制楼梯

使用偏移命令，将Ⓐ轴线向上偏移 2 060 mm 得到第一根踏步线，并修剪超出楼梯间的部分，其余踏步可使用阵列命令得到。楼梯扶手按图 10-10 所示的尺寸绘制。建筑平面图绘制效果如图 10-11 所示。

8. 镜像

使用 MIRRTEXT 命令将变量设置为 0，以⑩号轴线为镜像线进行镜像，删除不必要的镜像结果，补充缺少的图形元素，如图 10-12 所示。

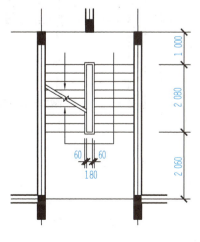

图 10-10　楼梯

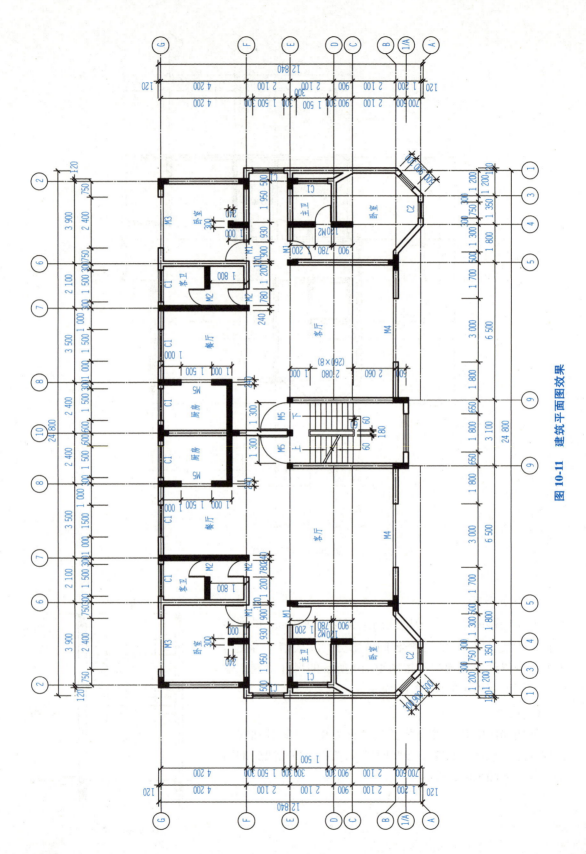

图 10-11　建筑平面图效果

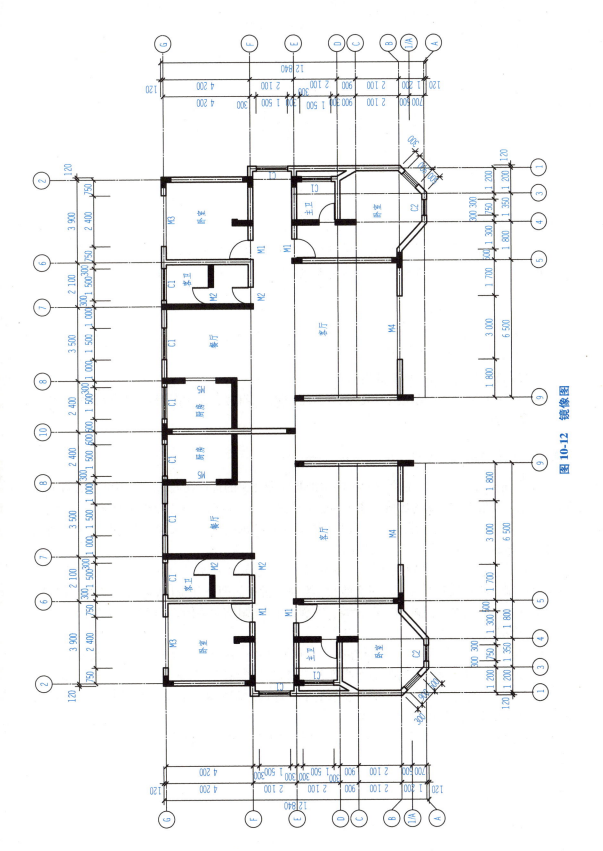

图 10-12 镜像图

工作任务 C-11 建筑立面图的绘制

■ 一、立面图的用途

建筑立面图是建筑物在不同方向的立面正投影。立面图主要表现建筑物的外观、外墙面层的材料、色彩、女儿墙的形式、腰线等饰面做法，阳台形式、门窗布置等。

■ 二、立面图的主要内容

（1）室内外的地坪线、房屋勒脚、台阶、门窗、阳台等；

（2）外墙各主要部位的标高；

（3）建筑物两端或分段的轴线编号；

（4）标注出各个部分的构造、装饰节点详图的索引符号、使用图例或文字说明外墙装饰的材料和做法。

■ 三、立面图的绘制要求

（1）图纸幅面和比例。通常立面图的图纸幅面和比例的选择在同一工程中可考虑与平面图相同，一般采用 1∶100 的比例，建筑物过大或过小时，可以选择 1∶200 或 1∶50。

（2）定位轴线。在立面图中，一般只绘制两条定位轴线，且分布在两端，与建筑平面图相对应，确认立面的方位，以方便识图。

（3）线型。为了凸显建筑物立面的轮廓，使其层次分明，地坪线一般用特粗实线（$1.4b$）绘制，轮廓线和屋脊线用粗实线（b）绘制，所有的凹凸部位（如阳台、门窗洞口等）用中实线（$0.5b$）绘制。门窗扇、尺寸线、高程、文字说明的指引线、墙面装饰等用细实线（$0.25b$）绘制。

（4）尺寸标注。立面图分三层标注高度方向的尺寸，分别是细部尺寸、层高尺寸和总高尺寸。细部尺寸用于表示室内外地面高度差、窗口下墙高度、门窗洞口高度、洞口顶部到上一层楼面的高度等；层高尺寸用于表示上下层地面之间的距离；总高尺寸用于表示室内外地坪面至女儿墙压顶端檐口的距离。

（5）标高。立面图中需要标注房屋主要部位的相对标高，如建筑室内外地坪、各级楼层地面、檐口等。

■ 四、立面图的绘制步骤

以图 11-1 为例，立面图的绘制步骤如下。

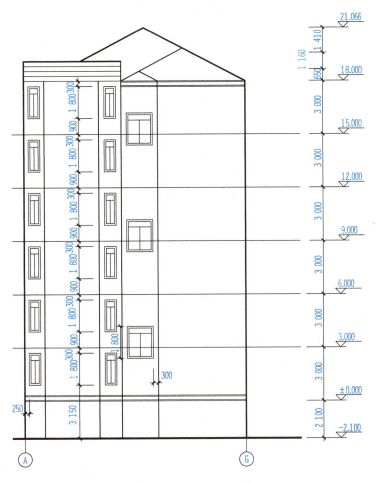

图 11-1　建筑立面图

1. 增设图层

立面图是在平面图的基础上生成的，因此不需要新建一个文件，直接在平面图旁边绘制一个立面图，根据立面图绘制需要，新增地坪线、建筑线条、屋顶轮廓线、外墙轮廓线等图层。新增图层参数如图 11-2 所示。

▱地坪线	💡	☀	🔓	■ white	Continuous	—— 0.70 mm
▱建筑线条	💡	☀	🔓	■ white	Continuous	—— 0.25 mm
✔外墙轮廓线	💡	☀	🔓	■ white	Continuous	—— 0.50 mm
▱屋顶轮廓线	💡	☀	🔓	■ white	Continuous	—— 0.50 mm

图 11-2　新增图层表

2. 绘制地坪线和标高线

将平面图侧面的所有轴线复制到新的绘图区域并顺时针旋转 90°，然后将轴线延长，并将窗边线改为细实线，外墙线改为粗实线。

将"地坪线"图层置为当前层，绘制地坪线。将"轴线"图层置为当前层，根据立面图中的标高，使用 OFFSET 命令，以地坪线为基准，依次向上偏移 2 100 mm 和 3 000 mm 得到腰线和标高线。腰线的尺寸为 60 mm。绘制结果如图 11-3 所示。

3. 绘制窗户

根据平面图锁定窗户的位置和尺寸大小，在立面图中对应进行绘制，如图 11-4 所示。

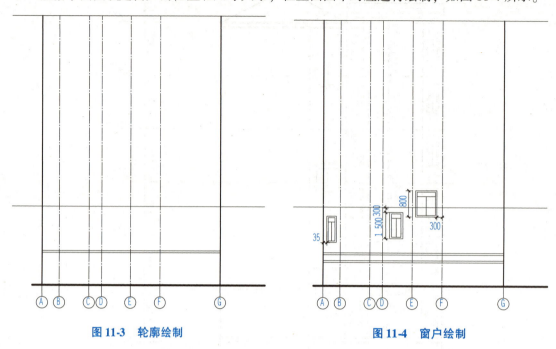

图 11-3　轮廓绘制　　　　　　　　　　　　图 11-4　窗户绘制

窗户绘制完成后，将尺寸标注完成，然后用矩形阵列命令，进行相应的参数设置，如图 11-5 所示。阵列完成的效果如图 11-6 所示。

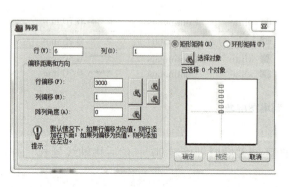

图 11-5　阵列参数设置

图 11-6　阵列效果

4. 绘制建筑线条和屋顶

用直线命令绘制建筑线条和屋顶，如图 11-7 所示。

图 11-7　建筑线条和屋顶绘制

5. 标注尺寸、注写标高

建筑立面效果如图 11-8 所示。

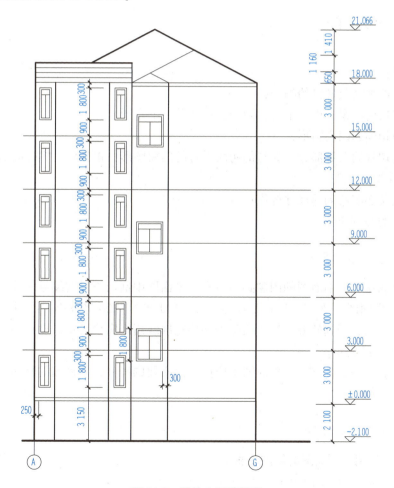

图 11-8　建筑立面效果图

工作任务 C-12　建筑剖面图的绘制

■　一、剖面图的用途

假想用一个或一个以上垂直于外墙轴线的铅垂剖切平面剖切建筑，得到的图形称为建筑剖面图。剖面图用以表示建筑内部的信息，如建筑整体结构，垂直方向的分层情况，各层楼地面及屋顶的构造，相关尺寸、标高等。

■　二、剖面图的主要内容

（1）图名；

（2）比例；

（3）必要的轴线及各自的编号；

（4）被剖切到的梁、板、平台、阳台、地面及地下室图形；

（5）被剖切到的门窗图形；

（6）未剖切到的可见部分，如与剖切面平行的门窗图形、楼梯段、栏杆的扶手等和室外可见的雨水管等；

（7）高程及必需的局部尺寸标注；

（8）必要的文字说明。

■　三、剖面图的绘制要求

（1）图名和比例。剖面图的图名必须与底层平面图中剖切符号的编号一致。剖面图的比例与平面图、立面图一致，一般采用1：50、1：100 或1：200 等较小的比例绘制。

（2）图线。凡是剖到的墙、板、梁等构件的轮廓线用粗实线表示，没有剖到的其他构件的投影线用细实线表示。

（3）尺寸标注与其他标注。剖面图中应标注出必要的尺寸，如外墙的竖向三道尺寸及某些局部尺寸。

■　四、剖面图的绘制步骤

以图 12-1 为例，剖面图的绘制步骤如下：

（1）剖面图的图框与立面图相同，直接复制一个立面图作为剖面图的图框，如图 12-2 所示。

（2）绘制轴线和墙体：根据图中尺寸用偏移命令绘制轴线和墙体，如图 12-3 所示。

（3）**绘制楼板及楼梯。**

①绘制楼板，楼板厚度为 150 mm，使用偏移及填充命令，先将一层楼板、顶层楼板和休息平台绘制出来，如图 12-4 所示。

②绘制地下室楼梯，尺寸为 175 mm×260 mm，用多段线命令和复制命令绘制并填充。

③绘制第一层双跑楼梯，用等分命令 DIVIDE，将 1 500 mm 进行 9 等分得到每个踏步的高度，然后用多段线命令进行绘制，同第一跑楼梯绘制方法；栏杆高度为 1 050 mm，用直线命令绘制栏杆和扶手，如图 12-5 所示。

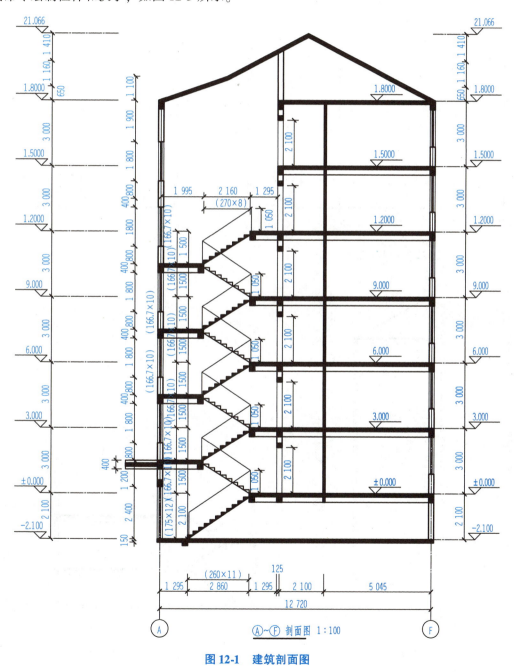

图 12-1　建筑剖面图

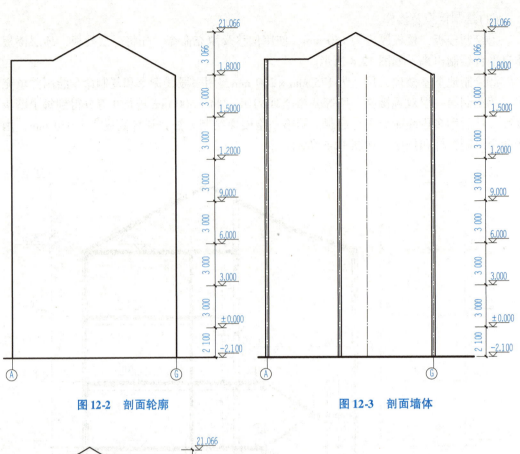

图 12-2　剖面轮廓　　　　　　　　　　　**图 12-3　剖面墙体**

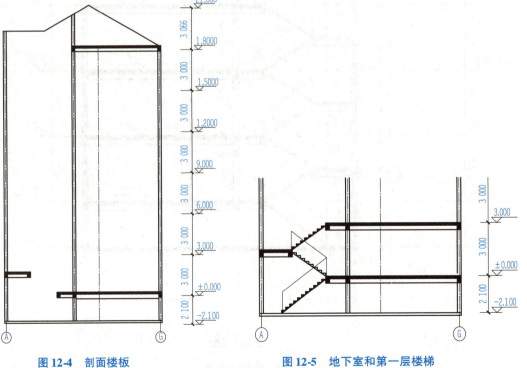

图 12-4　剖面楼板　　　　　　**图 12-5　地下室和第一层楼梯**

（4）**绘制二～五层楼板及楼梯**，使用阵列命令 AR 进行绘制，在弹出的对话框中进行图 12-6 所示的参数设置。

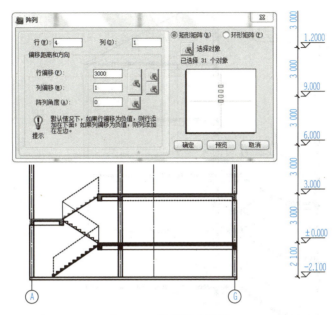

图 12-6 楼梯阵列设置

阵列后如图 12-7 所示。

（5）**绘制门窗、屋板及地面板**，如图 12-8 所示。

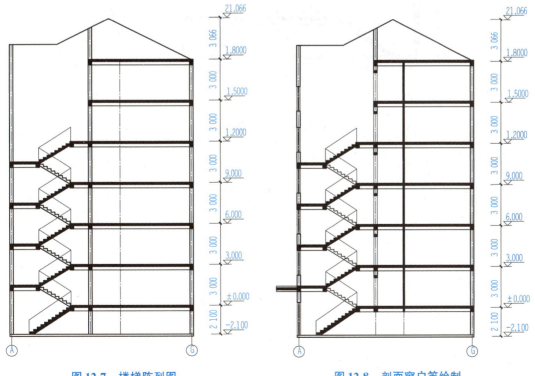

图 12-7 楼梯阵列图　　　　　　　　**图 12-8 剖面窗户等绘制**

（6）注写文字和标注，完成后的图形如图 12-9 所示。

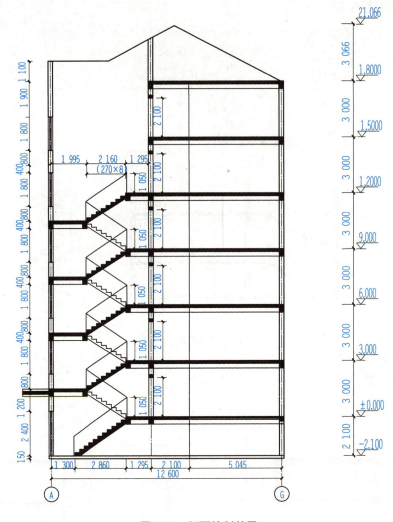

图 12-9　剖面绘制效果

参考文献

[1] 危道军, 冯晨. 建筑制图[M]. 北京：高等教育出版社, 2009.

[2] 佘勇, 叶晟, 檀素丽. 建筑制图与识图[M]. 上海：上海交通大学出版社, 2017.

[3] 陈翔, 董素芹, 李渐波. 建筑识图与房屋构造[M]. 3 版. 北京：北京理工大学出版社, 2020.

[4] 吴舒琛. 土木工程识图[M]. 2 版. 北京：高等教育出版社, 2021.

[5] 董祥国. AutoCAD 2014 应用教程[M]. 南京：东南大学出版社, 2014.